마음의 눈

마음의 눈

빗소리가 어떻게 풍경을 보여주는가

ɔ ʊ ʌ c

올리버 색스 지음 | 이민아 옮김

데이비드 에이브럼슨을 위하여

나는 의사와 의학에 대한 이야기가 넘치는 가정에서 성장했다. 아버지와 형들은 일반의였고, 어머니는 외과의였으니까. 저녁 식사 때면 의료 이야기가 빠질 수 없었지만, '사례' 보고로만 끝나는 일은 없었다. 환자의 이야기가 이런저런 사례로 나오기는 했지만, 부모님의 대화는 질환이나 부상, 스트레스나 불운에 맞서는 사람들의 삶의 과정을 추적하는 전기로 발전하곤 했다. 어쩌면 내가 의사이자 이야기꾼이 된 것도 필연이 아니었을까 하는 생각이 든다.

1985년에 《아내를 모자로 착각한 남자》[한국어판, 알마, 2016]가 나왔을 때, 한 걸출한 신경학자로부터 아주 호의적인 평가를 받았다. 그는 이 책의 사례들에 대해서는 매혹적이라고 했지만, [의학적] 평가는 유보한 부분도 있었다. 내가 환자들을 보여주는 방식이 정직하지 못하다면서, 마치 내가 그 병에 대한 배경지식이 거의 없이, 어떠한 예측도 하지 못한 채 환자를 만난 사람인 것 같은 태도를 취하고 있다는 말이었다. 내가 정말로 특정 상태에 있는 환자를 보고 나서야 의학 문헌을 뒤져서 공부했단 말인가? 그는 내가 어떤 신경학적 주제를 염두에 두고, 표본이 될 만한 환자들을 찾아다닌 것이라고 생각했다.

하지만 나는 신경학자가 아니며, 대다수의 임상의들이 받는 의학 교육은 개괄적이어서 많은 병을 심도 있게 파고들기는 어렵다. 더군다나 희귀병으로 여겨지는 경우라면 많은 시간을 들여야 하니 의과대학에 합당한 공부는 아니다. 하지만 어떤 환자에게 그런 병이 나타났다면 마땅히 조사하고 연구해야 하며, 무엇보다 그 병에 관한 최초의 기술부터 시작해야 할 것이다. 그렇게 해서 나의 병례사는 일반적으로 우연한 만남이나 한 통의 편지 또는 진료실의 문을 두드리는 소리로 시작한다.

주로 양로원에서 일하는 일반 신경의로서, 나는 지난 수십 년간 수천 명의 환자와 만났다. 환자들 모두가 나에게 무엇인가를 가르쳐주었고, 나는 그들과 만나는 일을 좋아했다. 환자와 의사로서 20년 넘게 정기적으로 만난 사람들도 있다. 나는 환자들에게 일어나는 일과 그들의 경험에 대한 생각을 되도록이면 빠짐없이 임상 노트에 기록하려 최선을 다한다. 더러는 환자의 허락을 얻어서 그러한 메모가 에세이로 진화하기도 한다.

1970년에 《편두통》[한국어판, 알마, 2011]을 기점으로 병례사를 출판하면서 많은 사람이 자신의 신경 계통 경험에 대한 이해나 의견을 구하는 편지를 보냈는데, 그런 서신 교환이 한편으로는 임상 경험의 연장이 되었다. 자신의 경험을 세상과 공유하는 데 동의해준 모든 분들께 깊이 감사드린다. 그런 경험이 우리의 상상력을 키워주며, 건강이라는 표면 아래 무엇이 감춰져 있는지 보여주기 때문이다. 즉, 뇌의 복잡한 메커니즘과 장애를 극복하고 적응하는 놀라운 능력 말이다. 환자 개개인이 나머지 사람들로서는 상상조차 불가능한 신경학적 시련 속에서 발휘한 용기와 강인함, 그 여유로운 태도는 더 말해 무엇하랴.

　과거와 현재의 많은 동료가 이 책에 관한 구상을 논의하고 얼룩덜룩한 초고에 의견을 제시하느라 귀한 시간과 지식을 아낌없이 나눠주었다. 그분들 모두에게 (그리고 여기에서 빠뜨린 많은 분들께) 더없이 고마운 마음을 표한다. 특히 폴 바크 이 리타, 제롬 브루너, 리엄 버크, 존 시스니, 제니퍼와 존 클레이, 베블 콘웨이, 안토니오와 한나 다마지오, 오린 데빈스키, 도미니크 피치, 엘코논 골드버그, 제인 구달, 템플 그랜딘, 리처드 그레고리, 찰스 그로스, 빌 헤이스, 사이먼 헤이호, 데이비드 허블, 유대인 점자협회의 엘렌 이슬러, 나린더 카푸르, 크리스토프 코흐, 마거릿 리빙스턴, 베드 메타, 켄 나카야마, 괴렐 크리스티나 네스룬트, 알바로 파스쿠알 레오네, 데일 퍼브스, V. S. 라마찬드란, 폴 로마노, 이스라엘 로젠필드, 테레사 루지에로, 레너드 셴골드, 신스케 시모조, 랠프 시걸, 코니 토마니오, 밥 와서만, 제네트 윌컨스에게 감사한다.

　정신적으로나 재정적으로나 후원해준 많은 협회와 개인들이 없었다면 나는 이 책을 끝낼 수 없었을 것이다. 특히 수지와 데이비드 세인즈버리, 컬럼비아대학, 〈뉴욕 리뷰 오브 북스〉, 〈뉴요커〉, 와일리 에이전시, 맥도월 예술가 정착촌, 블루 마운틴 센터, 앨프리드 P. 슬로언 재단에 신세를 졌다. 그리고 앨프리드 A. 크노프, 피카도어 UK, 빈티지 북스 그리고 내 책을 출간해준 전 세계의 많은 출판사에 감사드린다.

　조지프 베니시, 조안 C., 래리 아이크슈태트, 앤 F., 스티븐 폭스, J. T. 프레이저, 알렉산드라 린치의 편지는 이 책의 기획과 집필에 기여했다.

이 책을 여러모로 더 좋은 방향으로 이끌어준 뛰어난 편집자 〈뉴요커〉의 존 베넷, 크노프의 댄 프랭크 그리고 삽화에 도움을 준 앨런 퍼벡에게 감사한다. 헤일리 보이치크는 엄청난 양의 초안을 타이핑하고 조사하는 작업을 비롯하여 온갖 도움을 준 것은 물론이고 9만 자에 이르는 '흑색종 일지'를 해독하고 옮겨 쓰는 일을 도맡아 해주었다. 케이트 에드거는 지난 25년 동안 협력자이자 편집자, 기획자이자 말벗 등 둘도 없는 역할을 다해주었다. 케이트는 내가 사색하고 글을 쓸 수 있도록 변함없이 나를 격려해왔으며, 문제를 다른 각도에서도 바라보되 언제나 핵심으로 돌아올 수 있도록 길잡이가 되어주었다.

무엇보다도 큰 신세를 진 것은 이 책의 주인공들과 환자들 그리고 그들의 가족이다. 라리 에이브러햄, 수 배리, 레스터 C., 하워드 엥겔, 클로드와 파멜라 프랭크, 알린 고든, 패트리샤와 다나 호드킨, 존 헐, 릴리언 칼리르, 찰스 스크리브너 주니어, 데니스 슐만, 사브리예 텐베르켄, 졸탄 토리에게 감사한다. 그들은 자신의 경험과 기록을 책에 쓰고 인용하도록 허락해주었으며, 원고 초안에 의견을 주고, 다른 사람과 자료를 소개해주었다. 이 가운데 많은 이가 허물없는 친구가 되었다.

끝으로, 나의 치료를 맡았던 의사 데이비드 에이브럼슨에게 마음속 깊이 감사를 표하며, 그에게 이 책을 바친다.

2010년 6월 뉴욕
O.W.S.

차례

1장

::

악보 읽기

1999년 1월, 이런 편지를 받았다.

색스 박사님,

제가 겪는 (아주 특이한) 문제를 한 문장으로, 비의학적 용어로 말씀드리자면, 읽지를 못합니다. 음악이든, 뭐가 됐든 읽지를 못해요. 안과에서는 시력 검사판의 맨 아랫줄까지 한 글자씩 전부 읽을 수 있어요. 하지만 낱말은 읽지 못하고, 음악에서도 같은 문제가 있습니다. 이 문제로 몇 년을 시달리면서 최고의 의사들을 만났지만 아무도 도움이 되지 못했어요. 박사님께서 시간을 내어 저를 봐주신다면 정말로 기쁘겠습니다.

진심을 다하여,
릴리언 칼리르 드림

나는 전화를 걸었는데(보통 같으면 답장을 썼겠지만, 이번에는 이렇게 해야 할 것 같았다), 칼리르 부인이 편지 쓰는 것은 아무 문제가 없지만, 읽기는 전혀 할 수 없다고 말했기 때문이다. 나는 전화로 몇 마디 이야기를 나눈 뒤, 내가 일하는 신경과 전문병원에서 만나기로 약속을 잡았다.

칼리르 부인은(교양 있고 활기 넘치는, 프라하 억양이 강한 67세의 여성이었다) 곧이어 그곳으로 찾아왔고, 자신의 이야기를 훨씬 자세하게 들려주었다. 그녀는 피아니스트였다고 말했다. 아닌 게 아니라 쇼팽과 모차르트를 멋지게 해석한 연주자로, 나도 아는 이름이었다(네 살 때 첫 연주회를 열어서 피아니스트 개리 그라프만으로부터 "내가 아는 한 음악적으로 가장 타고난 사람 중 한 명"이라는 찬사를 들었다).

뭔가 잘못됐다는 첫 암시가 찾아온 것은 1991년의 연주회 도중이었다. 모차르트 피아노 협주곡을 연주하고 있었는데, 막바지에 프로그램이 19번 협주곡에서 21번 협주곡으로 바뀌었다. 그래서 21번 악보를 펼쳤는데, 당혹스럽게도 전혀 알아볼 수가 없었다. 오선도 보이고 마디선도 보이고 음표도 하나하나 선명하고 또렷하게 보이는데, 어느 것 하나 앞뒤로 이어져서 음악으로 이해되지 않았다. 칼리르 부인은 눈에 문제가 있는 것 같다고 생각했다. 하지만 악보를 외우고 있어서 연주는 완벽하게 끝낼 수 있었기에, 그 이상한 일은 "어쩌다 한 번 일어난 일"로 여기고 넘어갔다.

몇 달 뒤 그 문제가 다시 일어났고, 악보를 읽는 능력이 요동치기 시작했다. 몸이 피곤하거나 아플 때면 아예 읽지 못했지만, 기분이 좋을 때면 여느 때와 다름없이 술술 읽혔다. 하지만 전반적으로 상태가 나빠져서, 가르치고 녹음하고 세계 순회 연주회를 계속하면서도 갈수록 기존의 곡목록과 기억에 의존해야 했다. 새 음악을 눈으로 익히는 것이 불가능해졌기 때문이다. "저는 악보 읽는 데 아주 능한 사람이었어요. 모차르트 작품은 악보만 있으면 그 자리에서 칠 수 있었지요. 그런데 지금은 안 돼요."

가끔씩 연주회 도중에 기억이 사라지는 일은 있었지만, 릴리언은(그녀는 이름을 불러달라고 했다) 보통은 즉흥연주로 이런 상황에 능숙하게 대처했다. 친구나 학생과 있는 편안한 시간이면 여전히 연주가 잘됐다. 타성에 의한 것이든, 두려움이든, 아니면 어떤 식의 적응에 의한 것이든 간에, 릴리언은 악보를 읽을 때 겪는 그 기묘한 문제를 대충 무시하고 지낼 수 있었다. 시력이나 시각에 다른 문제는 없었고, 기억력과 훌륭한 솜씨 덕분에 음악 활동을 온전히 지속할 수 있었던 것이다.

악보 읽기에 처음 문제가 있은 지 3년가량이 지난 1994년, 글 읽기에도 문제가 나타났다. 이번에도 괜찮은 날과 그렇지 않은 날이 있었고, 그런 와중에도 읽기 능력은 순간순간 변화를 겪는 듯했다. 처음에는 한 문장이 낯설고 이해가 되지 않다가는 갑자기 멀쩡해졌는데, 그러면 다시 원래대로 읽게 되는 식이다. 하지만 쓰기 능력은 별다른 영향을 받지 않아서, 전 세계에 흩어져 있는 학생들이나 동료들과 왕성하게 편지를 주고받을 수 있었다. 받은 편지를 읽거나 자신이 쓴 것을 다시 읽으려 할 때면 남편의 도움에 의지해야 하는 일이 갈수록 많아지기는 했지만.

글 쓰기에는 아무런 어려움이 수반되지 않는 순수실독증('실서증 없는 실독증')은 그렇게 희귀한 장애는 아니지만, 대개는 심장 발작이나 뇌 손상을 겪은 후 어느 날 갑자기 나타난다. 그보다 덜 흔하지만, 실독증이 알츠하이머 같은 퇴행성 질환의 결과로 점진적으로 발전하는 경우도 있다. 하지만 릴리언은 내가 음악 실독증으로 기록한 첫 번째 경우였다.

1995년 무렵, 릴리언에게는 또다른 시각적 문제들이 나타나기 시작했다. 그녀는 오른쪽에 있는 물건을 '놓치는' 경향을 발견했는데, 몇 차례 작은 사고를 겪은 뒤로는 운전을 그만두는 편이 낫겠다고 판단했다.

때로 릴리언은 읽기와 관련한 문제의 원인이 안과가 아니라 신경과에 있는 것은 아닐까 하는 생각이 들었다. "글자 하나하나는 시력 검사판 맨 아랫줄의 깨알 같은 것까지도 알아보는데 읽기가 안 된다니, 대체 어떻게 된 일일까?" 그리고 1996년이 되면서 오랜 친구를 알아보지 못하는 등의 당황스러운 실수를 저지르기 시작하면서 오래전에 읽었던 내 환자의 사례가 떠올랐는데, 모든 것이 또렷이 보이지만 아무것도 알아보지 못하는 한 사내, 즉 '아내를 모자로 착각한 남자'의 이야기였다. 처음 이 이야기를 읽을 때는 키득거리며 웃었지만, 이제는 자신이 겪는 문제가 기분 나쁘게도 같은 성질의 것일지도 모른다는 생각이 들기 시작했다.

처음 증상이 나타난 지 5년여 만에, 마침내 릴리언은 종합 검진을 위해 한 대학병원의 신경학과를 소개받았다. 종합적인 신경 심리 평가(시지각, 기억력, 단어 유창성 등의 테스트)를 치른 릴리언은 그림 인식 능력이 특히 떨어졌다. 바이올린을 밴조로, 장갑을 조각상으로, 면도날은 펜으로, 펜치는 바나나로 불렀다(문장을 써보라고 했을 때, 릴리언은 "정말 어처구니없다"고 썼다). 그녀는 오른쪽이 인지되었다, 안 되었다 하는 '부주의' 상태를 보였으며, 사람의 얼굴을 인식하는 능력이 아주 형편없었다(유명 인사의 사진을 놓고 알아보는 방식으로 검사한다). 읽기는 아주 느릿느릿, 알파벳 한 글자씩만 가능했다. 'C', 'A', 'T'를 한 자씩 읽은 뒤 힘들여서 'cat'으로 읽었지만, 하나의 낱말로 인식하지는 못했다. 낱말들을 재빨리 보여주어 풀어서 읽을 시간이 없을 때는 '생물'이나 '무생물' 같은 일반적 범주로 정확하게 구분할 수 있었는데, 그 의미를 의식한 것은 아니었다.

이처럼 심각한 시지각 문제와는 대조적으로 언어 이해, 반복, 단어 유창성은 전부 정상이었다. 뇌 MRI(자기공명영상)도 정상으로 나타났지만, 해부학적으로는 정상으로 나타나는 경우라도 뇌의 영역별 물질대사에서 발생하는 미미한 변화를 추적할 수 있는 PET(양자방출단층영상) 스캔을 통해 뇌 뒷부분, 즉 시각 피질에서 대사 활성이 감소한 것을 확인했다. 이는 왼쪽에서 더욱 두드러졌다. 시지각 장애의 범위가 점점 늘어나는 것을 알아본 신경의는 퇴행성 질환이 분명하며, 현재는 뇌의 뒷부분에 국한된다고 진단했다. 그리고 상태는 십중팔구 악화되겠지만, 속도는 아주 더딜 것이라고 말했다.

이 기저 질환은 어떤 급진적인 방식으로도 치료되지 않겠지만, 릴리언을 맡은 신경과 의사들은 도움이 될지도 모르겠다면서 몇 가지 전략을 제안했다. 예를 들면, 평범한 방식으로는 읽을 수 없을 때라도 낱말을 '추측'해보라는 것이다(분명히 그녀에게는 무의식에서든 전의식에서든 낱말을 인식하게 하는 일련의 구조가 작동하고 있었기 때문이다). 또한 물건과 사람 얼굴을 의도적으로, 지나치다 싶을 정도로 의식해서 살펴보는 연습을 제안했는데, 이렇게 하다 보면 그녀의 정상적인 '자동' 인지 능력이 손상되더라도 언젠가 실제로 마주쳤을 때는 알아볼 수 있다.

이로부터 3년쯤 후에 나를 만난 것인데, 릴리언은 예전만큼 잘하지 못하고 자주는 아니었지만 연주를 계속해왔다고 말했다. 레퍼토리도 줄어들었는데, 잘 아는 악보조차 더이상 눈으로 확인할 수 없었기 때문이다. 릴리언의 말에 따르면, "기억이 먹을 것이 더이상 없으니까요". 이는 시각적으로 먹을 것이 없다는 뜻이었다. 청각적 기억력, 청각 적응력은 강해져서, 이제는 귀로 듣고 그대로 재생하는 능력이 전보다도 훨씬 좋아졌다고 느꼈다. 이제는 이 방법으로 (때로는 한 번만 듣고도) 연주할 수 있을 뿐만 아니라, 머릿속으로 편곡도 할 수 있었다. 그런데도 전체적으로 레퍼토리가 줄었고, 청중 앞에서 연주하는 일을 피하기 시작했다. 연주는 비공식적으로 계속하고 있으며, 음악 학교의 전문반을 가르친다.

릴리언은 1996년부터의 신경과 기록을 내밀면서 말했다. "의사들은 하나같이 '좌측 반구의 후방피질위축증, 매우 비정형적'이라고 말하고는 미안한 듯 웃죠. 하지만 그들이 할 수 있는 일은 없어요."

릴리언을 진찰해보니 색이나 모양 맞히기, 운동이나 깊이 인식에는 아무런 문제가 없었다. 하지만 다른 영역에서는 큰 문제가 나타났다. 이제는 각각의 문자나 숫자도 알아볼 수 없었다(문장을 완전하게 쓰는 데는 여전히 아무 어려움도 없었다). 그녀에게는 시각 실인증[인식불능증]도 있어서, 내가 그림을 보여주고 알아맞히라고 하면 그림을 그림으로 인식하는 것조차 어려워했다. 인쇄된 줄이나 하얀 여백을 그림이라고 생각하는 일도 있었다. 그런 그림 중에서 하나를 보고는 이런 말을 한 적도 있다. "아주 우아한 V가 보여요. 여기에는 작은 점 둘, 그리고 타원형 하나가 있고, 그 사이에 작고 하얀 점들이 있군요. 그게 무엇을 의미하는지는 모르겠어요." 내가 헬리콥터라고 말하자 릴리언은 웃음을 터뜨리며 민망해했다(V는 짐을 달아매는 밧줄이었고, 헬리콥터는 난민에게 공급하는 식량을 내리고 있었다. 작은 두 점은 바퀴고, 타원형은 헬리콥터의 본체였다). 이렇듯 릴리언이 볼 수 있는 것은 한 물건 혹은 그림의 개별 요소뿐이었고, 그것들을 종합하고 통합적으로 보는 데는 실패해서 그에 대한 정확한 해석은 기대할 수 없었다. 누군가의 얼굴 사진을 보여주면, 그 사람이 안경을 쓰고 있다는 것은 알아보았지만 그뿐이었다. 내가 또렷이 보이는

지 묻자, 그녀는 이렇게 말했다. "흐릿하다기보다는 뭉개진 것처럼 보여요." 여기에서 뭉개진다는 말은 명확하고 섬세하고 윤곽은 뚜렷하지만, 형태와 세부적 요소를 알아보지 못하는 것을 뜻한다.

표준 신경과 검사 책자의 그림을 보면서, 릴리언은 연필에 대해 이렇게 말했다. "뭐든 될 수 있겠는데요. 바이올린일 수도 있고… 펜일 수도…." 하지만 집은 바로 알아보았다. 호루라기를 보고는 "전혀 모르겠어요"라고 말했다. 가위를 보여줬을 때는 줄곧 엉뚱한 곳, 그러니까 그림 밑의 백지를 응시했다. 릴리언이 그림을 보고 인식하지 못하는 것이 순전히 정보를 충분히 제공하지 못하는 2차원적 '밑그림'이라서였을까? 혹은 이것이 표상된 것에 관련한 고차원의 인식 장애를 반영하는 것일까? 실물이라면 릴리언이 더 잘 알아 볼 수 있을까?

내가 자기 자신과 자신의 상황에 대해 어떻게 느끼는지 그녀에게 묻자, 이렇게 대답했다. "이 상황에 잘 대처하고 있다고 생각해요. 대체로는요…. 좋아지지는 않고, 느리지만 계속 나빠진다는 것을 생각하면요. 이제 신경과에는 가지 않아요. 항상 같은 말만 하거든요…. 하지만 저는 오뚝이 같은 사람이에요. 친구들한테는 말하지 않아요. 부담 주기는 싫거든요. 제 이야기가 대단히 희망적이지는 않잖아요. 막다른 골목인걸요…. 전 유머 감각도 꽤 있지요. 그런데 그게 다예요. 그 생각을 하면 우울해요. 날마다 좌절하죠. 하지만 앞으로 좋은 날도 창창히 남아 있겠죠."

릴리언이 돌아간 뒤, 나는 진료 가방을 어디에서도 찾을 수 없었다. (지금 생각이 났는데) 릴리언이 들고 다니던 가방들 중 하나와 비슷하게 생긴 검정 가방이었다. 릴리언은 택시에서 빨간 타진기(자루가 길고 끝 부분이 빨간 조건반사용 망치)가 꽂혀 있는 것을 보고는 가방을 잘못 가져온 것을 깨달았다. 릴리언은 타진기가 내 책상 위에 있을 때 그 색깔과 모양을 눈여겨보았고, 그제야 자신의 실수를 알아차린 것이다. 그녀는 허겁지겁 병원으로 돌아와서는 미안해했다. "저는 진료 가방을 핸드백으로 착각한 여자랍니다."

릴리언의 의례적인 시지각 검사 결과가 너무 나빠서, 나로서는 그녀가 일상생활을 어떻게 해내는지 상상하기 어려울 정도였다. 예를 들면 택시는 어떻게 알아볼까? 집은 어떻게 알아볼 수 있을까? 장을 직접 본다고 했는데 그것이 어떻게 가능하며, 음식을 분간하고 식탁에 차리는 일은 어떻게 하는가? 이 모든 일뿐만 아니라 그 밖에도 많은 일, 즉 활동적인 사회 생활, 여행, 연주회 관람, 강의 등을 음악가인 남편이 유럽에 몇 주씩 가 있을 때면 혼자서 처리했다. 나로서는 신경과 전문병원의 피상적이고 메마른 분위기 속에서는 릴리언이 어떻게 이런 결과를 이루었는지 알 수 없었다. 익숙한 환경에 있는 릴리언을 살펴봐야 했다.

* * *

다음 달 나는 릴리언의 집을 방문했다. 그녀의 집은 북부 맨해튼의 쾌적한 아파트로, 남편과 함께 40년 넘게 살았다. 클로드는 아내와 비슷한 또래의 유쾌하고 다정한 남자였다. 두 사람은 50년 전쯤에 탱글우드의 음악 학교에서 만났고, 때로는 한 무대에 서면서 함께 음악 활동을 해왔다. 아파트는 화기애애하면서도 문화적인 분위기였고, 그랜드피아노와 많은 책들, 딸들과 친구들, 가족의 사진과 현대 추상화 작품이 여러 점 벽에 걸려 있고, 여행의 추억이 집 안 구석구석까지 모든 공간을 채우고 있었다. 개인의 역사와 인생의 의미가 넘치는 곳이지만, 내 생각에는 시각 실인증을 겪는 사람에게는 악몽이자 완전한 혼돈이 아닐까 싶었다. 골동품이며 장신구가 빼곡한 탁자들을 피해 걸으면서 느꼈던 첫인상은 적어도 그랬다. 하지만 릴리언은 어지러운 물건들 속에서도 확신에 찬 동작으로 장애물을 헤치고 나아갔다.

릴리언이 그림 검사에서 큰 어려움을 겪었던 까닭에 나는 진짜 사물을 많이 가져갔는데, 더 좋은 점수가 나오지 않을까 싶어서였다. 방금 구입한 과일과 채소로 시작했는데, 릴리언은 놀랍도록 잘해냈다. "아름다운 붉은 고추"는 즉시, 심지어 방 저쪽 편에서 알아보았다. 바나나도 알아맞혔다. 세 번째 물건에서는 사과인지 토마토인지 잠시 헷갈려 했지만, 이내 정확하게 사과라고 답했다. 내가 작은 플라스틱 여우 인형을 보여주었을 때는 (진료 가방에 지각 테스트를 위해 이런 물건을 아주 많이 넣어둔다) 외치듯이 말했다. "멋진 동물이군요! 아기 코끼리, 맞죠?" 더 자세히 보라고 말하자, 그녀는 "개의 일종"이라고 결론 내렸다.

릴리언이 실제 사물을 그림보다 상대적으로 잘 알아보는 것을 지켜보며, 표상된 것에 국한된 실인증은 아닌가 하는 생각이 다시금 들었다. 표상된 것을 인식하기 위해서는 일종의 학습이 필요할 수도 있는데, 이는 사물을 인식하기 위해 필요한 정도 이상으로 규약이나 관습에 대해 이해하는 것이다. 따라서 사진을 한 번도 본 적이 없는 원시 문화권의 사람이라면, 사진이 다른 것을 표상한다는 사실을 인식하지 못할 수 있다. 시각적 표상을 인식하는 복합적 체계가 뇌에서 특별히 구성되는 것이라면, 뇌졸중이나 뇌질환을 앓아서 그 체계에 손상을 입는 경우 그 능력도 잃을 수 있는 것이다. 가령 글 쓰기나 배워서 익힌 다른 능력이 그런 상황에서 소실되는 것과 마찬가지로 말이다.

나는 릴리언을 따라 주방으로 들어갔다. 릴리언은 가스레인지에서 주전자를 가져와 끓는 물을 찻주전자에 부었다. 주방은 혼잡했지만, 릴리언의 움직임을 보면 벽에 걸린 스튜 냄비며 주전자나 각종 주방 도구들이 제자리에 있음을 잘 알고 있는 듯했다. 냉장고를 열었을 때, 내가 안에 무엇이 들었는지 맞혀보라고 했다. "우유와 버터가 맨 위에 있고요, 그리고 질 좋은 소시지 하나. 혹시 궁금하시다면, 호주산이죠…. 치즈도 있고요." 문짝에 있는 달걀도 알아보았고, 내가 요청하자 손가락으로 하나하나 짚으면서 달걀 수를 정확하게 셌다. 내가 눈으로 훑어보니 여덟 개(네 개씩 두 줄)였지만 릴리언은 여덟 개임을 머리로 쉽게 인지하지는 못해서 달걀을 하나씩 직접 셌던 것 같다. 그리고 향신료는 그녀의 말에 의하면 "재앙"이었다. 전부가 똑같은 빨간 병에 들어 있는데, 릴리언은 물론 상표를 읽을 수 없었다. 그래서 "냄새를 맡아요! … 가끔은 도움을 요청하지요." 전자레인지는 자주 사용한다고 하는데, "숫자를 보지 않고 느낌으로 조작해요. 조리를 해보고 나서, 더 해야 하는지 보는 거죠."

릴리언은 주방에 있는 것을 시각적으로는 거의 알아볼 수 없었지만, 직접적인 인지나 인식 체계가 아닌 비공식적인 자신만의 분류 체계를 써서 웬만해서는 실수하지 않는 방식으로 정리해두었다. 물건의 분류는 의미가 아니라 색깔, 크기와 모양, 위치와 맥락, 연관성에 따랐는데, 문맹인 사람이 서재의 책을 배열한다면 이렇게 할 것 같았다. 모든 것에는 자기 자리가 있고, 릴리언은 그것을 전부 암기한다.

릴리언이 주변 물건의 특징을 이런 식으로 색깔을 통해, 무엇보다도 하나의 표지로써 추론하는 것을 보면서, 생선 칼과 스테이크 칼처럼 생김새가 거의 똑같은 물건들은 어떻게 분류하는지 궁금했다. 릴리언은 그 것이 문제여서, 혼동할 때가 많다고 말했다. 나는 인위적인 표지를 만드는 것은 어떤지 제안했다. 생선 칼에는 초록 점을, 스테이크 칼에는 빨강 점을 찍어서 한눈에 차이를 구분할 수 있도록 말이다. 릴리언은 벌써 이 방법을 생각해보았지만, 자신의 문제를 남들한테 "과시"할 것인지 확신이 들지 않았다. 손님이 와서 색깔 암호가 붙은 날붙이나 식기류, 아니 색깔 암호가 붙은 아파트를 보면 어떻게 생각하겠는가? (릴리언은 말했다. "심리 실험을 하는 줄 알 거예요. 아니면 무슨 사무실처럼 보이겠죠.") 릴리언은 그런 방법의 "자연스럽지 않음"이 신경에 거슬렸지만, 실인증이 악화된다면 필요할지도 모르겠다고 했다.

전자레인지 사용처럼 릴리언의 체계가 통하지 않는 경우에는 시행착오를 통해 방법을 터득할 수 있었지만, 물건이 제자리에 있지 않을 때는 큰 문제가 될 수 있었다. 내가 돌아가려고 하던 무렵 그런 일이 일어나는 바람에 깜짝 놀랐다. 릴리언과 클로드와 함께 나는 식탁에 앉아 있었다. 릴리언이 식탁을 차리면서 비스코티와 케이크를 내왔고, 이번엔 김이 모락모락 나는 찻주전자를 가져왔다. 우리가 먹는 동안 릴리언은 이야기를 하면서도 모든 접시의 위치와 이동 방향을 주의 깊게 지켜보고 있었다(이 사실을 나는 나중에 깨달았다). 그 물건을 "잃어버리지" 않기 위해서였다. 릴리언은 빈 접시를 부엌으로 가져가면서 비스코티만 남겨두었다. 내가 특히 좋아한다는 것을 눈치챘던 것이다. 클로드와 나는 몇 분간 이야기를 나누면서(두 사람만 이야기하는 것은 처음이었는데), 우리 사이에 있던 비스코티 접시를 옆으로 밀어두었다.

릴리언이 돌아와서 내가 가방을 챙겨 떠날 채비를 하는데, 그녀는 이렇게 말했다. "남은 비스코티는 꼭 가져가세요." 그러나 이상하게도 비스코티 접시를 찾지 못했고, 심란해하더니 발작에 가까운 반응을 보였다. 접시는 바로 식탁 위에 있었지만, 아까 옆으로 옮겼기 때문에 릴리언은 접시가 어디에 있는지, 아니 어디를 봐야 할지 알 수 없게 된 것이었다. 릴리언에게 물건을 찾는 전술은 아예 없는 듯했다. 그런데 우산이 식탁 위에 있는 것을 보고는 화들짝 놀랐다. 그것을 우산으로 인식하지 못하고 구부러지고 꼬인 무언가가 나타났다는 것만 알아차렸다. 그리고 한순간 진짜로 뱀이 나왔다고 생각했다.

나는 떠나기 전에 릴리언에게 피아노로 한 곡 연주해줄 수 있는지 부탁했다. 그녀는 망설였다. 자신감을 상당히 잃은 것이 분명했다. 아름답게 시작된 곡은 바흐의 푸가였다. 하지만 몇 마디 연주하더니 사과하면서 중단했다. 쇼팽의 마주르카 연주곡집이 피아노 위에 있는 것을 보고는 용기를 주었더니, 눈을 감고서 마주르카 작품 50번 2악장을 흔들림 없이, 활기와 감정을 실어 연주했다

연주를 끝내고 릴리언은 인쇄된 악보는 그냥 "놓여 있는" 것이라고 말했는데, "그렇게 있으니 내가 악보를 보게 되고, 사람들도 이리저리 책장을 넘기게 되고, 내 손이든 건반이든 만지게 된다"면서, 그런 상황에서는 특히 오른손으로 실수할 수도 있다는 것이었다. 릴리언은 눈을 감고 비시각적으로, "근육의 기억"과 예리한 귀만을 사용해서 연주해야 했다.

릴리언의 기이한 질환의 특성과 진행에 대해 무엇이라고 말할 수 있을까? 3년 전에 신경 검사를 받은 뒤로 다소 분명히 심화되었으며 암시에 지나지 않지만, 릴리언이 겪는 문제가 순전히 시각에 국한된 것이 아닐 수도 있다는 암시가 여러 건 나타났다. 이따금씩 릴리언은 물건을 알아

보고도 이름을 말하는 데 어려움을 겪는데, 낱말이 생각나지 않을 때는 "거시기thingmy"라고 말하곤 했다.

예전의 MRI와 대조해보기 위해 새로 촬영했는데, 뇌 양쪽의 시각 영역에 수축이 약간 진행되어 있었다. 다른 곳에도 실제 손상을 입었다는 신호가 있는가? 단언하기는 어렵지만, 나는 해마(새로운 기억을 등록하는 데 절대적으로 중요한 뇌 부위)도 어느 정도 수축되었으리라 판단했다. 하지만 손상은 대개 후두 피질과 후두 측두 피질에 국한되었으며, 진행 속도는 아주 더딘 것이 분명했다.

클로드와 MRI 결과에 대해 논의했을 때, 그는 릴리언과 이야기할 때 몇 가지 용어를 피해야 한다고 강조했는데, 무엇보다도 무서운 딱지는 알츠하이머병이었다. "알츠하이머병은 아니겠지요?" 클로드가 물었다. 분명히 두 사람은 알츠하이머를 염두에 두고 있었다. 나는 대답했다.

"확실하지 않습니다. 일반적인 범위에서는 아닙니다. 그보다는 희귀하고 양성인 것으로 보고 있습니다."

*　*　*

후방피질위축증PCA을 처음 공식적으로 기술한 것은 1988년 프랭크 벤슨의 연구진이었지만, 알려지지 않았을 뿐 훨씬 오래전부터 있었던 것은 확실하다. 하지만 벤슨 연구진의 논문이 돌풍을 일으켰고, 현재까지 10여 건의 사례가 기술되었다.

후방피질위축증을 앓는 사람들은 시력과 움직임이나 색깔을 인지하는 능력 같은 시지각의 기본 요소는 잃지 않는다. 하지만 글 읽기나 사람 얼굴, 물건을 인지하는 데 곤란을 겪으며 이따금 환각이 나타나는 등 복합적인 시지각 장애의 경향을 띤다. 또한 시지각적 공간지각 결함이 심해질 수도 있는데, 그렇게 되면 사는 동네나 심지어는 집에서도 길을 잃는다. 벤슨은 이를 '환경 실인증'이라고 불렀다. 그 밖에 좌우 혼동, 쓰기와 계산 장애, 심지어 자신의 손가락을 인지하지 못하는 실인증의 네 가지 주요 증상을 보이는 게스트만증후군도 많이 나타난다. 일부 환자는 색을 구분하고 분류할 수는 있지만 색의 이름은 말하지 못하는, 이른바 색깔 실어증을 보일 수 있다. 이보다 희귀한 경우지만, 시각적 조준과 움직임 추적에 장애가 나타나기도 한다.

이런 장애와는 대조적으로 기억력, 지능, 통찰력, 개성은 이 병의 말기까지 보존되는 경향을 보인다. 벤슨이 기술한 모든 환자가 "자신의 과거를 말할 수 있고, 최근 일어난 일도 인지하며, 자신이 처한 곤경에 대해 놀라운 통찰을 보여주었다".

후방피질위축증은 분명히 퇴행성 뇌질환이지만, 더욱 흔한 알츠하이머병과는 상이한 특징을 보이는 듯하다. 알츠하이머의 경우에는 기억력과 사고력, 언어의 이해와 사용, 행동과 성격까지 총체적 변화가 나타나며, 일반적으로는 (어쩌면 다행스럽게도) 현재 일어나는 일에 대한 통찰력을 초기에 상실한다.

릴리언의 경우에는 병의 진행이 양호한 편으로 보였는데, 첫 증상이 나타난 뒤로 9년 동안 집이나 동네에서 길을 잃은 적이 없었다.

릴리언 스스로도 그랬지만 나도 '아내를 모자로 착각한 남자', P선생과 비교하지 않을 수가 없었다. 두 사람 모두 대단한 재능을 타고난 직업적 음악가였으며 심각한 시각 실인증이 있었지만, 다른 영역에서는 놀라울 정도로 온전한 상태를 유지했다. 두 사람 모두 기발한 대처법을 발견하고 개발했기에, 지독한 장애로 보일 수 있는 상태에서도 음악대학에서 높은 수준의 강의를 계속할 수 있었다.

하지만 릴리언과 P선생이 병에 대처하는 방식은 상당히 달랐다. 병의 진행 정도, 그리고 두 사람의 기질과 훈련 정도가 달랐다는 점도 어느 정도 작용했을 것이다. P선생은 내가 만났을 때 처음 증상이 나타난 뒤로 3년도 채 되지 않았는데, 이미 많이 진행되어 시지각 장애만이 아니라 촉각인지 장애까지 나타난 상태였다. 그래서 모자인 줄 알고 아내의 머리를 잡았던 것이다. 그의 태도는 경솔한 듯 무심했고, 자신이 아프다는 사실을 그다지 인식하지 않았으며, 눈앞에 보이는 것이 무엇인지 알지 못한다는 사실을 메우기 위해 이야기를 꾸며내곤 했다. 이런 사실은 첫 증상이 나타난 지 9년이 지난 지금까지도 시지각 장애 이외에는 이렇다 할 문제 없이 여행과 강의가 가능하고 자신의 상태에 대해 예리한 통찰력을 보이던 릴리언과 아주 대조적이었다.

릴리언은 색, 형태, 질감, 움직임에 대한 인지 능력은 물론 기억력과 지능까지 손상되지 않았으므로 추론에 의해 사물을 식별할 수 있었다. P선생은 아니었다. 가령, 장갑 한 짝을 눈으로 보거나 손으로 만져보는 것만으로는 무엇인지 식별하지 못했다(부조리에 가까운 추상적 묘사는 가능했는데, "하나의 연속 면이 여러 겹으로 겹쳐지고 다섯 개의 이상 돌출물이 있는데, 이것을… 일종의 용기라고 부르면 될까요?"). 그러다가 우연히 자신의 손에 꼈다. 그는 대체로 무엇인가를 하는 상태, 활동, 몰입에 전적으로 의존하고 있었다. 그리고 그에게 있어서 세상에서 가장 자연스러우며 억누르기 어려운 활동인 노래를 부를 때는 실인증을 어느 정도 무시할 수 있었다. 그는 옷 입는 노래, 면도 노래, 행동 노래 등 흥얼거리거나 부르는 모든 종류의 노래를 가지고 있었다. 그는 음악을 통해 활동과 일상생활을 조직할 수 있음을 깨달았다.[1] 릴리언의 경우는 달랐다. 그녀의 음악성 또한 손상되지 않았지만, 일상생활에서 음악이 그만큼의 역할을 하지는 않았으며, 음악이 실인증에 대처하는 전략도 아니었다.

몇 달이 지난 1999년 6월, 나는 릴리언과 클로드의 아파트를 다시 방문했다. 클로드는 몇 주간의 유럽 여행에서 막 돌아온 참이었고, 릴리언은 아파트에서 네 블록 반경에서 좋아하는 식당을 찾거나 쇼핑을 하거나 그 밖의 볼일을 처리하는 등 자유로이 돌아다니는 듯했다. 내가 도착했을 때, 릴리언은 전 세계의 친구들에게 카드를 보내고 있었다. 탁자 위에는 한국, 독일, 오스트레일리아, 브라질의 주소가 적힌 봉투들이 흩어져 있었다. 더러 이름과 주소가 흐트러진 봉투가 있었지만, 실독증이 친구들과의 편지 왕래를 감소시키지는 않은 듯했다. 릴리언은

---

1. 내가 P선생을 만난 것은 1978년이었고, 벤슨 연구진이 후방피질위축증을 기술한 것은 그로부터 10년 뒤였다. P선생이 보여주는 그림은 수수께끼였는데, 나에게는 그것이 그 병의 역설을 말해주는 것 같았다. 그는 분명 퇴행성 뇌질환을 앓았지만, 내가 보아온 어떤 형태의 알츠하이머병과도 달랐다. 하지만 알츠하이머가 아니라면 무엇이란 말인가? 1988년 후방피질위축증 논문을 읽을 때(P선생이 이미 세상을 뜬 뒤였는데), 나는 이것이 P선생의 병명은 아니었을까 생각했다. 하지만 후방피질위축증은 해부학적 진단명일 뿐이다. 이 명칭은 뇌에서 가장 많이 손상된 부위를 표시하지만, 증상이 진행되는 기저 과정과 뇌에서 그 부위가 손상된 원인은 전혀 알려주지 못한다. 벤슨이 후방피질위축증을 기술할 때는 그 기저 질환에 관련한 정보를 전혀 확보하지 못한 상태였다. 그는 자신의 환자들이 알츠하이머병일 수는 있지만, 그렇다 해도 현저하게 비정형적인 알츠하이머라고 여겼다. 그것은 뇌의 전두엽과 측두엽 손상으로 인한 퇴행성 질환인 피크병Pick's disease일 수도 있다. 심지어 벤슨은 퇴행성 질환이라기보다는 뇌의 후측과 경동맥 순환 부위 사이의 분수령에 작은 경색이 축적되어 나타나는 혈관 질환일 수도 있다고 보았다.

아파트에서는 생활을 제법 잘해내는 듯했지만, 복작거리는 뉴욕 시내에서는 쇼핑이며 각종 험난한 상황에 어떻게 대처하는 것일까? 살고 있는 동네만 해도 여간 복잡하지가 않은데 말이다.

내가 "나가서 좀 돌아다닐까요?"라고 말했다. 릴리언은 바로 〈방랑자 Der Wanderer〉를 부르기 시작했다(릴리언은 슈베르트를 무척이나 좋아했고, 이 노래는 〈방랑자 환상곡〉에 있는 역작이었다).

엘리베이터에서 이웃 몇 명이 인사를 건넸다. 릴리언이 그들을 시각적으로 혹은 청각적으로 알아본 것인지는 알기 어려웠다. 그녀는 사람들의 목소리를 비롯하여 온갖 종류의 소리를 즉각적으로 분간해냈다. 아닌 게 아니라 릴리언은 색과 형태처럼 청각에도 고도로 주의를 집중했는데, 청각 정보가 특별히 중요한 단서가 되는 듯했다.

길을 건너는 데는 아무런 어려움이 없었다. '보행'과 '정지' 신호를 읽지는 못했지만 신호의 위치와 색으로 분간했으며, 신호가 깜박일 때 건너도 된다는 것도 알고 있었다. 맞은편 모퉁이에 있는 유대교 회당을 가리키기도 하고 많은 가게를 생김새나 색으로 알아보았는데, 가령 가장 좋아하는 식당은 까만 타일과 하얀 타일을 번갈아 붙여놓은 것으로 알아보는 식이었다.

우리는 슈퍼마켓으로 들어가 카트를 잡았다. 릴리언은 곧장 카트가 늘어서 있는 후미진 곳으로 향했다. 그녀는 과일과 채소 코너를 거뜬히 찾아냈고, 사과, 배, 홍당무, 파프리카, 아스파라거스를 식별하는 데도 아무런 문제가 없었다. 부추는 처음에 이름을 말하지 못하고 혼잣말로 "양파의 사촌인가?" 하더니, 잊었던 "부추"의 이름을 찾아냈다. 키위를 보고는 어쩔 줄 몰라 해서 손으로 만져보도록 했다(릴리언은 그것이 "기분 좋게 복슬복슬한 것이 귀여운 생쥐 같다"고 생각했다). 나는 과일 위에 매달려 있는 물건을 손으로 잡으며 물었다. "이건 뭐죠?" 릴리언은 눈을 찡그리며 머뭇거렸다. "먹을 수 있는 건가요? 종이인가요?" 내가 만져보게 하자, 릴리언은 민망한 듯 웃음을 터뜨렸다. "오븐 장갑, 주전자 잡는 거군요." 그러더니 "저는 어쩌면 이렇게 바보 같죠?"라고 말했다.

다음 코너로 향했을 때, 릴리언이 외쳤다. "왼쪽은 샐러드드레싱, 오른쪽은 식용유입니다." 백화점 엘리베이터 안내원의 말투였다. 릴리언은 분명 머릿속에 슈퍼마켓 전체의 지도를 갖고 있었다. 특정한 상표의 토마토소스가 필요하다면서 10여 종의 상표 중에서 하나를 집었는데, "진한 파란색 사각형이 있고, 그 밑에 노란 원"이 상표에 그려져 있기 때문이다. "핵심은 색깔이에요"라고 릴리언은 거듭 강조했다. 이것이 그녀에게는 가장 직접적인 시각적 단서로, 다른 것으로 해결이 안 될 때 식별할 수 있게 해주는 것이었다(그래서 나는 릴리언을 방문할 때면 위아래로 빨강색 옷을 입곤 했는데, 자칫 길에서 헤어지더라도 릴리언이 나를 바로 찾아낼 수 있다는 걸 알기 때문이다).

하지만 색으로 항상 해결되는 것은 아니었다. 플라스틱 용기 제품과 마주치면, 릴리언은 안에 든 것이 땅콩버터인지 멜론인지 알 수 없었다. 그런 경우에는 이미 사용한 깡통이나 상자를 가져와서 그것과 똑같은 것을 찾아달라고 부탁하는 것이 가장 간단한 전략임을 알아냈다.

슈퍼마켓을 나서는데, 릴리언이 잘못해서 수레를 오른쪽의 장바구니 더미와 부딪쳤다. 그런 사고는 일어났다 하면 항상 오른쪽이었는데, 오른쪽의 시지각 인지 능력이 손상된 까닭이다.

몇 달 뒤, 릴리언과 약속을 잡으면서 전에 찾아왔던 병원이 아니라 내 사무실에서 보자고 했다. 릴리언은 펜실베이니아 역에서 그리니치빌리지로 오는 길이었던 터라 순식간에 도착했다. 전날 밤 뉴헤이븐에서 열린 남편의 연주회에 갔다가, 남편이 그날 아침 열차에 태워준 것이다. "펜실베이니아 역은 손바닥 보듯이 훤해요." 그래서 문제없었다. 하지만 역 바깥의 인파와 교통의 대혼잡 속에서는 "사람들한테 자주 길을 묻게 되었다"고 했다. 그동안 어떻게 지냈는지 묻자 릴리언은 실인증이 나빠지고 있다고 했다. "박사님과 같이 시장을 보러 갔을 때는 많은 걸 쉽게 알아볼 수 있었어요. 지금은 똑같은 것을 사더라도 사람들한테 물어봐야 해요." 보통은 사람들에게 물건이 무엇인지 물어야 하고, 서툰 계단이나 높이가 갑자기 달라지거나 평평하지 않은 곳이 나오면 도움을 청해야 했다. (예를 들어 방향이 맞는지 확인할 때) 촉각이나 청각에 더욱 의존하게 되었다. 또한 (시각적으로) 파악되지 않는 것을 만났을 때도 기억력, 생각, 논리와 상식에 점점 의존했다.

그러나 사무실에서는 CD 케이스에 있는 쇼팽을 연주하는 자신의 사진을 바로 알아보았다. "조금 익숙한 얼굴이군요." 릴리언은 슬며시 웃었다.

나는 사무실의 한쪽 벽에서 무엇이 보이는지 물었다. 릴리언은 처음에는 의자를 돌려 벽이 아니라 창문을 보면서 말했다. "건물이 보입니다." 나는 릴리언이 앉은 의자를 돌려 벽을 보게 했다. 나는 그녀를 조금씩 이끌어주어야 했다. "불빛이 보입니까?" "네, 저기하고, 저기요." 조금 지나서야 릴리언이 소파 밑의 불빛을 보고 있다는 것을 알았다. 불빛의 색에 대해서는 즉각적으로 언급했지만, 릴리언이 소파에 놓여 있는 초록색 물건을 관찰하고 정확하게 대답해서 나는 깜짝 놀랐는데, "완력기"라고 했다. 그런 물건을 물리치료사에게서 받은 적이 있다고 했다. 소파 위쪽에는 무엇이 보이는지 묻자(기하학적인 추상화였는데), 이렇게 말했다. "저한테 보이는 건 노랑… 하고 검정이에요." 무엇인지 내가 물었다. 천장하고 관계 있는 것이라고 릴리언이 과감하게 대답했다. 아니면 선풍기. 시계. 그리고 덧붙였다. "실은 물건 하나인지 여러 개인지 모르겠어요." 그것은 다른 환자의 그림이었는데, 그는 색맹 화가였다. 하지만 분명히 릴리언은 그것이 그림임을 알지 못했고 하나의 물건인지는 더더욱 확신하지 못했지만, 이 방의 구조에 속하는 무엇일 것이라고 생각했다.

나는 이 모든 일이 당혹스러웠다. 벽에 붙어 있는 눈에 띄는 그림은 분명하게 분간해내지 못하면서, CD에 인쇄된 손바닥만 한 자기 사진은 한눈에 알아보는 것이 어떻게 가능한가? 가느다란 초록색 완력기는 알아보면서, 어떻게 그것이 놓여 있던 소파는 보지 못하는, 아니 인식하지 못하는 것이 가능한가? 그런데 그러한 모순은 그전에도 무수히 많았다.

릴리언이 손목시계를 차고 있기에, 시간은 어떻게 보는지 궁금해졌다. 숫자는 읽지 못하지만 바늘의 위치로 판단할 수 있다고 했다. 나는 장난기가 발동해서 내가 가지고 있는 이상한 시계를 보여주었다. 숫자 대신 원소 기호(H, He, Li, Be 따위)가 새겨진 시계였다. 릴리언은 무슨 영문인지 알 수 없었다. 그녀에게는 화학 기호든 숫자든, 난해하기는 매한가지였던 것이다.

우리는 산책을 했다. 나는 알아보기 좋으라고 밝은 색 모자를 썼다. 릴리언은 어떤 상점의 진열대를 보고 당혹스러워했다. 하기는 나도 그랬다. 이곳은 티베트 수공예품 가게였지만, 모든 것이 얼마나 낯설고 이국적인지 화성에서 온 수공예품이라 해도 믿을 것 같았다. 그런데 릴리언이 그

옆의 가게를 신기하게도 바로 알아보고, 사무실로 오는 길에 지나쳤다고 말했다. 그곳은 시계점이었는데, 서로 다른 크기와 모양의 시계가 수십 개 걸려 있었다. 나중에 말해주었는데, 그녀의 부친이 시계광이었다.

또다른 상점의 맹꽁이자물쇠는 완전히 수수께끼였지만, 릴리언은 어쩌면 "소화전 같은 것…을 여는 물건"일 수 있다고 생각했다. 하지만 손으로 만진 순간, 바로 무엇인지 알아냈다.

우리는 잠시 쉬면서 커피를 마셨고, 옆 블록에 있는 내 아파트로 그녀를 데려갔다. 집에 있는 1894년산 베흐슈타인 그랜드피아노를 릴리언이 쳐주었으면 했다. 릴리언은 집에 들어서면서 거실에 있는 대형 괘종시계를 알아보았다(P선생은 괘종시계와 악수하려고 손을 내밀었다).

릴리언이 피아노 앞에 앉아 어떤 곡을 연주했다. 나로서는 귀에 익은 듯하면서도 낯선, 아리송한 음악이었다. 하이든의 4중주곡인데, 2년 전 라디오에서 듣고 반해서 꼭 한 번 직접 쳐보고 싶었던 음악이었다고 릴리언은 설명했다. 그래서 피아노곡으로 편곡했는데, 머릿속으로 하룻밤 사이에 완성했다고 한다. 실독증이 생기기 전에는 가끔씩 피아노 연주용으로 직접 악보를 그려 편곡하거나 원래 있는 악보를 보곤 했지만, 이것이 불가능해진 뒤로는 귀로도 전부 할 수 있다는 것을 알았다. 음악적 기억력이나 상상력은 전보다도 더 강력해져서 한 번 들으면 잘 잊어버리지 않을뿐더러 정신적으로도 훨씬 유연해져서 아무리 복잡한 곡이라도 마음에 담아두었다가 머릿속에서 재배열하거나 재생할 수 있는데, 예전 같으면 불가능했을 일이다. 9년 전에 시지각 장애가 나타난 뒤로도 릴리언이 음악 생활을 지속할 수 있었던 것은 오로지 음악적 기억력과 상상력이 끊임없이 강해진 덕분이었다.[2]

릴리언이 내 사무실이나 골목길 일대의 많은 상점에 있는 물건들을 잘 분간하지 못하는 모습을 보니 그녀가 익숙한 것, 암기한 것에 얼마나 의존해서 생활하는지, 어째서 자신의 아파트와 동네에서 벗어나지 않는지 명확해졌다. 어떤 장소를 자주 찾다보면 점차 그곳에 익숙해지긴 하겠으나 엄청난 인내심과 비상한 수완, 전적으로 새로운 분류 및 기억 체계가 필요한, 너무나 복잡한 일이 될 것이다. 이번 방문을 계기로 앞으로는 내가 릴리언의 아파트로 찾아가는 왕진 방식을 고수해야겠다는 생각이 확고해졌는데, 릴리언이 스스로 정돈되었다고 느끼고 주인으로서 편안하게 느낄 수 있는 환경이 무엇보다 중요했다. 외출은 그녀에게 갈수록 초현실적인 시각적 모험이 되었다. 환상이 넘치지만 때로는 무시무시한 착각이 기다리는.

2001년 8월, 릴리언이 더욱 근심이 묻어나는 편지를 보냈다. 빠른 시일 내에 왕진해주면 좋겠다고 썼기에, 돌아오는 주말에 가기로

---

2. 릴리언이 이 이야기를 해주었을 때, 몇 년 전에 병원에서 진료했던 한 환자가 생각났다. 그 여성은 전격성 척수염을 앓으면서 하룻밤 사이에 전신이 마비되었다. 회복될 기미가 없다는 것이 확실해지자 그녀는 인생이 (중대한 인생사만이 아니라 그녀에게는 일종의 중독이었던 〈뉴욕타임스〉의 십자말풀이 같은 소소하고도 익숙한 일들까지도) 끝났다고 절망했다. 그녀는 날마다 〈타임스〉를 가져다 달라고 요청했다. 적어도 십자말풀이란을 들여다보면서 힌트를 읽고 눈으로 맞히는 것이라도 해보겠다는 말이었다. 그런데 이 놀이를 시작하면서 놀라운 일이 일어났다. 힌트를 읽으면 빈칸에 답이 저절로 쓰여지는 것처럼 느껴진 것이다. 다음 몇 주 동안 시각적 상상력이 점점 강해져서 한 번 집중해서 훑어보면 십자말풀이 배열표와 힌트 전체가 머릿속에 그려지고, 나중에 시간이 남을 때 머리로 그 답을 풀 수 있게 되었다. 전신이 마비된 그녀에게 이것은 크나큰 위안이었다. 그녀는 설마 자신에게 그렇게 강력한 암기력과 상상력이 있을 줄은 몰랐다고 했다.

약속했다.

릴리언은 문 옆에 서서 나를 맞았다. 내게도 그녀와 마찬가지로 (평생) 시지각 및 지형 인식 결함이 있어서, 좌우를 혼동하고 건물 안에서 방향을 찾지 못하는 장애가 있다는 것을 알기 때문이었다. 릴리언은 나를 따뜻하게 반겨주었지만 불안감이 느껴졌는데, 왕진 시간 내내 그 기운이 맴도는 듯했다.

"인생이 쉽지 않군요." 릴리언은 자리를 안내하고서 셀처 탄산수를 한 잔 내온 뒤 말문을 열었다. 우선은 냉장고에서 셀처 탄산수를 찾는 일도 쉽지 않았는데, 오렌지 주스 병 뒤에 "숨어 있어서" 병이 보이지 않았고, 맞는 모양의 병을 찾느라 손으로 냉장고 안을 샅샅이 뒤져야 했다. "좋아지지를 않아요…. 눈은 아주 나쁘고요"(물론 릴리언은 눈에 아무런 문제가 없다는 것을, 나빠지는 것은 뇌의 시각 영역임을 잘 알고 있지만, "나쁜 눈"이라고 말하는 것이 더 쉽고 자연스럽다고 느낀다). 두 해 전 함께 장을 보러 갔을 때, 릴리언은 앞에 보이는 거의 모든 것, 적어도 모양과 색과 위치를 입력해놓은 것은 전부 식별해서 타인의 도움은 좀처럼 필요하지 않은 듯 보였다. 주방에서도 전혀 실수 없이 움직이고, 아무것도 놓치지 않고 효율적으로 일했다. 하지만 오늘은 셀처 탄산수와 정제유 절임 청어를 "놓쳤다"(어디에 두었는지 잊어버리는 것만이 아니라, 눈으로 보면서도 알아보지 못하는 상태에 쓰는 표현이었다. 주방이 예전보다 덜 정돈된 것도 눈에 띄었다). 릴리언에게는 정돈이 절대적으로 중요한데 말이다.

필요한 말이 생각나지 않는 실어증도 심해져 있었다. 내가 주방용 성냥을 보여주자 무슨 물건인지는 눈으로 바로 알아보았지만, '성냥'이라는 낱말 대신 "불 피우는 거죠"라고 말했다. '스위트 앤 로우'(사카린의 상품명

—옮긴이)도 이름은 말하지 못했지만, "설탕보다 좋은 것"이라며 알아보았다. 릴리언은 이러한 문제를 잘 인식하고 있었고, 대처할 전략도 있었다. "뭔가를 말하지 못할 때는 정의하지요."

최근에는 남편과 함께 온타리오, 콜로라도, 코네티컷을 여행했는데, 몇 해 전까지만 해도 혼자 여행할 수 있었지만 이제는 혼자서는 절대로 못 다닌다고 말했다. 집에서는 클로드가 없어도 제법 혼자서 생활이 가능하다고 느꼈다. 그런데도 이렇게 말했다. "혼자 있을 때는 엉망이에요. 불평하는 건 아니고, 그냥 상황이 그렇다고요."

릴리언이 주방에 있는 사이에 클로드에게 이 문제를 어떻게 느끼는지 물어보았다. 그는 연민과 이해를 표시했지만, 이런 말을 덧붙였다. "가끔 릴리언의 병이 과장된 것일지도 모른다는 느낌이 들 때는 성마르게 반응하기도 합니다. 예를 들면, 제가 당황스럽고 짜증이 나는 경우는 릴리언이 '보지 못하는 상태'가 '선택적'일 때입니다. 지난 금요일에는 벽에 걸린 그림이 몇 밀리미터 기울었다고 지적하더군요. 가끔은 아주 작은 사진 속에 있는 사람들의 표정에 대해 이야기합니다. 어떤 때는 숟가락을 손으로 만지면서 묻지요. '이건 뭐예요?' 그리고는 5분이 지나서 꽃병을 보면서 말해요. '우리 집에도 비슷한 게 있어요.' 제가 여기에서 어떤 패턴을 찾겠습니까. 일관성이 없는걸요. 릴리언이 컵을 들고 '이건 뭐죠?'라고 물어볼 때 저는 어떤 태도를 취해야 합니까? 가끔은 그녀에게 말해주지 않아요. 하지만 이런 태도는 잘못된 것이고, 그 효과는 재앙이 될 수도 있죠. 전 어떻게 말해야 하나요?"

실로 이는 아주 미묘한 문제였다. 릴리언이 인지적 혼란에 직면했을 때, 어디까지 개입해야 하는가? 친구나 환자가 누군가의 이름을 잊어버렸을 때, 우리는 얼마나 신속하게 답을 일러줘야 하는가? (방향 감각이 전혀 없는) 내가 방향을 잘못 들어서 허둥대거나 혼자서 길을 찾느라 고생할 때, 얼마나 구제받고 싶어 하는가? 누구든 어떤 말이든 '듣는 것'을 얼마나 좋아하는가? 이 문제는 릴리언에게 누구보다도 더 난처한 일이었다. 그녀 스스로의 힘으로 문제를 해결해야 하겠지만, 시지각 장애가 갈수록 악화되고 때로는 클로드가 목격했듯이 그녀를 인지적 공황 상태로 몰아넣을 수도 있기 때문이다. 나는 재치를 발휘하는 것 말고는 정해진 규칙은 없다는 말밖에 해줄 수 없었다. 상황마다 그에 맞는 해법이 필요하다고 말이다.

그러나 이례적으로 변화무쌍한 릴리언의 시지각 기능은 내게도 당황스러웠다. 일부는 시각 피질의 손상으로 기능이 저하되거나 불안정해서 나타나는 문제인 듯했다. 10년 전에 처음 장애가 발생했을 때, 악보를 읽고 즉석에서 연주하는 능력이 왔다 갔다 하던 것과 마찬가지였다. 일부는 혈류의 변동으로 인한 것일 수도 있겠다고 판단했다. 하지만 일부 변화는 원인이 무엇이었든 간에 평소의 행동 능력이 저하되는 현상과 함께 나타나는 것으로 보였다. 직접적인 시지각 능력 대신 기억력과 지적 능력을 활용하는 능력도 이 시점에 함께 저하될 수 있다고 그때 나는 느꼈다. 이렇듯 릴리언에게는 상황이나 사물의 정보를 '입력'하여 평소 편하게 이용하던 감각기관의 단서를 준비하는 것이 여느 때보다 더욱 중요했다(무엇보다도 색은 예리하게 인지되는 정보였다).

특히 호기심을 불러일으킨 것은 릴리언의 갑작스러운 능력에 대한 클로드의 언급이었다. 작은 사진 속의 얼굴 표정을 읽어내는 능력이 그 예다. 대부분의 경우에는 사람을 알아보는 것 자체가 어려운 상태인데 말이다. 나는 이것이 초기 신경 검사 때 (낱말은 인식하지 못하면서 그것이 '생물'인지 '무생물'인지 분류할 수 있었던 경우처럼) 드러났던 전의식 능력을 보여주는 사례는 아닌가 하는 의문을 떠올리지 않을 수 없었다. 실인증과 피질 손상에도 불구하고 무의식적 인식이 어느 정도까지 가능한 것은 그 능력이 아직까지 손상되지 않은 시각 기관의 작용 기제를 활용하고 있기 때문이다.

2006년, 이언 맥도널드가 '음악 실독증의 회복'에 관한 아주 특별한 체험기를 출간했다. 개인의 이야기를 담은 기록으로는 최초였던 이 책이 더욱 놀라웠던 이유는 맥도널드가 신경과 의사이자 훌륭한 아마추어 음악가였다는 사실 때문이다. 그의 음악 실독증은 (계산 장애와 얼굴 인식 장애, 지형적 지남력 장애를 포함한 여러 문제와 더불어) 색전성 뇌졸중에 의해 발발했다가 완치되었다.[3] 그는 악보를 읽는 능력, 특히 즉흥연주와 관련한 능력은 서서히 개선되었지만 음악 실독증은 날마다 큰 편차를 보였음을 강조했다.

릴리언의 담당 의사들이 처음에는 그녀도 뇌졸중을 일으켰을 것이며, 그로 인해 여러 능력에 변이가 나타났을 것이라고 생각했다. 하지만 그런 변이는 원인과 상관없이 신경계에 손상을 입으면 전형적으로 나타나는 현상이다. 신경근 압박으로 인한 좌골신경통 환자들도 상태가 좋은 날과 나쁜 날이 있으며, 시각이나 청각에 손상을 입은 환자들도 마찬가

---

3. 맥도널드도 정확하면서도 풍부한 표현을 살려 피아노를 연주하는 능력을 일시적으로 상실했지만, 릴리언에게는 이런 문제가 없었다.

지다. 조직에 손상이 있을 경우에는 면역력과 여력이 떨어져서 피로, 스트레스, 투약, 감염 같은 자연스러운 요인에 훨씬 쉽게 무너진다. 그렇게 손상된 조직은 《깨어남》[한국어판, 알마, 2012]의 환자들이 끊임없이 겪은 것과 같은 발작적 변이를 일으키곤 한다.

릴리언은 발병한 후로 11~12년까지 창의적이었고 원기 왕성했다. 시각이면 시각, 음악이면 음악, 감정이면 감정, 지능이면 지능 등, 자기 안에 있는 모든 자원을 끌어내 자신을 지탱해왔다. 가족과 친구들, 특히 남편과 딸이 큰 힘이 되었을 뿐만 아니라 제자들, 동료들 그리고 슈퍼마켓이나 거리에서 도움을 주는 사람들, 모든 사람이 그녀의 도전을 도와주었다. 그녀가 실인증에 대해 보여준 적응력은 실로 대단했다. 이는 끊임없이 진행되는 영구적 인지 장애에 맞서 자신을 단단히 세우기 위해 어떻게 해야 하는지 가르쳐주는 소중한 수업이었다. 그러나 릴리언이 병에 대처하는 수준을 넘어서서 초월하게 해준 것은 기술, 즉 음악이었다. 이 점이 확연하게 드러난 것은 릴리언이 피아노를 칠 때였다. 피아노를 연주한다는 것은 감각과 근육, 육체와 정신, 기억과 환상, 지성과 감성, 자신의 총체, 살아 있음이 총체적으로 융합된, 일종의 초융합적 상태를 필요로 하는 활동이었다. 그녀의 음악적 능력은 천만다행하게도 병에 영향받지 않고 온전히 유지되었다.

릴리언의 연주는 내가 방문할 때마다 조금씩 난해해지는 듯했는데, 그녀에게 예술가라는 사실을 확인시켜주었다는 점에서 매우 중요했다. 이는 어떤 문제들이 닥치더라도 그녀가 여전히 기쁨을 누리고 베풀 수 있는 사람이라는 사실을 의미했다.

2002년에 릴리언과 클로드를 다시 방문했을 때는 집 안에 풍선이 가득했다. "제 생일이었어요. 사흘 전에요." 릴리언이 설명했다. 그녀는 다소 허약해진 듯 썩 좋아 보이지는 않지만, 목소리와 다정함은 여전했다. 시력이 더 나빠졌다고 말하는데, 앉을 의자를 찾느라 앞을 더듬는 모습이나 엉뚱한 방향으로 걸어가는 모습, 집에서도 길을 잃는 모습을 보니 상태가 얼마나 악화됐는지 알 수 있었다. 이제는 거동도 훨씬 '맹인' 같아졌는데, 앞에 있는 것이 무엇인지 알아보지 못하는 정도가 심해졌을 뿐만 아니라 시각 정위를 완전히 상실했음을 보여주었다.

편지는 여전히 쓸 수 있었지만, 읽기는 몇 해 전처럼 철자를 하나하나 짚어가면서 진땀나도록 느릿느릿 읽는 것조차 불가능해졌다. 그녀가 다른 사람이 읽어주는 것을 정말 좋아해서(클로드가 신문과 책을 읽어주곤 한다) 내가 녹음테이프를 보내주기로 약속했다. 외출도 여전히 가능해서, 남편과 팔짱을 끼고 동네를 산보한다. 릴리언의 장애가 갈수록 악화되고 있지만, 두 사람은 그 어느 때보다 더 가까웠다.

이 모든 상황에서도 릴리언은 청각만큼은 끄떡없다고 느꼈으며, 가르치는 일도 계속하고 있어서 음악 학교 학생들이 집으로 찾아온다. 피아노 연주는 가르칠 때 말고는 자주 하지 못한다.

그런데 내가 그녀가 전에 들려주었던 하이든 4중주곡을 언급하자 릴리언의 얼굴에 화색이 돌았다. "제가 정말로 흠딱 빠졌던 곡이에요. 전에는 한 번도 들어본 적이 없었어요. 연주하는 사람이 아주 드물거든요." 릴리언은 그 음악이 얼마나 뇌리를 떠나지 않는지, 어떻게 머릿속으로 하룻밤 사이에 피아노곡으로 편곡했는지, 그때 일을 다시 한 번 이야기했다. 내가 다시 연주를 청했다. 릴리언은 못한다고 했지만 다시금 조르자 피아노 쪽으로 몸을 옮겼는데 엉뚱한 방향으로 향했다. 클로드가 살며시 바로잡아주었다. 피아노에 앉은 릴리언은 첫 음을 잘못 쳤는데, 불안하고 혼란스러운 기색이 역력했다. "지금 내가 어딜 친 거죠?" 릴리언은 울음을 터뜨렸고, 나는 가슴이 무너졌다. 하지만 이내 제자리를 찾아 아름다운 연주를 시작했다. 높이 울려 퍼지다가 서서히 녹아들어 안으로 휘감기는 소리였다. 클로드는 놀라고 감동받았다. "2~3주간 전혀 연주하지 않았거든요." 클로드가 내게 속삭였다. 릴리언은 연주하면서 허공을 응시했고 입으로는 선율을 흥얼거렸다. 릴리언이 전에 보여주었던 힘과 감정이 온전히 실린 절정의 예술적 연주 속에서 하이든의 음악은 격랑, 음악적 격론에 휘말려 들어갔다. 연주가 피날레를 향하고 마무리 화음이 울리면서 릴리언이 말했다. 간결하게. "다 용서했어."

2장

::

부활

패트리샤 H.는 총명하고 활기 넘치는 여성으로 롱아일랜드에서 화랑을 운영하면서 화가들의 대리인으로 일했는데, 자신도 재능 있는 아마추어 화가였다. 세 자녀를 키워내고 예순이 다 되었어도 활발하게 움직였다. 그리고 딸들이 말하듯 "화려한" 삶을 누리면서 여전히 신인 화가를 찾아 그리니치빌리지를 돌아다녔다. 집에서 밤 모임도 자주 열었는데, 요리하는 것을 좋아해서 곧잘 스무 명씩 저녁 식사에 초대하곤 했다. 남편 역시 여러 방면에서 활동적인 사람으로, 라디오 아나운서이자 나이트클럽에서 공연하는 훌륭한 피아니스트이며 정치적으로도 활발했다. 부부가 다 사교성 넘치는 사람들이었다.

　　남편은 1989년에 심장마비로 갑자기 사망했고, 팻도 그 전해에 심장판막 손상으로 심장 절개 수술을 받은 뒤 항혈전제를 투약했다. 팻은 이 상황을 긍정적으로 받아들였지만 남편의 죽음에 대해서는, 딸의 말을 옮기자면 "충격을 받아 심한 우울증에 시달리고 살이 빠지고 지하철 선로에 떨어지고 교통사고를 당하고 길 잃은 사람처럼 맨해튼의 우리 집 현관 앞에 나타나곤 했다." 팻은 늘 감정 기복이 심한 편이었다("어머니는 며칠 동안 우울해서 몸져누워 있다가도 벌떡 일어나 기분이 백팔십도 바뀌어 별별 약속을 수천 개씩 잡고는 시내로 달려 나가곤 했어요"). 하지만 이제는 울적한 상태가 굳게 자리 잡았다. 1991년 1월에 어머니가 이틀 동안 전화를 받지 않자 딸들이 놀라서 이웃에게 전화를 걸었고, 그가 경찰을 불러 아파트 문을 부수고 들어갔더니 팻이 침대에 의식 없이 누워 있었다. 혼수상태가 최소한 열두 시간은 지속되었고, 극심한 뇌출혈이 있었다는 진단이 나왔다. 의사들은 우세 대뇌반구인 좌반구에 큰 혈병이 있어서 생존이 어렵다고 보았다.

일주일간 입원하고도 나아지지 않자, 팻은 최후의 수단으로 수술을 받았다. 딸들은 수술 결과를 예측하기 어렵다는 말을 들었다.

실제로 막 혈병을 제거했을 때는 상황이 위급해 보였다. 딸의 말로는 그녀가 "어딘가를 응시하는데… 뭘 보는 것 같지는 않았다"고 했다. "가끔은 어머니의 눈동자가 저를 따라왔어요. 아니, 그렇게 보였어요. 저희는 뭐가 어떻게 되는 건지, 어머니가 그곳에 계시기는 한 건지 알 수 없었어요." 신경과 의사들이 "만성적 식물 상태"를 몇 번 언급했는데, 이는 원시 반사 능력은 일부 살아 있지만 일관된 의식이나 지각이 없는 좀비 같은 상태를 일컫는다. 그런 상태는 그 사람이 금방이라도 일어날 것처럼 느껴지므로 더욱 가혹할 수 있다. 그런 상태가 몇 달간, 심하면 무한정 지속되기도 한다. 팻의 경우에는 2주가 지난 어느 날, "제가 다이어트 콜라를 들고 있었어요. 어머니가 마시고 싶어 하셨죠. 어머니의 눈이 향한 것을 보고 있었거든요. 그래서 제가 '한 모금 드실래요?' 했더니 어머니가 고개를 끄덕이셨어요. 그 순간, 모든 것이 바뀌었어요."

팻은 현재 의식이 돌아와서 딸들을 알아보며, 자신의 상태와 환경을 인식한다. 식욕, 욕망, 성격은 모두 돌아왔지만 우반신이 마비되었고, 그보다 심각하게는 생각이나 느끼는 것을 더이상 말로 표현하지 못한다. 눈빛과 몸짓으로 가리키거나 흉내 낼 수 있을 뿐이다. 말을 알아듣는 능력도 상당히 손상되었다. 간단히 말해서 실어증이다.

'실어증aphasia'은 어원적으로 말을 잃었다는 뜻이지만, 이는 말보다는 언어 자체(표현 능력이나 이해 능력의 전부 혹은 일부)를 잃어버린 것이다(선천적으로 귀가 들리지 않아서 수화를 사용하는 사람이 뇌를 다치거나 뇌졸중을 얻은 뒤에 실어증이 생겨서 수화를 하지 못하거나 이해하지 못하는 경우가 있는데 어느 모로 보든 말하는 사람의 실어증과 비슷한, 수화 실어증이라고 할 수 있겠다).

실어증은 뇌의 어떤 부분이 관련되느냐에 따라 아주 다양한 형태로 나타나며, 표현성 실어증과 수용성 실어증으로 뚜렷이 구분된다. 두 상태가 공존하는 경우는 전실어증이라고 한다.

실어증은 희귀한 장애가 아니다. 뇌졸중이나 머리 부상, 종양 또는 퇴행성 뇌질환의 결과로 뇌에 손상을 입은 사람은 300명 가운데 한 명꼴로 영구적 실어증이 생길 수 있다고 추산된다. 하지만 실어증은 완치율이 높으며 부분적으로 치료되는 경우도 많다(단 몇 분만 지속되는 일과성 실어증도 있는데, 편두통이나 간질 발작을 겪을 때 일어날 수 있다).

아주 가벼운 형태의 표현성 실어증은 적합한 어휘를 찾는 데 어려움을 겪거나 전체 문장 구조는 무너뜨리지 않으면서 어휘만 잘못 쓰는 특성을 보인다. 이러한 장애는 고유명사를 포함하여 특히 명사에 영향을 미친다. 좀 더 중증이면 문법적으로 완전한 문장을 구사할 수 없어서 짧고 빈

약한 '전보문'처럼 말하며, 실어증이 아주 심한 환자는 거의 말을 하지 못하고 이따금씩 ("젠장!"이나 "좋아!" 같은) 짧은 말을 내뱉을 수는 있다. 때로는 환자가 한 낱말만 거듭 반복하거나 모든 상황에 단 하나의 문장만 말하는 경우가 있는데, 환자도 이런 자신을 몹시 답답해한다. 한 환자는 뇌졸중이 발병한 뒤로 "고마워요, 엄마"라는 문장밖에는 말하지 못했고, 또다른 환자는 이탈리아 여성이었는데 늘 하는 말이 "tutta la verità, tutta la verità(온전한 진실 ─ 옮긴이)"였다.

1860년대와 1870년대에 실어증 연구 분야를 개척했던 헐링스 잭슨은 그런 환자들에게는 명제 언어가 결여되었으며, 내적 언어도 상실하여 혼자 속으로 말하거나 '명제 구성'(언어적 단위들을 복잡한 차원으로 조합하는 것─옮긴이)을 하지 못하는 상태로 보았다. 따라서 실어증은 추상 사고 능력을 상실한 장애라고 보고, 이런 의미에서 실어증 환자를 개의 상태에 비유했다.

나린더 카푸르의 탁월한 저서 《의사들의 다친 뇌Injured Brains of Medical Minds》는 많은 의사들의 실어증에 관한 자전적 이야기를 인용한다. 그 가운데 정신과 의사 스콧 모스의 사례가 있는데, 그는 43세에 뇌졸중 발작을 겪고 실어증을 앓았던 자신의 경험을 기술한다. 그의 경험은 내적 언어와 사고 능력 상실에 관한 헐링스 잭슨의 개념과 상당 부분 일치한다.

다음 날 아침 병원에서 깨어났을 때, 나는 완전히 (전뇌적) 실어증 상태가 되어 있었다. 사람들이 나에게 하는 말은 아주 구체적인 행동을 보여주면서 천천히 말하는 경우에만 어렴풋이 알아들을 수 있었다. … 나는 말하고 읽고 쓰는 능력을 완전히 상실했다. 처음 두 달 동안은 내적으로 어휘를 사용하는 것, 다시 말해 생각하는 것조차 불가능했다. … 꿈꾸는 능력도 상실했다. 따라서 8~9주 동안은 스스로 만들어내는 생각이 전혀 없는 완전한 진공 상태로 살았다. … 내가 다룰 수 있는 것은 바로 눈앞의 현재뿐이었다. … 내게서 사라진 부분은 (인간으로서 필수 요소인) 지적인 측면, 고유한 한 개인으로 존재하기 위해 가장 중요한 본질적 요소였다. … 오랜 시간 나는 스스로를 절반짜리 인간으로밖에 볼 수 없었다.

표현성 실어증과 수용성 실어증이 동시에 나타났던 모스는 읽기 능력도 상실했다. 표현성 실어증만 있는 사람은 (글씨 쓰는 손이 뇌졸중으로 마비되지 않았을 경우) 읽고 쓰는 것이 가능할 수도 있다.[1]

또다른 사례는 19세기 초의 걸출한 프랑스 생리학자 자크 로르다인데, 헐링스의 연구가 나오기 60여 년 전에 뇌졸중이 발병한 후 실어증을 겪은 자신의 경험을 들려주었다. 그의 경험은 모스의 경험과는 사뭇 달랐다.

---

1. 맥도널드 크리츨리는 새뮤얼 존슨 박사가 73세에 뇌졸중을 앓으면서 말하는 능력을 상실한 과정을 기술했다. "그는 한밤중에 잠에서 깼다가 뇌졸중이 발발한 것을 느꼈다." 존슨은 자신이 실성하지 않았다는 사실을 확인하기 위해 머릿속으로 라틴어 기도문을 썼지만, 소리 내어 읽을 수 없었다. 이튿날 아침인 1783년 6월 17일, 그는 옆집 사람에게 간신히 쓴 쪽지를 하인에게 전했다.

> 선생님, 전지전능하신 신께서 오늘 아침 제게서 말하는 능력을 앗아 가셨습니다. 어쩌면 조만간 저의 다른 감각까지 앗으시고 즐거워하실지도 모르겠습니다. 해서 선생님께 부탁드립니다. 이 쪽지를 받는 대로 저희 집에 오셔서 위급한 사태에 필요한 조치를 취해주십시오.

존슨은 그 뒤로도 몇 주 동안 예의 풍부한 어휘와 거창한 문장으로 편지를 썼다. 그러나 더러는 낱말 하나를 빼먹거나 잘못된 낱말을 쓰는 등 존슨답지 않은 실수를 하기도 했다. 나중에 다시 읽으면서 실수를 교정하기는 했지만.

24시간 동안 내가 알아들은 말은 낱말 몇 개뿐이다. 그래봤자 소용없었다. 내 생각을 표현하기 위해 그 낱말들을 어떻게 조합해야 하는지 기억할 수 없었으니까 말이다. … 다른 사람들의 말도 더이상은 이해할 수 없었다. 기억상실증 때문에 내가 들은 말의 의미를 충분히 빨리 파악할 수 없었기 때문이다. … 하지만 내적으로는 달라진 것이 전혀 없었다. 내가 언급하는 이러한 정신적 소외감, 내가 느끼는 슬픔, 언어 장애, 그리고 이 상태가 만들어내는 나의 바보 같은 모습 때문에 사람들은 나의 지적 기능이 약화됐다고 믿었다. … 나는 내가 사랑하는 일생의 업과 연구 작업을 항상 머릿속으로 논하곤 했다. 그렇기에 생각하는 일은 뭐가 되었건 전혀 어려움이 없었다. … 사실, 원리, 교리, 추상적 관념에 대한 기억력은 건강이 좋을 때와 똑같았다. … 다만 내면의 생각을 말로 설명하는 것이 수고스러운 일이라는 사실은 깨달을 수 있었다.

이렇듯 일부 환자는 말을 전혀 하지 못하거나 이해하지 못한다 해도, 지적 능력(논리적이고 체계적으로 사고하고 계획하며 기억하고 예상하고 추측하는 능력)은 전혀 손상되지 않을 수 있다.[2]

그런데도 사람들은 보통 (그리고 의사들도 너무나 자주) 실어증이라고 하

---

2. 저명한 역사가 존 헤일이 그런 경우였다. 그는 뇌졸중으로 표현성 실어증이 왔다. 그의 아내 실라 헤일은 《언어를 잃은 남자The Man Who Lost His Language》에서 남편의 실어증을 생생하고 감동적으로 서술하는데 초기에 상태가 얼마나 파괴적이었는지, 그리고 전문가들의 능력과 지속적인 요법을 통해 몇 년이 지나도록 가망 없어 보이던 상태로부터 어느 정도 회복한 과정을 이야기한다. 또한 전문가 의료진조차 실어증을 '불치병'으로 일축하던 일, 지적으로 아무 문제가 없는 것이 분명한 환자들을 백치 취급하던 경험도 폭로한다.

면 한 사람의 내면과 사회적 삶을 완전히 파괴하는, 최악의 재난이라고 여긴다. 팻의 딸 다나와 라리도 들었던 이야기다. 조금 나아질 수는 있지만 어차피 평생 환자로 살아가야 할 것이라고, (팻에게는 삶의 정수 그 자체인) 파티도 대화도 화랑도 있을 수 없는, 시설 입원 환자라는 닫힌 삶을 살아갈 것이라고 의사들은 이야기했다.

다른 사람들과의 대화나 접촉을 주도적으로 시작하기 어려운 실어증 환자들이 만성질환 병원이나 요양원에 입원했을 때는 각별한 위험한 요소가 있다. 각종 요법은 받을 수 있겠지만, 환자들에게 절대적으로 필요한 사회생활이 없어서 수시로 차단된 느낌, 강렬한 소외감을 느끼는 것이다. 하지만 (카드놀이, 쇼핑 외출, 영화나 연극 관람, 춤이나 스포츠 등) 언어가 필요하지 않은 다양한 활동을 진행하여 환자들에게 익숙한 활동과 인간관계를 제공한다. '사회적 재활'이라는 밋밋한 용어가 사용되기도 하지만, 정말로 환자들이 경험하는 것은 (디킨스의 표현을 빌리자면) '부활'이다.

팻의 딸들은 어머니에게 삶을, 그러한 제약 속에서나마 최대한 충만한 삶을 돌려주기 위해 무엇이든 했다. "우리가 고용한 간호사는 어머니가 남의 손을 빌리지 않고 혼자 먹는 법, 그러니까 사는 법을 다시 가르쳤어요." 라리의 말이었다. "어머니는 화도 냈고, 가끔 간호사를 때리기도 했어요. 하지만 그분은 포기하지 않으셨죠. 다나와 저도 어머니 곁을 떠나지 않았고요…. 어머니를 식당으로 모시고 나가거나 바깥 음식을 들여오고, 머리 손질도 받게 하고, 손톱 손질도 해드리고…. 저흰 정말 멈추지 않았어요."

마침내 팻은 수술과 재활 치료를 받았던 급성질환자 병동을 떠날 수 있었다. 여섯 달 뒤에는 브롱크스에 있는 베스에이브러햄병원으로 옮겼고,

그곳에서 나와 처음으로 만났다.

1919년 베스에이브러햄병원이 처음 문을 열었을 때는 베스에이브러햄불치병자요양소였는데, 사람 기운 꺾는 이 이름은 1960년대에 들어서야 바뀌었다. 뇌염후증후군의 첫 희생자였던 환자들(내가 처음 왔을 때 그중 여러 명이 40년 이상 생존해 있었다)을 수용했던 베스에이브러햄병원은 세월이 흐르면서 점차 확장하여 500개의 병상을 갖춘 대형 병원이 되었으며, 파킨슨증, 치매, 언어 장애, 다발성 경화증, 뇌졸중 (그리고 갈수록 많아지는 총상 혹은 교통사고로 인한 척추 및 뇌 손상 등) 각종 만성 환자를 돕기 위한 재활 프로그램을 운영하고 있다.

만성질환 환자를 문안하러 왔다가 마비되고 앞이 안 보이고 말 없는 '불치병' 환자 수백 명이 모여 있는 광경에 충격을 받는 사람이 적지 않다. 처음 드는 생각은 보통 이렇다. 이런 상황이라도 인생은 살 만한 것일까? 이 사람들은 어떤 삶을 살아갈까? 또 자신에게 장애가 생겨서 이런 곳에 살게 되면 어떻게 하나 싶은 생각에 불안해지기도 한다.

그러다가 다른 면을 생각하게 된다. 대다수 환자들은 치료법이 아예 없거나 차도를 거의 보이지 않는다고 해도, 여전히 많은 환자가 도움을 받아 건강을 되찾고 장점을 살려서 다른 일을 할 만한 능력을 계발하며 현실을 극복하고 삶에 적응해간다(물론 이는 신경 손상의 유형이나 정도에 좌우되며, 개개인 환자의 내적 자원이나 외부 환경이 어떻게 뒷받침해주느냐에 달려 있다).

병문안 온 사람에게 만성질환 병원의 첫인상이 견디기 힘들다면, 처음 입원하는 환자들에게는 공포스러울 것이다. 많은 입원 환자가 공포와 더불어 슬픔과 쓸쓸함을 느끼며 격렬한 분노로 대응하는 경우도 있다(이러한 복잡한 감정 반응이 때로는 중증 '입원 정신장애'를 일으키기도 한다). 내가 팻을 처음 본 것은 그녀가 베스에이브러햄병원에 막 입원한 1991년 10월이었다. 그때 팻은 분노와 좌절감으로 고통받고 있었다. 직원들도 모르고 병원 시설에 대해서도 알지 못하는 상태에서 팻은 기관이 딱딱한 규정과 질서로 자신을 짓누른다고 느꼈다. 몸짓으로 의사 표현은 할 수 있었지만(그녀의 몸짓은 뜻이 완전히 통하지는 않았어도 늘 열정적이었다) 논리적인 말은 전혀 되지 않는 상태였다(하지만 직원은 팻이 가끔 "젠장!"이나 "꺼져!"라며 소리를 지른다고 말했다). 사람들이 하는 말은 꽤 많이 이해하는 듯했지만 테스트해본 결과 말 자체보다는 어조나 표정, 몸짓에 반응하는 것으로 밝혀졌다.

내가 전문병원에서 검사했을 때는 말이나 글로도 "코를 만져보라"는 주문에 반응하지 못했다. 수를 연이어 세는 것("하나, 둘, 셋, 넷, 다섯…")은 할 수 있었지만, 숫자를 따로 말하거나 거꾸로 세는 것은 하지 못했다. 우반신은 완전히 마비된 상태였다. 신경 상태에 대해 나는 기록부에 "나쁘다. 언어 기능은 크게 회복되지 못하리라는 우려가 들지만 강도 높은 언어치료는 물론 물리치료와 작업치료도 반드시 병행해서 시도할 것"이라고 적어놓았다.

팻은 무척이나 말을 하고 싶어 했지만 어마어마한 힘을 들여 한 단어 내뱉은 것이 엉뚱한 낱말이거나 알 수 없는 말이 되곤 하여 자꾸만 좌절했다. 틀린 것을 바로잡으려 했지만 하면 할수록 알아듣기 힘들어질 때가 더 많았다. 그러더니 침묵 속에 잠기는 시간이 많아지는 것이 내가 느끼기에는 말하는 능력이 결코 돌아오지 않을지도 모르겠다고 생각하는 듯했다. 의사소통이 되지 않는 상황이, 실어증을 겪는 많은 환자들이 그렇듯, 그녀에겐 신체의 마비보다 훨씬 힘들었다. 뇌졸중이 발병한 첫해에는 그녀가 말을 잃은 채 복도나 환자 휴게실에 홀로, 미묘한 적막 속에서 쓸쓸하고 괴로운 얼굴로 앉아 있는 모습이 가끔씩 눈에 띄었다.

하지만 한 해 뒤에는 상태가 많이 호전되어 다른 사람들의 몸짓과 표정만이 아니라 말까지 알아듣는 요령을 터득했다. 자신의 생각과 감정을 나타내는 법도 찾아냈는데, 말이 아니라 표현이 풍부한 손짓과 몸짓을 썼다. 예를 들어, 표 두 장을 펄럭이면 영화를 보러 가지만 친구도 같이 간다는 뜻이다. 그러면서 화를 덜 내고 사람들과 더 많이 어울리고 주변에서 벌어지는 일을 잘 인지하게 되었다.

이러한 변화는 사회적 능력(의사소통 능력)이 크게 향상되었음을 뜻하지만, 그것이 실제로 신경 기능의 호전에서 비롯된 것인지는 확신할 수 없었다. 실어증 환자의 친구들이나 친척들은 신경 기능의 회복 정도를 실제보다 더 크게 느끼는 경우가 많은데, 언어 기능에 대한 보상으로 비언어적 능력과 기술, 특히나 얼굴 표정, 억양과 어조뿐만 아니라 몸짓과 자세, 그리고 말할 때 흔히 따라오는 세세한 동작 등을 통해 그 사람의 의도나 의미를 읽어내는 능력이 현저하게 강화되는 환자가 많기 때문이다.

그러한 보상 작용은 실어증 환자들에게 놀라운 능력, 그중에서도 특히 연극적인 행동, 얼버무리는 태도, 거짓말을 꿰뚫어 보는 능력을 주기도 한다. 나는 1985년에 실어증 환자들이 한데 모여 텔레비전에서 나오는 대통령 연설을 시청하는 모습을 보고 이 점을 기술했으며3, 매사추세츠

3.《아내를 모자로 착각한 남자》의 "대통령 연설".

종합병원 낸시 에트코프 연구진의 2000년 〈네이처〉 논문에서는 실어증을 겪는 사람들이 알고 보면 "언어 장애가 전혀 없는 사람들보다 거짓 감정을 파악하는 능력이 월등하다"는 사실을 보여주었다. 이 논문은 실어증 환자들이 그런 능력을 갖기까지 어느 정도 시간이 걸린다고 주장하는데, 실어증이 발발한 지 몇 달밖에 안 되는 환자들에게는 그 능력이 나타나지 않았기 때문이다. 팻의 경우에도 마찬가지여서 처음에는 타인의 감정이나 의도를 알아차리는 데 능하다고 보기 어려웠지만, 몇 해가 지나면서 초자연적이라고 할 만한 기술을 갖추게 되었다. 실어증을 겪는 사람들이 비언어적 의사 표현을 이해하는 데 탁월한 능력을 얻을 수 있다면, 자신의 생각을 같은 방식으로 전달하는 데도 노련해질 수 있다. 팻은 이제 자신의 생각과 의도를 의식적이고 자발적으로 (그리고 많은 경우에 창의적으로) 표현하는 단계로 들어섰다.

실어증 환자들은 진짜 언어의 문법이나 구문적 요소가 없어도 통하는 손짓과 몸짓을 아낌없이 사용하지만, 그것만으로는 충분하지 않다. 복잡한 의미나 주장을 전달하기에는 (귀가 들리지 않는 사람들이 사용하는 수화와는 달리) 너무 제한적이기 때문이다. 팻은 이러한 제한성에 매우 분노했다. 그러다가 언어병리사 제네트 윌컨스가 팻이 문장 전체는 읽지 못하지만 개별 단어는 인식한다는 사실(심지어 팻의 어휘력이 상당히 방대하다는 사실)을 발견하면서 큰 변화가 일어났다. 제네트는 회복이 시작된 다른 실어증 환자들에게서도 이 점을 발견하면서 이들을 위한 일종의 어휘집을 고안해냈다. 낱말을 물건, 사람, 사건의 범주로 배열하고 기분과 감정 범주까지 포함한 책이다.

그 어휘집은 환자들이 제네트와 단둘이 일대일로 치료할 때는 통했지만, 많은 환자가 제네트가 아닌 다른 사람에게 시도하는 것은 힘들어했다. 어쩌면 너무 수줍거나 의기소침해서일 수도 있고, 아니면 타인과의 접촉을 먼저 시작하기 어려운 다른 질환으로 인한 장애일 수도 있다.[4] 평생 사람들과 어울리는 생활을 해온 외향적인 팻에게는 문제가 전혀 없었다. 그녀는 언제나 무릎 위나 휠체어 옆에 어휘집을 두었다가, 필요한 말이 나올 때마다 재빨리 왼손으로 집어 들고 뒤적였다. 또 다른 사람에게 과감히 다가가 필요한 페이지를 펼쳐 들어서 하고 싶은 이야기의 주제를 표시했다.

팻의 삶은 딸들이 '경전'이라고 부르는 단어집과 더불어 무한히 확장되었다. 머지않아 어떤 대화든 자신이 원하는 방향으로 이끌 수 있게 되었다. 순전히 손짓과 몸짓밖에 쓰지 않으면서 말이다. 그나마 주로 왼팔만 사용했다. 우반신이 여전히 완전한 마비 상태였기 때문이다. 그런데도 손짓과 몸짓, 어휘집을 이용하여 자신의 요구와 생각을 완전하고도 정확하게 표현할 수 있었다.

이렇듯 팻은 일반적인 의사소통이 불가능한 상태에서도 병원 내 사교활동의 중심인물이 되었다. 그녀의 병실은 다른 환자들이 수시로 찾아오는 사랑방이 되었다. 딸들은 어머니가 전화를 "하루에 100번씩" 건다고 말했다. 하지만 어머니의 대응은 수동적일 수밖에 없어서 딸들이 간결하

---

4. 윌컨스의 비범한 치료 능력은 그녀 자신이 사지마비 환자라는 점이 어느 정도 작용한 것일 수도 있다(열여덟 살에 교통사고로 목이 부러졌다). 그런데도 윌컨스는 다른 사람들에게 진지한 관심을 기울이면서 더할 나위 없이 풍부한 삶을 살고 있다. 어떤 면에서는 자신들보다도 장애가 심한 치료사가 불굴의 정신으로 난관을 극복한 모습은 환자들에게 자신을 위해, 그리고 윌컨스를 위해 더 열심히 해야겠다는 의지를 불러일으켰다.

게 질문하고 어머니는 '응' 또는 '아니' 혹은 '좋아'라든가 하는 소리로 승인이나 기쁨 혹은 반대를 표하는 식이다.

뇌졸중이 발병한 지 5년 뒤인 1996년 무렵, 수용성 실어증은 누그러져서 말을 조금씩 알아들을 수 있게 되었지만 말을 하는 것은 여전히 어려웠다. 팻에게는 몇 마디 정해진 구절이 있어서 "괜찮아요!"나 "좋아요!" 같은 말은 할 수 있었지만, 익숙한 물건의 이름을 말하거나 완성된 문장은 말할 수 없었다. 왼손으로 다시 그림도 시작했고, 도미노 놀이에서는 제왕이었다. 팻의 비언어적 표현 체계는 약화되지 않았기 때문이다(오래전부터 실어증이 음악적 능력, 시각적 심상, 기계 적성에 반드시 영향을 미치지는 않는 것으로 알려졌는데, 셰필드대학의 니콜라이 클레싱어 연구진은 문법적 언어를 이해하거나 작성하지 못하는 환자들이라도 수리 추리 능력과 수학적 구문을 사용하는 능력은 온전히 유지될 수 있음을 증명했다).

뇌졸중이 발병하거나 뇌 손상을 입은 뒤로 12~18개월 뒤에는 더이상 회복될 수 없다는 이야기가 있다. 때로는 그런 경우도 있지만, 이러한 일반화가 잘못임을 입증하는 환자도 많이 보았다. 게다가 지난 몇십 년 동안 신경과학은 뇌의 회복력과 재생력이 기존에 알려져 있는 것보다 훨씬 강하다는 사실을 입증했다. 또 손상 부위가 지나치게 크지 않을 경우에는 손상되지 않은 부위가 손상된 부위의 기능을 대신하는 '가소성'이라는 위대한 능력도 있다. 개인적인 차원에서는 적응 능력, 즉 원래의 방법이 더이상 통하지 않을 때 새로운, 혹은 다른 방법을 찾는 능력을 발휘한다. 팻은 뇌졸중을 앓은 지 다섯 해가 지나서도 매우 제한적이기는 하나 계속해서 수용력이 높아졌고, 언어를 이해하는 능력을 키워가고 있다.

그런데도 팻은 낱말 몇 개를 뱉어낼 수 있고 말이건 글이건 개별 낱말을 이해하는 능력은 생겼어도, 기본적으로는 언어적 조직성이 결여되어 내적으로든 다른 사람에게든 자신의 생각을 '명제화'하지 못하는 것으로 보였다. 철학자 비트겐슈타인은 의사소통과 표현의 두 방법을 '말하기'와 '보여주기'로 구분했다. 명제화의 맥락에서 말하기는 단언적이며, 단언하는 내용이 논리적, 구문적 구조와 밀접하게 결합해야 한다. 보여주기는 단언적이지 않아서 정보를 비상징적이고 직접적으로 나타내지만, 비트겐슈타인도 인정했듯이 그 기저에 문법이나 구문 구조는 없다(비트겐슈타인의 《논리철학논고》가 출판된 몇 해 뒤, 친구 피에로 스라파가 손가락을 탁 튕기고는 물었다. "이것의 논리적 구조는 무엇이겠나?" 비트겐슈타인은 대답하지 못했다).

노엄 촘스키가 언어학에서 혁명을 일으켰다면, 스티븐 코슬린은 심상 연구에서 혁명을 일으켰다. 비트겐슈타인이 '말하기'와 '보여주기'를 논했다면, 코슬린은 '서술적'이고 '묘사적'인 표현 방식을 논한다. 정상적인 뇌는 두 방식을 모두 구사할 수 있을 뿐만 아니라 상호 보완적이어서 어느 한 방식만 쓸 수도 있고 두 방식을 전부 쓸 수도 있다. 팻은 명제 구성 능력, 단언 능력, 서술 능력을 거의 상실했으며, 이 능력을 회복할 가능성을 거의 보이지 않았다. 하지만 묘사 능력은 뇌졸중의 영향에서 벗어나 언어를 잃은 상태에 적응하면서 현저하게 향상되었다. 그녀의 묘사 능력은 다른 사람의 몸짓과 표정을 읽어내는 능력(수용성)과 자신의 의사를 손짓과 몸짓으로 표현해내는 기교(표현성)의 양면성을 띤다.

팻은 일곱 형제 중 막내였다. 그녀에게는 대가족이 항상 삶의 중심이었는데, 이러한 전통은 팻의 첫 손녀인 라리의 딸 알렉사가 태어난 1993년까지 지속되었다. 라리는 알렉사가 "베스에이브러햄병원에서 태어난 셈"이라고 말한다. 알렉사는 할머니를 자주 방문했고, 할머니는 늘 손녀에게 줄 특별한 장난감이나 간식을 준비했다("어머니가 그런 걸 다 어디에서 구했는지 모르겠어요"라며 라리는 놀라워했다). 팻은 알렉사에게 과자를 주면서 복도 끝 병실에 있는 걷지 못하는 친구에게 가져다주겠느냐고 부탁하곤 했다. 알렉사와 두 동생 딘과 이브는 모두 할머니에게 매료되었고, 병원을 방문하지 못할 때면 전화로 이야기하기를 좋아했다. 라리는 세 아이 모두 할머니와의 관계가 아주 활발하고 지극히 '정상적'이며, 모두 이 관계를 소중히 여긴다고 말했다.

팻의 어휘집 중 한 쪽에는 감정 상태와 관련된 어휘 목록이 있다(언어병리사 제네트가 준비한 낱말 목록에서 고른 것이다). 1998년에 내가 현재 가장 우세한 기분은 무엇인지 묻자, 팻은 '행복한'을 짚었다. 그 쪽에는 '성난', '겁난', '피곤한', '아픈', '외로운', '슬픈', '따분한' 같은 다양한 형용사가 있었다. 그 전해에는 그 낱말 전부를 짚는 날도 있었다.

1999년에 내가 날짜를 묻자, '7월 28일 수요일'을 가리켰다. 팻은 약간 발끈했는데, 그렇게 쉬운 질문이 자신을 모욕한다고 느꼈던 것 같다. 그녀는 '경전'을 이용하여 지난 몇 달 동안 뮤지컬을 여섯 편 보았고 화랑에도 두어 번 갔다는 것, 그리고 이제 여름이라서 주말마다 롱아일랜드에 있는 라리네에 가기로 했는데 무엇보다도 수영을 할 것이라고 자랑했다. "수영이요?" 내가 놀라서 물었다. 팻은 '네'를 가리켰다. 우반신이 마비됐어도 횡영은 할 수 있으며, 자신이 젊었을 적에는 장거리 수영을 아주 잘했다고 말이다. 또 팻은 라리가 몇 달 있으면 아기를 입양하게 되어 얼마나 신나는지 모른다고 자랑했다. 뇌졸중 8년째이면서도 그토록 충만하고 풍요로운 일상을 누리며 끔찍한 뇌 손상이라고 여길 수도 있는 질환 속에서 인생을 열정적으로 사랑하는 팻의 모습을 볼 수 있었던 이 방문은 어느 때보다도 뇌리에 깊이 남았다.

2000년, 팻은 손주들 사진을 보여주었다. 그 전날이 독립기념일이어서 하루 종일 손주들과 보내면서 텔레비전에서 대형 범선과 불꽃놀이를 보았다. 그러면서 윌리엄스 자매가 테니스 치는 사진이 실린 신문을 꼭 보여주고 싶어 했다. 팻은 테니스를 찾아 짚으면서 스키와 승마, 수영과 더불어 가장 좋아하는 스포츠였다고 했다. 또 아주 낑낑대면서 매니큐어와 색칠한 손톱을 보여주고는 챙 모자와 선글라스를 착용하고 병원 뜰로 일광욕을 하러 나갔다.

2002년, 팻은 몇 개의 낱말을 말할 수 있게 되었다. 이러한 진전은 베스 에이브러햄병원의 음악치료사 코니 토메이니오와 함께 〈생일 축하합니다〉나 〈2인용 자전거〉처럼 잘 아는 노래를 부르는 요법을 통해 거둔 결과였다. 팻은 음악을 감상하고 가사 일부를 따라 할 수 있었다. 그렇게 몇 분이 지나면 목소리가 '풀리고' 가사 일부를 높낮이 없이 단조로운 목소리로 읊을 수 있게 되었다. 그때부터는 말하는 힘을 키울 수 있도록 녹음기에 익숙한 노래를 넣어 들고 다녔다. 팻은 나에게 시범을 보여주었다. 〈오, 아름다운 아침이군요Oh, What a Beautiful Morning〉 곡이 끝나자 곧바로 "안녕하세요, 색스 박사님" 하고 노래 부르듯이 인사하는데, 특히 '안녕'에 리듬을 넣어 힘주어 말했다.

음악 요법은 일부 표현성 실어증 환자들에게 말할 수 없이 소중했다. 곡에 맞추어 가사를 노래할 수 있다는 사실을 깨달으면서 언어를 완전히 잃은 것은 아니라는, 그리고 자신의 내부 어딘가에서 그것에 접근할 수 있다는 자신감을 얻었다. 문제는 노래와 결합된 능력을 음악의 맥락에서 떼어다가 의사소통에 활용할 수 있는지 여부였다. 가끔은 제한적이나마 높낮이 없는 즉흥 가락 속에 말을 집어넣어 읊는 식으로 말할 수 있었다.[5] 하지만 팻은 이 훈련에는 열심이 아니었다. 팻은 자신의 진짜 특기는 몸짓 흉내, 사람들이 쓰는 제스처를 이해하는 기술이라고 여겼다. 이 분야에서 팻이 성취한 기술과 통찰력은 실로 귀재라 할 만했다.

상황, 생각, 감정, 의도 등을 몸짓과 행위로 의도적이고 의식적으로 재현하는 모방은 언어와 마찬가지로 (어쩌면 음악도) 사람만이 지닌 능력인 듯하다. 유인원은 흉내는 낼 수 있지만 의식적이고 의도적으로 모방적 재현을 해낼 능력은 거의 없다(심리학자 멀린 도널드는 〈현생 인류 지성의 기원Origins of the Modern Mind〉에서 '모방 문화' 단계가 인류의 진화에서 유인원의 '에피소드 문화' 단계와 현생 인류의 '이론 문화' 단계 사이에 놓이는 결정적인 단계였을 수 있다고 주장한다). 모방할 때는 언어를 사용할 때보다 활성화되는 대뇌의 영역이 훨씬 넓으며 훨씬 강하게 지속되는데, 어쩌면 이것이 언어를 잃은 많은 환자들에게 이 능력이 보존되는 이유일 수도 있다.

팻의 사례가 보여주듯, 이렇게 보존된 모방 능력이 일련의 어휘 목록과 결합하여 의사소통을 더욱 정교하게 만들고 향상시킨다. 팻은 늘 소통하고자 하는 의욕이 넘치는 사람으로(다나는 "우리 어머니는 하루 24시간 떠드는 사람"이었다고 말한다) 처음 병원에 들어왔을 때 그토록 절망하고

---

5. 음악 요법에 관해서는 《뮤지코필리아》[한국어판, 알마, 2012]의 "실어증"에서 광범위하게 다루었다.

분노한 것도 이 수다스러움을 해소할 길이 없었기 때문인데, 제네트가 시동을 걸어주자 열심히 연마하여 소통에 성공할 수 있었다.

팻의 딸들조차 그녀의 회복 능력에 혀를 내두르곤 했다. "어떻게 우울해하지 않죠? 우울증 이력이 있는데 말이에요. 처음에는 어머니가 어떻게 이렇게 사실 수 있을까… 생각했어요. 칼이라도 집어 드는 건 아닐까 하고요." 다나는 어머니의 몸짓이 '세상에, 무슨 일이 생긴 거야? 이게 뭐야? 내가 왜 이런 방에 있는 거야?' 하고 호소하는 듯하며, 어머니가 날선 뇌졸중의 공포에 사로잡힌 것 같다고 자주 이야기했다. 하지만 팻은 자신이 반신불수 상태이긴 하지만, 어떤 면에서는 아주 운이 좋았다는 점을 알고 있었다. 뇌 손상의 범위가 넓기는 하지만 정신력이나 성격을 허물어뜨리지는 않았다는 점, 딸들이 그녀에게 마음 붙일 일과 활동을 만들어주기 위해 백방으로 노력하고, 또 한편으로는 개인 도우미와 치료사를 별도로 고용할 경제력이 있었다는 점, 팻을 끊임없이 면밀히 관찰해주는 병리사를 만났다는 점, 인간적으로 용기를 주고 그녀에게 절대적으로 중요한 도구인 '경전'을 준비해서 치료에 도움이 되었다는 점 등 팻은 실로 운이 좋은 사람이었다.

팻은 여전히 적극적으로 세계와 교감하고 있어서 가족에게 "달링"이라고 말하지만 병동에서는 팻이 달링이었다. 팻은 사람을 사로잡는 매력을 전혀 잃지 않았으며(다나가 말하길, "어머니는 선생님도 사로잡았지요, 색스 선생님"), 왼손으로 그림도 그릴 수 있다. 그녀는 살아 있다는 사실, 할 수 있는 한 많은 것을 할 수 있다는 사실에 감사하고 있으며, 다나는 이것이 어머니가 의욕을 잃지 않고 좋은 기분을 유지할 수 있는 힘이라고 보았다.

라리도 비슷한 이야기를 했다. "어머니의 부정적인 태도가 싹 사라진 것 같아요. … 예전보다 훨씬 안정적이에요. 당신의 삶과 재능, 그리고… 다른 사람들에게 감사하시지요. 어머니는 당신이 특권을 누린다고 생각하지만, 그런 생각 덕분에 어머니보다 신체적 장애는 덜하지만 '적응력'이나 '운'이나 '행복'은 훨씬 부족한 환자들에게 더 친절하고 사려 깊게 대하게 되었어요. 어머니의 모습은 병의 '희생자'와는 거리가 멀지요." 라리는 이렇게 결론 내렸다. "어머니는 오히려 스스로 축복받은 사람이라고 느끼고 있어요."

*　*　*

11월의 어느 쌀쌀한 토요일 오후, 나는 팻과 다나의 외출에 동행했다. 팻이 가장 좋아하는 활동은 병원 근처의 앨러튼 대로에서 쇼핑하는 일이었다. 우리가 (식물, 그림, 사진, 포스터, 극장 프로그램 따위가 흘러넘치는) 병실에 도착하니, 팻은 제일 좋아하는 코트를 입고서 우리를 기다리고 있었다.

분주한 주말 오후의 앨러튼 대로로 나가니 상점 주인의 절반은 팻을 알았다. 팻이 휠체어 바퀴를 굴리며 지나가면 사람들이 소리쳤다. "안녕하세요, 팻!" 팻이 당근 주스를 파는 건강식품 상점의 젊은 여자에게 손을 흔들어 인사하자 상점 여자도 "안녕하세요, 팻!" 하며 인사했다. 팻은 세탁소의 한국 여자에게 손을 흔들며 손으로 입맞춤을 보냈고 세탁소 여자도 그에 답했다. 그 여자의 여동생이 전에 과일 가게에서 일했다고 팻이 알려주었다. 우리는 신발 가게에 들어갔다. 팻은 원하는 것이 분명했다. 다가오는 겨울을 위해 안에 털이 달린 부츠를 사고 싶어 했다. "지퍼 달린 거요, 아니면 찍찍이 달린 거요?" 다나가 물었다. 팻은 어느 쪽이 좋은지 가리키지 않고 바퀴를 굴려 진열대 앞으로 가서는 아주 단호하게 자신이 원하는 부츠를 가리켰다. 다나가 말했다. "하지만 그건 레이스가 달렸는걸요!" 팻은 웃으면서 어깨를 으쓱했는데, '그래서 뭐? 누군가 묶어 줄 건데'라는 뜻이었다. 팻은 멋을 포기할 마음이 없었다. 부츠는 따뜻한 것은 물론, 보기에도 우아해야 했다('찍찍이고 말고!'라는 표정이었다). "사이즈는요? 9호?" 다나가 물었다. 아니라는 몸짓과 함께 손가락을 반으로 접었다. 8.5라는 뜻이었다.

우리는 슈퍼마켓에 들렀다. 팻은 늘 이곳에서 자신과 병원 사람들을 위해 몇 가지 물건을 샀다. 팻은 구석구석을 잘 알고 있어서 자신이 먹을 잘 익은 망고 두 개 그리고 바나나 큰 송이 하나(팻은 몸짓으로 다른 사람들한테 나눠줄 것이라고 알려주었다), 작은 도넛 몇 개를 빠른 속도로 골랐고, 계산대에서 사탕 세 봉지를 집었다(이것은 같은 층에서 일하는 잡역부의 아이들에게 주는 것이라고 했다).

쇼핑한 짐을 잔뜩 짊어지고 걷는데, 다나가 오전에 어디 갔는지 물었다. 나는 뉴욕식물원 양치류학회 회의가 있었다고 말하고는 덧붙였다. "저는 식물과 사람이랍니다." 팻은 내가 하는 말을 어깨 너머로 듣고는 큰 몸짓으로 자신을 가리켰다. '당신, 나, 우리 둘 다 식물과'라는 뜻이었다.

다나가 말했다. "뇌졸중 이후로도 어머니는 변한 게 하나도 없어요. 좋아하는 것, 열광하는 것, 전부가 그대로예요. 딱 하나 있다면… 아주 골칫덩어리가 되셨죠!" 팻은 웃음을 터뜨렸다. 다나의 말에 동의한다는 뜻이었다.

그리고 커피숍에 들렀다. 팻은 메뉴판 읽는 것도 거침없어서 가정식 프라이 말고 프렌치프라이드로 해달라고, 그리고 통밀 토스트를 달라고 주문했다. 식사를 마치자 팻이 조심스럽게 립스틱을 발랐다("아유, 정말 멋쟁이시죠!" 다나는 경탄했다). 다나가 어머니를 모시고 유람선 여행을 해도 되느냐는 이야기를 꺼냈다. 내가 퀴라소에서 보았던 대형 유람선을 언급하자 팻이 호기심을 보이면서 어휘집을 꺼내 들고는 그 배가 뉴욕에서 출항하는지 물었다. 내가 수첩에 배 그림을 그리려 하자 팻이 웃음을 터뜨리더니 왼손으로 훨씬 근사하게 그려주었다.

3장

::

문필가들

2002년 1월, 탐정 소설 베니 쿠퍼만 시리즈로 유명한 캐나다 작가 하워드 엥겔로부터 이상한 문제를 설명하는 편지를 받았다. 그는 몇 달 전 어느 날 아침에 기분 좋게 기상했다고 했다. 옷을 입고 아침을 먹고 현관으로 신문을 가지러 나갔는데 문간에 놓여 있는 신문이 기이하게 변신한 것처럼 느껴졌다.

2001년 7월 31일 자 〈글로브앤드메일〉은 평소와 다름없이 사진과 큼직한 머리기사에 작은 사진 설명으로 구성되어 있었습니다. 유일하게 다른 점이라곤 그 안에 쓰인 내용을 더이상 읽을 수 없다는 것이었죠. 글자는 분명히 어린 시절부터 익히 읽어온 26포인트 크기였어요. 그런데 자세히 들여다보니 키릴문자로 보였다가, 한글로 보였다가 했죠. 세르비아-크로아티아판 〈글로브〉인가? 수출용으로 제작한? … 아니면 누가 나한테 만우절 농담이라도 치는 것인가? 이런 짓 잘하는 친구가 몇 있긴 한데…. 대체 이 바보 같은 노릇을 어떻게 하면 좋단 말인가? 저는 다른 가능성도 생각해보았습니다. 〈글로브〉를 뒤적이며 안쪽도 앞면만큼 이상해 보이는지 살펴보았어요. 구인란과 만화도 보았죠. 그것도 읽을 수 없었어요. …

벽돌에 얻어맞은 것처럼 당황했어요. 하지만 나는 이성적으로, 흔히 있는 일을 대하듯 차분했어요. "누군가의 장난은 아닌 듯하니, 그렇다면 남는 것은 뇌졸중이군."

이 깨달음과 더불어 몇 해 전 한 환자의 사례사를 읽었던 기억이 떠올랐는데, 내 책의 '색맹이 된 화가'[1] 이야기였다. 특히 환자 I씨가 머리에 부상을 입은 후 경찰 사고 신고서를 읽을 수 없었던 상황이 생생하게 기억났다고 했다. I씨는 여러 크기와 유형의 신고서를 보았지만, 어느 것도 알아볼 수 없어서 "그리스 문자나 히브리 문자" 같다고 말했다. 또 그는 I씨가 글을 읽을 수 없었던 증상, 즉 실독증이 닷새간 지속되다가 사라진 것도 기억했다.

하워드는 혹시 모든 것이 갑자기 정상으로 돌아가지 않을까 알고 싶어서 신문을 이곳저곳 넘겨가며 자가 테스트를 계속했다. 그리고 서재로 들어갔다. 어쩌면 '책이 신문보다는 착하게 굴어줄지도 모른다'고 생각했기 때문이다. 서재는 정상적으로 보였고 시계는 잘 읽을 수 있었지만, 책은 (영어책은 물론 프랑스어 책과 독일어 책도 있었는데) 전부가 알아볼 수 없고 모두 웬 '동양' 문자처럼 보였다.

그는 아들을 깨워서 택시를 타고 병원으로 갔다. 가는 길에 하워드는 "낯선 곳에서 낯익은 이정표"를 본 것 같았고, 지나치는 거리의 이름도 병원의 '응급실'이라는 글자도 읽을 수 없었다. 하지만 문 위쪽에 붙은

---

1. 《화성의 인류학자》[한국어판, 바다출판사, 2005]의 한 장이다.

구급차 마크는 바로 알아보았다. 신경인지기능 검사를 받았더니, 그 의혹이 확인되었다. 아닌 게 아니라 뇌졸중이 온 것이었다. 뇌의 왼쪽, 시각 영역도 일부 손상되었다고 했다. 나중에 기억났는데, 접수하는 동안 다소 혼란스러웠다. "제 아들과의 관계를 정확하게 말할 수 없었습니다. … 제 이름, 나이, 주소, 그 밖에도 많은 것이 생각나지 않았습니다."

하워드는 그다음 주에 토론토 마운트사이나이병원 신경과 병동에서 지냈다. 이 시기에 읽기 말고도 다른 시지각 문제가 있음이 분명해졌다. 시지각 영역의 우측 상단 4반부에 커다란 사각지대가 있었고, 색과 사람 얼굴, 일상적인 물건들을 인식하는 데 어려움이 있었다. 이런 문제는 생겼다 없어졌다 했다고 한다.

사과와 오렌지 같은 익숙한 사물이 이상하고 낯선 것이 이국적인 아시아 과일 같았습니다. 람부탄이던가…. 내가 손에 든 것이 오렌지인지, 자몽인지, 토마토인지, 사과인지 알지 못하다니, 경악스러웠습니다. 보통은 냄새를 맡거나 손으로 잡아보면 알 수 있는 것들인데….

그는 완벽하게 잘 알던 것을 잊는 일이 잦아지면서 "수상의 이름이나 《햄릿》의 작가 이름 따위가 생각나지 않을까 봐" 사람과의 대화를 꺼리게 되었다고 썼다.

한 간호사가 상기시켜주었는데, 놀랍게도 쓰기는 여전히 가능했다. 글을 쓸 줄은 알지만 읽을 수 없는 것을 의학 용어로 '실서증 없는 실독증'이라고 한다고 그 간호사가 알려주었다. 하워드는 믿을 수 없었다. 읽기와 쓰기는 분명히 한 묶음인데, 어떻게 하나는 잃고 다른 하나는 남을 수 있다는 말인가?[2] 간호사가 서명해보라고 했고, 그는 망설였지만 일단 시작했더니 저절로 되는 것처럼 술술 써져서 서명 말고도 두세 문장을 더 썼다. 쓰기는 그에게 상당히 정상적으로 느껴져서 걷기나 말하기처럼 힘들이지 않고 자동적으로 이루어졌다. 간호사는 그가 쓴 것을 아무 어려움 없이 읽을 수 있었지만, 그는 낱말 하나도 읽을 수 없었다. 그의 눈에는 자신이 쓴 글도 신문에서 보았던 것처럼 알 수 없는 '세르비아-크로아티아' 문자로 보일 뿐이었다.

우리가 생각하는 읽기는 분할할 수 없이 하나로 이어지는 행위이며, 읽을 때는 그 의미와 글로 쓰인 언어의 아름다움에 주의를 기울이면서도 그것을 가능하게 만드는 많은 과정은 의식하지 못한다. 하워드 엥겔이 겪은 것과 같은 상황에 맞닥뜨리고 나서야, 알고 보면 읽기의 단계들이 일렬로 혹은 서열에 따라 연결된 하나의 전체에 종속되어서 어느 순간에라도 무너질 수 있다는 사실을 깨닫게 된다.

1890년, 독일 신경학자 하인리히 리사우어가 뇌졸중이 발생한 환자가 잘 아는 사물을 시각적으로 인지하지 못하는 상태를 "심맹psychic blindness"이라고 기술했다.[3] 이 상태, 즉 시각 실인증을 겪는 사람들은 시력, 색 인지, 시야 등은 완전히 정상일 수 있다. 그러면서도 눈앞에 보이는 것을 전혀 인지하거나 식별하지 못하는 것이다.

---

2. 릴리언 칼리르도 실서증 없는 실독증을 앓았고, 전 세계의 친구들과 계속해서 편지를 주고받았다. 하지만 실독증이 몇 년에 걸쳐 서서히 진행되면서 읽기와 쓰기가 분리될 수 있다는 사실을 의식하지 못한 상태로 적응한 듯하다.
3. 현재 사용하는 용어 '시각 실인증'은 그 이듬 해 지그문트 프로이트가 처음 사용했다.

실독증은 특수한 형태의 시각 실인증으로, 문자언어를 인지하지 못하는 장애다. 1861년에 프랑스 신경학자 폴 브로카가 말의 '운동 심상'을 관장하는 중심부를 찾아내고, 그로부터 몇 해 뒤에 독일의 신경학자 카를 베르니케가 말의 '청각 심상'을 관장하는 중심부를 찾아낸 뒤로, 19세기 신경학자들은 뇌 안에 말의 시각 심상을 관장하는 부위(손상될 경우에 읽기 장애, 즉 '심맹'을 일으키는 부위)도 있으리라고 가정하는 것이 논리적으로 타당하다고 여겼다.[4]

1887년, 프랑스 신경학자 조제프 쥘 데제린(1849~1917)은 동료 안과

---

4. 선천적 '심맹'(현재 용어로 난독증)을 인식한 것은 1880년대의 신경학자들인데, 거의 같은 시기에 샤르코, 데제린 등이 후천성 실독증을 기술했다. 읽는 데 (때로는 쓰기, 악보 읽기, 셈까지도) 심각한 장애가 있는 아이들은 지진아로 여겨왔다. 실제로는 정반대라는 근거가 명백했는데도 말이다. W. 프링글 모건은 1896년 〈영국의학저널〉에 지능이 높고 논리 정연하지만 읽기와 철자법에 심각한 어려움을 겪던 14세 소년에 관한 상세한 연구를 발표했다.

  그 소년은 자기 이름도 '퍼시Percy'를 '프레시Precy'로 잘못 써놓고도 실수를 알아차리지 못하다가 지적을 받은 적이 한두 번이 아니었다. … 글로 쓰인 것이나 인쇄된 말은 소년의 머리에 아무런 인상을 남기지 못하는 듯하며, 아주 공들여 철자를 한 자 한 자 판독하고 나서야 소리와 문자에 의해 그 의미를 깨달을 수 있다. … 소년이 알아볼 수 있는 것은 'and', 'the', 'of' 같은 아주 단순한 낱말뿐이다. 그 밖의 낱말은 아무리 자주 보는 것이라 해도 기억하지 못하는 것으로 보인다. … 이 소년을 몇 년간 가르쳐온 교사는 수업을 구두로만 진행할 경우 가장 총명한 학생이 되리라고 말한다.

  현재 전체 인구의 5~10퍼센트가 난독증인 것으로 알려졌으며, 난독증을 겪는 많은 사람이 일종의 '보상 작용'인지 아니면 단순히 그들의 신경 구조가 달라서인지 다른 방면에서는 매우 뛰어난 재능을 보이는 것으로 보고되었다. 매리언 울프의《책 읽는 뇌Proust and the Squid: The Story and Science of the Reading Brain》[한국어판, 살림출판사, 2009]와 토머스 G. 웨스트의《글자로만 생각하는 사람 이미지로 창조하는 사람In the Mind's Eye》[한국어판, 지식갤러리, 2011]이 이 점을 비롯하여 난독증의 많은 측면을 깊이 있게 다루었다.

의사로부터 지능이 매우 높고 교양 있는 사람이 있는데 갑자기 읽기 능력을 잃었다면서 봐줄 수 있겠느냐는 부탁을 받았다. 안과 의사 에드문트 란돌프는 짧지만 기억에 선명히 남는 묘사로 그 환자를 소개했고, 데제린은 이 주제를 다룬 논문을 쓰면서 란돌프의 글을 길게 인용했다.

인용문은 그해 은퇴한 사업가 오스카 C.가 갑자기 글을 읽을 수 없게 된 과정을 기술한다(그 며칠 전에 오른쪽 다리가 잠깐씩 마비되었지만 별로 신경 쓰지 않고 넘어갔다). C씨는 읽기는 할 수 없었지만 주위의 사람들 얼굴이나 사물은 아무 문제 없이 알아보았다. 그랬지만 눈에 문제가 생긴 것이 분명하다는 생각에 란돌프에게 상담 편지를 썼다.

검안표를 아무 데나 읽어보라고 하는데, C는 한 자도 이름을 대지 못한다. 하지만 보이기는 완벽하게 보인다고 한다. 그는 본능적으로 문자의 형태를 손으로 그려보지만 그래도 알파벳의 이름은 말하지 못한다. 눈에 보이는 것을 종이에 써보라고 하니 한 줄 한 줄 아주 힘들여서 글자들을 베끼는데, 마치 데생 연습하듯이 조심스럽게 획을 그어 선을 정확하게 그린다. 이렇게 노력해도 알파벳의 이름은 말하지 못한다. 대신 A는 이젤에, Z는 뱀에, P는 버클에 비유해서 말한다. 그는 표현하지 못하는 자신을 보며 소스라치게 놀란다. 그는 자기가 이름을 대지 못하는 기호들이 알파벳이라는 사실을 너무도 뚜렷이 알고 있어 아무래도 자기가 '미쳤다'고 생각한다.[5]

---

5. 이 단락은 이스라엘 로젠필드의 탁월한 저서 《기억의 발명The Invention of Memory》의 번역서에서 인용했으며, 다른 곳에서도 같은 책을 인용했다.

C씨도 하워드 엥겔과 마찬가지로 아침 신문의 머리기사조차 읽을 수 없었지만, 모양새로 그것이 평소 읽는 신문 〈르마탱〉인 줄 알아보았다. 또한 하워드와 마찬가지로 글은 완벽하게 쓸 수 있었다.

이 환자는 읽기는 불가능하지만 … 쓰기는 어떤 자료를 불러주어도 실수 없이 술술 써 내려간다. 하지만 쓰고 있는 단락 중간에 방해받거나 하면 … 마구 엉켜서 다시 시작하지 못한다. 또한, 실수할 때는 스스로 찾아내지 못한다. … 자신이 쓴 것을 다시 읽는 것도 전혀 되지 않는다. 개별 글자들도 인식하지 못한다. 글자를 알아보는 경우는 … 글자의 윤곽을 손으로 짚어보았을 때뿐이다. 이렇듯 그는 근육을 움직일 때의 느낌을 통해 문자의 이름을 떠올린다.

간단한 덧셈은 할 수 있는데, 숫자는 상대적으로 분간하기 쉽기 때문이다. 하지만 아주 더디다. 숫자를 읽는 것은 아주 서툴다. 여러 숫자의 값을 한번에 인지할 수 없기 때문이다. 숫자 112를 보여주면 "1하고 1하고 2"라고 말하며, 그 숫자를 손으로 쓸 때만 "백십이"라고 말할 수 있다.[6]

---

6. 이스라엘 로젠필드는 또한 오스카 C.의 핵심 문제는 문자 인식만이 아니라 문자들의 배열을 인식하는 능력이라는 점, 수 표기법에서도 비슷한 문제를 겪는다는 점을 언급한다. 로젠필드는 숫자는 "모든 맥락에서 똑같이 읽는다. 3은 '사과 세 개'나 '3퍼센트 할인'에서나 3이다. 하지만 … 여러 자리의 숫자는 그것이 쓰이는 맥락에 따라 의미가 달라진다"고 썼다. 음표도 이와 비슷해서 맥락과 위치에 따라 의미가 달라진다. 로젠필드는 낱말도 비슷하다고 말한다. "낱말에서 알파벳 하나만 바꾸면 발음과 의미가 달라질 수 있다. 그 의미는 앞에 무엇이 있으며 뒤에 무엇이 나오느냐에 달려 있다. … 이러한 전체 배열, 동일한 언어 자극, 문자들이 끊임없이 의미의 변화를 일으키는 배열을 포착하지 못하는 것이 구두맹 환자들의 특성이다. 그들에게는 언어 자극을 체계화하여 기호를 이해하는 능력이 없다."

몇 가지 시지각 문제가 더 있는데, 오른쪽에 있는 사물이 색은 완전히 없어지고 더 희미하고 흐릿하게 보이는 증상이다. 이 문제와 오스카 C.에게 나타난 실독증의 특징을 보면서 란돌프는 문제의 근원이 눈이 아니라 뇌라고 생각하게 되었고, 자신의 환자를 데제린에게 문의한 것이다.

데제린은 C씨의 증상이 몹시 흥미로워서 파리의 전문병원에서 일주일에 두 차례씩 진찰하기로 했다. 1892년의 기념비적 논문에서 데제린은 신경학 연구 결과를 간단명료하게 발표한 뒤, 그보다 훨씬 느긋한 스타일로 환자의 생활을 개괄했다.

C는 하루의 많은 시간을 아내와 산보하는 데 보낸다. 걷는 데는 아무 문제가 없어서 날마다 몽마르트르 거리에서 개선문까지 도보로 왕복하며 볼일을 보곤 한다. 가게에 들르고 화랑 전시대에 걸린 그림을 보는 등 걸으며 주변에서 일어나는 일을 의식하고 있다. 그에게 상점에 걸린 포스터와 간판은 의미 없는 문자의 조합이다. 때로 이 사실에 분개하며, 발병한 지 4년이 되었는데도 자신이 글을 읽지 못한다는 것은 절대로 인정하지 않지만, 쓰기는 여전히 할 수 있다. … 꾸준하고 진지하게 훈련에 임하고 있지만 문자와 글의 의미는 다시 배우지 못하고 있으며, 악보 읽는 법도 마찬가지다.

이런 문제가 있는데도 뛰어난 가수인 오스카 C.는 귀로 새로운 음악을 익힐 수 있으며, 매일 오후 아내와 음악을 연습한다. 그리고 카드놀이를 즐기는 정도가 아니라 출중한 솜씨를 발휘한다. "그는 카드놀이에 아주 능하고 셈이 빠릅니다. 어떤 패를 던져야 할지 미리미리 준비해서 승률이 아주 높지요."(데제린은 C씨가 어떻게 카드를 '읽는지'는 설명하지 않았지만, 하트, 다이아몬드, 스페이드, 클럽, 잭, 여왕, 왕의 그림으로 분간했을 것으로 보인다. 하워드 엥겔이 응급실에 도착했을 때 구급차 마크를 알아보았던 것처럼 말이다. 물론 숫자 카드도 이런 방식으로 식별할 수 있다.)

오스카 C.가 2차 뇌졸중 발작으로 사망했을 때, 데제린은 부검을 실시하여 뇌에서 두 군데의 병변을 찾아냈다. 더 오래된 병변은 좌측 후두엽을 파괴했는데, 데제린은 이 부위가 C씨에게 나타난 실독증의 원인이라고 추정했다. 새로 생긴 병변은 범위가 더 넓었으며, 여기가 직접 사인이 되었을 것으로 보았다.[7]

부검된 뇌의 형태만을 놓고 추론한다는 것은 어려운 일이다. 손상된 부위를 찾을 수는 있어도 그 부위와 다른 뇌 부위와의 다양한 연관성을 반드시 찾을 수 있는 것도 아니고, 무엇이 무엇을 지배하는지 판단할 수 있는 것도 아니다. 데제린은 이 점을 잘 알고 있었다. 그럼에도 하나의 특정한 신경 증상(실독증)을 뇌에서 특정 부위의 손상과 결부시킴으로써, 그가 뇌에서 "문자를 관장하는 시지각 센터"라고 칭한 대략의 지점을 보여줄 수 있었다.

데제린이 발견한 읽기 기능의 중심 부위는 그후 100여 년 동안 원인에

---

7. 2차 뇌졸중이 발발한 뒤로 며칠 동안 오스카 C.에게는 실어증도 나타났다. 잘못된 자리에 엉뚱한 낱말을 사용하고 의미 없는 소리를 냈기 때문에, 의사소통하기 위해서는 손짓과 몸짓에 의존해야 했다. 아내는 남편이 이제는 글을 쓰지 못한다는 사실을 ("두려운 마음으로") 지켜보았다. 이스라엘 로젠필드는 《기억의 발명》에서 데제린의 사례를 분석하면서 실서증 없는 실독증을 겪는 환자는 (상대적으로 흔하며) 발생할 수 있지만, 실독증 없는 실서증 환자는 있을 수 없다고 주장한다. "실서증은 … 반드시 읽기 능력을 상실한 상태와 연관된다"고 로젠필드는 말한다. 하지만 실서증만 나타나는 극히 드문 고립성 실서증 사례가 보고된 바 있으며, 아직도 논쟁이 진행되고 있다.

관계없이 실독증을 겪은 다수의 환자 사례와 부검 보고서를 통해 입증되었다.

1980년대에 이르러 CT(컴퓨터 단층촬영)와 MRI 기술이 나오면서 살아 있는 사람의 뇌를 즉석에서 정밀하게 시각적으로 분석하는 것이 가능해졌다. 온갖 변화가 생기면서 확인 부위가 오염될 수도 있는 부검 연구로는 불가능하던 일이다. 안토니오와 한나 다마지오를 위시한 여러 연구자들이 이 기술을 활용하여 데제린의 발견을 다시금 확증했을 뿐만 아니라 그들이 연구한 실독증 환자들의 증상과 매우 구체적인 뇌 병변의 상관관계를 입증했다.

몇 해 뒤에 뇌 기능을 영상화하는 기술이 나오면서 다양한 과제를 수행하는 환자의 뇌 활동을 실시간으로 시각화하는 것이 가능해졌다. 1988년에 스티븐 피터센과 마커스 라이클이 이끄는 연구진의 PET 영상 분석은 낱말을 눈으로 읽을 때, 읽어주는 낱말을 들을 때, 낱말을 입으로 말할 때, 낱말을 연상할 때 각각 다른 뇌 영역이 활성화된다는 선구적인 결과를 보여주었다. 스타니슬라스 드안느는 저서 《읽기와 뇌Reading in the Brain》에서 "사상 최초로 … 살아 있는 사람의 뇌에서 언어를 관장하는 부위가 촬영되었다"고 말한다.

생리학자이자 신경과학자 드안느는 시지각, 그중에서도 낱말, 문자, 숫자의 식별과 표상화에 관련된 뇌의 정보처리 기능을 전문적으로 연구한다. PET 영상보다 훨씬 빠르고 민감한 fMRI(기능적 자기공명영상) 기술을 사용한 드안느의 연구진은 '시각단어형태 처리영역visual word form area'이라고 칭한 부위, 구어적으로는 '뇌의 문자함'으로 통하는 부위에 초점을 맞추어 한층 더 면밀히 관찰할 수 있었다.

드안느(와 로랑 코엔 등의 연구진)의 연구는 문자로 쓰인 단 하나의 낱말에 의해 시각단어형태 처리영역이 어떻게 순식간에 활성화되는지, 처음에는 순전히 시각적 활성화였던 이것이 어떻게 뇌의 다른 영역, 특히 전두엽과 측두엽으로 퍼지는지 보여주었다.

물론 읽기는 낱말의 형태를 시각적으로 인식하는 것으로 끝나는 활동이 아니다. 오히려 이 인식으로 시작되는 활동이라고 하는 편이 적절하겠다. 문자언어는 말의 소리만이 아니라 의미까지 전달하며, 시각단어형태 처리영역은 뇌의 청각 및 구술 영역만이 아니라 지적 영역과 수행 영역, 기억과 감정을 조장하는 영역까지도 밀접하게 관계를 맺고 있다.[8] 시각단어형태 처리영역은 대뇌의 복잡한 상호 신경 연결망(사람의 뇌에 고유한 것으로 보이는 연결망)에서 아주 중요한 하나의 마디다.

다작 작가이자 매일 아침 신문을 읽고 많은 책을 읽는 생활이 몸에 밴 난독가였던 하워드 엥겔은 사라질 기미가 보이지 않는 실독증 환자로서 어떻게 살아갈 것인지 궁리했다. 교통신호며 상표가 흘러넘

---

8. 크리스턴 패머의 연구진 또한 MEG(자기 뇌도 측정법)를 이용하여 시각단어형태 처리영역이 단독으로 작동하지 않으며, 넓게 퍼진 대뇌 신경망의 일부임을 밝혀냈다. 실제로 전두엽과 측두엽의 일부 영역이 어떤 단어에 의해 활성화되기 전에 시각단어형태 처리영역이 활성화되었다. 패머 연구진은 활성화가 시각단어형태 처리영역으로부터 확산되기도 하고 다른 영역에서 시각단어형태 처리영역으로 확산되기도 하는, 양 방향 과정이라는 점을 강조한다.

그런데도 읽기 행위를 의미와 분리하는 것이 가능한데, 예를 들면 내가 히브리어로 쓰인 종교 문헌을 읽을 때가 그런 경우다. 나는 그 낱말들의 발음법은 배웠지만 그 낱말의 의미에 대해서는 거의 알지 못한다. 취학 전 연령의 다독증 아이들에게도 비슷한 일이 일어나는데, 대체로 자폐증인 이 아이들은 〈뉴욕타임스〉의 기사를 유창하고 정확하게 읽을 수는 있지만, 내용은 이해하지 못한다.

치는 세상, 처방약에서 텔레비전까지 온갖 지침서가 따라다니는 세상에서 실독증을 겪는 사람에게 삶이란 끊임없는 분투의 나날이다. 특히 일상과 (생계는 말할 것도 없고) 정체성 자체가 읽고 쓰는 능력에 달려 있던 하워드에게는 더더욱 절망적인 상황이었다.

짧은 편지나 글 한두 장이라면 읽기는 되지 않으면서 쓰기만 되는 것도 견딜 만하다. 그러나 보통은 "오른다리를 절단해야 하지만 신발과 양말은 신고 있어도 된다는 소리를 들은 듯한" 느낌이었다고 한다. 읽기를 하지 못하면서 어떻게 하면 (복잡한 음모와 계략으로 점철된 정교한 범죄와 탐정 이야기를 만들고 쓰는 일, 교정과 재교정에 퇴고까지, 완수해야 작업이 첩첩산중인) 본래의 직업으로 돌아갈 수 있을까? 그러려면 읽기를 해줄 만한 사람을 구하거나 아니면 자신이 쓴 것을 스캔하여 그대로 읽어주는 기발한 컴퓨터 프로그램을 찾아야 할 것이다. 어느 쪽이든 시각적 읽기, 즉 페이지에 쓰인 단어들을 보는 것에서 청각을 사용하는 인지 양식으로 (요컨대 읽기에서 듣기로, 그리고 쓰기에서 말하기로) 전환하는 급진적인 변화가 될 것이다. 이것이 바람직할까? 아니, 가능하기는 할까?

이와 똑같은 물음을 던져야 했던 또 한 명의 작가가 10년 전에 나를 찾아왔다. 찰스 스크리브너 주니어는 문필가이면서 1840년대에 증조부가 설립한 출판사를 운영하고 있었다. 그는 60대에 시각 실독증이 왔다. 뇌의 시지각 영역에서 일어난 퇴행의 결과로 보인다. 헤밍웨이 등 많은 작가의 작품을 출판한 사람, 읽기와 쓰기가 삶의 중심이었던 사람에게는 무시무시한 일이었다.

책을 출판하던 스크리브너는 근래에 일반 독자 시장에 도입된 오디오북을 못마땅하게 여겨왔다. 그런데도 그는 작가이자 출판업자로서 자신의 삶을 청각 중심으로 바꿔서 다시 시작하기로 마음먹었다. 놀랍게도 생각했던 것만큼 어려운 일이 아니었다. 심지어는 오디오북 청취에서 즐거움을 느끼기 시작했다.

말하는 책이 나의 지적 생활과 독서 취미의 중요한 일부가 될 줄은 꿈에도 생각하지 못했다. 하지만 지금까지 내가 이런 식으로 '읽은' 책이 수백 권은 될 것이다. 어렸을 때 나는 책을 빨리 읽는 편이 아니었다. 기억력은 좋았지만 말이다. 그런데 책을 테이프로 읽다 보니 읽는 속도가 몰라보게 빨라졌고, 기억력도 예전 못지않다. 이 독서법의 발견이 내가 문학의 즐거움을 지속하는 데 '열려라 참깨'가 되었다고 해도 될 것 같다.[9]

스크리브너도 하워드와 마찬가지로 쓰기 능력은 잃지 않았지만 자신이 쓴 것을 읽을 수 없다는 사실에 괴로워하다가 한 번도 해본 적 없는 방법인 구술로 전환하기로 했다. 다행히 이 작업은 성공적이었다. 구술이 얼마나 잘됐는지 신문 기고문 80편 이상과 자신의 출판 인생을 담은 책 두 권 분량의 회고록을 쓸 수 있었다. 그는 "어쩌면 이것도 장애가 기술을 낳는다는 것을 보여주는 또 하나의 예증일 수 있겠다"고 말한다. 친한 친구와 가족을 제외하고는, 그가 전적으로 새로운 방식으로 전환함으로써 이 모든 것을 이루어냈음을 인식하지 못하는 듯했다.

---

9. 스크리브너는 나와 만났을 때 구술을 갓 끝낸 간략한 회고록을 주었다. 자신이 경험한 실독증과 이에 적응한 과정을 기술한 이야기인데, 자신의 최근 저서《생각의 거미줄 속에서In the Web of Ideas》에 후기로 수록하고 인용한 것이다.

하워드도 청각적 '독서'와 쓰기 방식으로 전환했을 법하지만, 그 과정은 상당히 달랐다.

그는 일주일 동안 마운트사이나이병원에서 보낸 뒤 재활병원으로 옮겨 3개월간 지내면서 자신이 할 수 있는 것과 할 수 없는 것을 모색하는 시간을 가졌다. 그러면서 신문이나 회복을 기원하는 카드 같은 것을 읽을 때가 아니면 실독증에 대해서도 잊을 수 있다는 사실을 깨달았다.

하늘은 푸르고 태양이 병원 창문 위에서 빛난다. 세계는 갑자기 낯설어진 것이 아니다. 실독증은 내가 책에 고개를 파묻고 있을 때만 존재했다. 활자가 나올 때만 생각이 났다. 그래, 문제가 있었지. 그래서 그저 읽는 것을 기피하고픈 유혹이 생겨났다.

그러나 독자이자 작가인 그에게 이러한 유혹은 가당치 않음을 곧 깨달았다. 오디오북이 해법이 되는 사람도 있겠지만, 그는 아니었다. 그는 여전히 개별 알파벳은 인식하지 못했지만, 기어코 다시 읽으리라 다짐했다.

뇌졸중이 발병하고 두 달 뒤, 재활병원에 입원해 있던 하워드는 계속해서 장소를 분간하는 데 어려움을 겪었다. 그래서 병원 안에서 하루에도 서너 번씩 길을 잃고 병실을 찾지 못하곤 했다. 그러다가 겨우 병실이 있는 층을 찾아내는 법을 터득했는데, "엘리베이터 맞은편 복도의 불빛"을 확인하는 것이었다. 일부 물건을 알아보지 못하는 실인증도 계속되었다. 석 달 뒤에 퇴원해서 집으로 돌아왔는데도 "걸핏하면 식기세척기에서 참치 깡통이 나오고, 냉장고에서 연필꽂이가 나오곤 했다".

하지만 읽기에서는 호전의 기미가 보였다. "단어들이 알지 못할 문자처럼은 보이지 않았다. 뇌졸중 발작 이후에 내 눈에 세르비아–크로아티아 문자처럼 보였던 그 글자들이 이제는 정상적인 영어 알파벳으로 보인다."

실독증에는 개별 글자조차 식별하지 못하는 중증 실독증과 글자 하나하나는 식별할 수 있지만 단어로 인식하지 못하는 다소 온건한 실독증이 있다. 이 시기에 하워드는 후자로 발전한 듯하다. 뇌졸중으로 손상된 조직이 부분적으로 회복된 결과이거나, 아니면 뇌가 대안 경로를 이용하게 된 (혹은 어쩌면 새로운 구조를 형성한) 결과일 수도 있다.[10]

이러한 신경 상태의 호전으로 그는 치료사들과 함께 새로운 읽기 방법을 탐색할 수 있었다. 그는 느릿느릿 힘겹게 한 자 한 자 낱말 풀이를 하고 거리와 상점 이름, 신문의 머리기사 따위를 해독하는 훈련을 강행했다. 그는 "익숙한 낱말들"이 어떻게 느껴지는지를 다음과 같이 기술했다.

---

10. 뇌졸중이나 종양 혹은 퇴행성 질환으로 뇌가 손상되면 영구 실독증을 야기할 수 있다. 하지만 뇌의 시지각 기관의 일시 교란으로 인한 일시적 실독증도 있는데, 가령 편두통 환자에게 이 증상이 나타나곤 한다(이 사례는 플라이시먼의 연구진과 비글리·샤프가 기술한 바 있다). 나에게도 그런 경험이 있다. 어느 날 아침 약속 장소로 차를 운전해서 가는데 갑자기 거리의 이름을 읽을 수 없었다. 나로서는 해독할 길 없는 고대 문자 같았다. 페니키아 문자였을까. 나에게 처음 떠오른 생각은 외부 환경의 변화에 관한 것이었다. 뉴욕이 영화 촬영지로 워낙 많이 사용되는 도시이니, 누군가 영화의 배경으로 거리 표지판을 '변경'한 것이 아닌가 하고 말이다. 그러다가 글자 주위로 일렁이는 아지랑이 혹은 섬광 같은 것에서 실마리를 찾았다. 내게 나타난 실독증은 편두통 아우라의 일부라는 것을 깨달았다.

실독증은 간질과의 결합으로 나타날 수도 있다. 최근에 읽기가 (오직 읽기만이) 간질 발작을 유발하는데, 그 첫 증상이 실독증이라고 하는 환자를 본 적이 있다. 단어와 글자가 갑자기 인식되지 않으면 발작의 전구 증상이라는 것을 알아차리고 몇 초 안에 발작이 시작된다는 것이다. 혼자 있을 때면 누워서 알파벳을 암송한다. 발작이 끝난 뒤 의식이 돌아오면, 20분 정도 표현성 및 수용성 실어증(말을 하지 못하거나 이해하지 못하는 현상)을 겪는다.

내 이름을 포함해서 낯선 활자로 보이기 때문에 천천히 소리 내어 읽어야 한다. 기사나 논평에 어떤 이름이 반복되어도 처음 볼 때나 두 번째로 볼 때나 낯설기는 매한가지다.

그래도 그는 끈기 있게 밀고 나갔다.

읽기가 더디고 어렵다 해도 (짜증나서 미치기 직전인 경우도 많지만) 포기하지 않고 읽었다. 뇌를 강타하는 쾌감에는 다른 방법이 없다. 나에게 읽기는 붙박이 장치다. 읽기를 그만두느니 차라리 심장이 멈추는 편이 낫다. … 셰익스피어로부터 소외된다는 생각만으로도 기운이 빠진다. 눈에 띄는 모든 것을 닥치는 대로 읽는 것이 곧 나의 삶인 것을….

하워드의 읽기 능력은 훈련을 통해 다소 향상되었지만, 단어 하나를 읽는 데 6~7초가 걸렸다. "cat, table, hippopotamus처럼 길이가 다른 단어들은 머릿속에서 처리되는 속도도 다르다. 글자 수가 늘어갈수록 내가 들어 올려야 하는 짐은 무거워진다." 한 페이지를 훑어보는 것, 즉 일반적인 의미의 읽기는 여전히 불가능하며, 그 '전체 과정'이 사람의 심신을 얼마나 지치게 하는지 믿기 어려울 정도다. 하지만 때로는 어떤 단어 하나를 보면 두어 글자가 앞으로 튀어나와 갑자기 식별되기도 했다. 예를 들면, 담당 편집자 이름 중간에 있는 'bi'는 읽히지만 그 앞뒤 글자들은 여전히 읽지 못한다. 그렇게 '동강동강' 읽는 것이 어려서 글자를 처음 배우던 방식이었을까? 어쩌면 우리 모두가 그런 식으로 읽는 법을 배우고 이어서 낱말을, 나아가 문장을 하나의 전체로 인지하게 된 것인지도 모른다(한 쌍

조합의 글자들, 여러 자로 이루어진 문자 다발은 낱말 구성과 읽기에서 특히 중요하다. 처음 읽기를 배우거나 뇌졸중 발병 후 다시 배우거나 간에, 처음에는 한 글자씩 보이다가 두 자 한 쌍의 조합이나 연속으로 배열된 문자가 보이는 것이 자연스러운 과정으로 보인다. 드안느와 동료 연구자들은 뇌에 이 기능을 전담하는 특별한 '철자' 뉴런이 있을 수도 있다고 주장한다).

하워드는 내게 보낸 편지에서 이런 말을 했다. "어떤 철자 조합들은 분명히 낯익은 낱말이라는 것을 저도 느낍니다. 하지만 그 페이지를 뚫어지게 보고 나서야 그런 느낌을 받을 수 있습니다."

막힘없이 읽는 능력은 여러 단계를 거쳐야 하는 어려운 과제다. 대부분의 어린이는 몇 년에 걸쳐 교육받고 연습해서 이 능력을 습득한다(하지만 이른 연령에 혼자서 이를 습득하는 조숙한 아동도 있다). 어떤 면에서 하워드는 처음 ABC를 배우는 어린이 수준으로 내려갔다고 볼 수 있다. 그렇지만 읽기에 인생을 바쳐온 이력 덕분에 어느 정도는 이러한 장애를 우회할 수 있었다. 방대한 어휘와 문법 감각, 문어와 관용어 구사 능력은 아주 사소한 단서만으로도 낱말, 심지어는 문장까지도 추측하거나 추론하는 데 도움이 되었다.

사용하는 언어가 무엇이건 간에 읽기를 할 때 활성화되는 영역은 똑같이 하측두 피질의 시각단어형태 처리영역이다. 그리스어나 영어처럼 알파벳을 사용하는 언어나 중국어처럼 표의문자를 사용하는 언어나 거의 차이가 없다.[11] 이는 데제린의 병변 연구와 뇌 영상을 이용한 연구를 통해 입증되었다. 또한 같은 영역의 과다 활동으로 기능의 항진이나 왜곡이 야기되는 다양한 '과잉' 장애로도 입증되었다. 이런 의미에서 실독증의 반대는 어휘 환시나 문서 환시, 즉 헛 문자를 보는 증상이다. 시각 경로(망막에서 시각피질까지 시각에 관련된 부위)에 장애가 있는 사람들은 환시를 일으키는 경향이 있는데, 도미니크 피치의 연구진은 환시를 겪는 이 환자들의 4분의 1에게 "텍스트, 낱말, 낱자, 숫자, 음표 환시"가 나타난다고 추정한다. 피치의 연구팀이 밝혀냈듯이, 그런 문자 환각은 왼쪽 후두 측두 부위, 특히 시각단어형태 처리영역(손상을 입는다면 실독증을 일으킬 수 있는 바로 그 영역)과 관련이 있다.

따라서 실독증 환자든 어휘 환시를 겪는 환자든 혹은 어떤 언어든 정상적인 읽기가 가능한 환자든 간에, 결론은 똑같을 수밖에 없다. 즉, 글을 배운 사람이라면 누구라도 대뇌 우세반구(언어가 자리 잡은 반구)에 문자와 낱말을 (그리고 수학이나 음악 등의 다른 시각적 표기 부호도) 인식하는 기능을 담당하는 하나의 신경계가 존재한다는 점이다.

여기에서 심오한 물음이 떠오른다. 어째서 모든 사람에게 읽기 기능이

---

11. 하지만 약간의 차이는 있다. 매리언 울프가 지적하듯이 예를 들어 "다른 언어를 읽을 때보다 중국어를 읽을 때 운동적 기억 영역이 훨씬 더 활성화되는데, 그것이 어린이들이 한자를 배우는 방법 (쓰기를 거듭 반복하는 방법)이기 때문이다. 그 어린이들이 다른 언어를 읽는다면 약간 다른 신경회로를 사용할 것이다".

두 언어를 자유로이 구사하는 사람에게 뇌졸중이 일어났을 때는 한 언어를 읽는 능력은 상실하지만 다른 언어의 읽기 능력은 그대로 유지되는 경우가 있다. 이러한 현상은 특히 두 종류의 문자를 사용하는 일본에서 많이 연구되었다. 일본에서 쓰이는 한자인 간지는 3,000자 이상의 한자를 제정하여 사용하는데, 유래는 중국의 한자다. 가나는 알파벳처럼 음절 문자로 일본어의 모든 소리를 표기하며 모두해서 46자밖에 되지 않는다. 간지와 가나는 아주 다르지만 둘 다 시각단어형태 처리영역을 활성화시킨다. 하지만 나카야마와 드안느 연구진의 기능적 자기공명영상 분석을 보면 두 문자가 이 영역 안에서 미묘하지만 의미 있는 차이를 나타냈으며, 간지는 읽지 못하고 가나는 읽을 수 있는 실독증과 그 반대의 실독증 사례가 드물게 보고된 바 있다.

붙박이로 딸려 있는 것인가? 쓰기는 인류 문화의 역사에서 상대적으로 최근에 발명된 것인데?

말로 하는 의사소통(그리고 그 신경학적 기제)에는 자연선택이라는 점진적 과정을 거쳐 진화해온 모든 자취가 남아 있다. 선사시대 인류의 뇌 구조의 변천 과정은 정교한 두개골 속 틀과 여타 화석 증거를 통해 속속들이 밝혀졌으며, 더불어 성도聲道의 변천도 추적했다. 인류가 말을 시작한 시기가 수만 년 전임은 분명하다. 그러나 읽기 능력은 그렇다고 보기 어렵다. 문자를 사용한 역사가 5,000년 남짓이기 때문이다. 자연선택에 의한 진화의 산물로 보기에는 지나치게 최근의 일이다. 사람 뇌의 시각단어형태 처리영역이 읽기에 탁월하게 최적화되어 있다고 해도 특별히 이 목적을 위해 진화했을 리는 없다.

이것을 월리스 문제라고 부를 수 있을 것이다. 앨프리드 러셀 월리스는 사람의 뇌에 잠재된 (언어, 수학 등) 많은 능력(원시 혹은 선사 사회에서는 거의 쓸모없었을 능력)의 역설에 깊이 경도되었다.

월리스는 자연선택이 당장 유용한 능력의 발생에 대해서는 설명할 수 있겠지만, 수만 년 뒤에 나타난 고등한 문화에서나 인정받을 만한 잠재적 능력의 존재는 설명하지 못한다고 느꼈다.

인류의 이러한 잠재력을 어떠한 자연 작용으로도 설명할 수 없었던 월리스는 하릴없이 초자연적 존재에 기댈 수밖에 없었다. 틀림없이 신이 사람의 정신 속에 그런 능력을 심어 넣은 것이라고 말이다. 월리스의 관점에서 신이 내린 선물로 이보다 좋은 예는 없었다. 충분히 진보한 문화가 출현할 때를 기다리며 잠복해 있는 특별한 새 능력 말이다.[12]

당연한 노릇이겠지만, 다윈은 월리스의 생각에 기겁해서 편지를 썼다.

"선생께서 선생과 제가 일궈낸 소산을 너무 복잡하게 만들어 망쳐버리시지 않기를 바랍니다." 다윈은 자연선택과 적응이라는 훨씬 열린 관점으로, 생물학적 구조가 원래의 진화 목적과는 아주 다른 용도를 찾아낼 수도 있음을 내다보았다(스티븐 제이 굴드와 엘리자베스 브르바는 이러한 '전환적 배치'를 직접 적응이 아닌 '굴절 적응'이라고 불렀다).[13]

그렇다면 사람의 뇌에서 어떻게 시각단어형태 처리영역이 생겨났을까? 문맹인의 뇌에는 이 영역이 존재하는가? 다른 유인원의 뇌에는 어떠한 전조가 있는가?

우리가 살아가는 세계는 볼 거리와 들을 거리와 여러 자극들이 가득한 세상이며, 우리의 생존은 이러한 자극을 신속하고 정확하게 평가하는 능력에 달려 있다. 우리를 에워싼 세계를 이해하는 것은 일종의 체계, 빠르고 확실한 환경 분석방법이 토대가 되어야 한다. 보는 능력, 즉 대상을 시각적으로 정의하는 능력은 타고난 것처럼 보이지만, 이는 엄청난 지각 능력, 온갖 기능의 계층구조 전체를 동원하는 능력을 획득했음을 의미한다. 우리가 보는 사물은 그 사물 자체가 아니다. 일련의 조명 상태나 주위 환경에 따라 그곳에 놓인 사물의 모양, 표면, 윤곽, 경계를 보며, 그 사물의 이동 혹은 보는 이의 움직임에 따라 관점이 바뀐다. 이런 변동 많

---

12. 월리스는 다음과 같이 말했다. "자연선택은 뇌가 유인원보다 몇 단계 우월한 미개인에게만 부여되었는데, 그의 실제 능력은 철학자에게도 크게 뒤지지 않는 수준이었다. … 그 기관은 당시의 미개한 상태에서는 쓸모없었을 잠재적 역량을 갖추었으니, 마치 미래의 진보한 인류를 기다리며 미리 준비된 것처럼 보인다."

13. 굴드는 《판다의 엄지The Panda's Thumb》[한국어판, 세종서적, 1998] 개정판에 수록된 에세이 '자연선택과 뇌'에서 월리스의 생각을 멋지게 분석했다.

은 복잡한 시각적 혼돈 속에서 시각 대상의 성질을 추론하거나 가정할 만한 불변의 요소를 추출해야 한다. 우리 주위의 그 무수한 사물들 하나하나에 각각 해당 표상이나 기억 심상이 따로 있어야 한다면 무척이나 비경제적인 세계가 될 것이다. 여기에서 힘을 발휘하는 것이 조합인데, 무한한 방식으로 조합될 수 있는 어휘의 유한한 집합이 필요하다. 가령 알파벳 스물여섯 자를 짜 맞춰 하나의 언어를 구사하는 데 들어가는 만큼의 낱말과 문장을 만들어내는 것이다.

사람의 얼굴처럼 태어났을 때나 그 직후에 바로 인식이 가능한 대상도 있다. 그러나 그 외에는 보고 만지고 조작하고 느낌과 모양새를 관련시키는 등 경험과 활동을 통해 습득된다. 시각적 물체 인식은 하측두 피질에 있는 수백만 뉴런이 담당하는데, 여기에서 신경 기능은 경험과 훈련, 교육 등의 자극에 수용적이고 민감하게 반응하며 대단히 가변적이다. 하측두 피질의 뉴런은 시지각 일반을 위해 진화했지만, 다른 목적(그 가운데 가장 두드러지는 목적이 읽기 기능)에 동원되기도 한다.

그러한 뉴런의 전환 배치는 모든 (자연적인) 표기 체계가 주변 환경과 연관되는 일련의 구조적 특징에 의해 촉진되는데, 이는 뇌가 진화하면서 해독할 수 있게 되었다. 마크 챈기지와 시모조 신스케가 이끄는 캘리포니아공과대학의 연구진은 컴퓨터의 관점에서 알파벳과 중국의 상형문자를 포함하여 고대와 현대의 표기 체계 100여 종을 연구했다. 그 연구는 모든 문자 체계가 기하학적 성질은 다르지만, 기본적으로는 구조적 유사성을 띠고 있음을 보여주었다(이 시각적 특징은 속기 같은 인위적인 표기 체계에서는 찾기 어려운데, 이러한 체계는 시각적 인지보다는 속도를 높이기 위해 고안되었기 때문이다). 챈기지 연구진은 자연 환경에서도 유사한 구조성을 확인했고, 그래서 문자의 형태는 "자연에서 볼 수 있는 윤곽 집합의 닮은꼴로 정선되어 기존의 사물 인지 기제를 활용할 수 있었다"는 가설을 도출했다.

문화적 도구인 문자는 하측두 피질 신경이 선호하는 일련의 형태를 이용하도록 진화했다. 드안느는 말한다. "문자의 꼴은 아무렇게나 선택된 것이 아니다. 그렇기는커녕 효율성을 확보하기 위해 뇌가 표기 체계의 설계를 얼마나 제약하는지, 문화상대주의는 끼어들 여지조차 없다. 영장류의 뇌는 아주 제한된 수의 문자꼴 집합만 받아들인다."[14]

이는 '윌리스 문제'를 푸는 우아한 해법이다. 실로 여기에는 아무 문제가 없다. 쓰기와 읽기의 기원은 진화 과정의 직접적인 적응으로 이해할 수 없다. 그것은 뇌의 가소성에 달린 문제다. 한 사람의 짧은 일생에서조차 경험, 즉 경험선택(뇌 신경세포 집단이 환경과 필요 수준에 따라 변화할 수 있다고 하는 신경 집단 선택론에서 제시하는 3원리[발달선택-경험선택-재유입] 가운데 2단계.《뇌는 하늘보다 넓다》, 제럴드 에덜먼, 해나무, 2006 참조

---

14. 최초의 문자는 그림 기호나 상형 기호를 사용했지만 갈수록 추상화, 단순화되었다. 이집트의 상형문자는 수천 자, 고대 중국의 표의문자는 수만 자에 이르기 때문에, 그런 언어를 읽기(또한 쓰기) 위해서는 막대한 양의 훈련을 필요로 했다. 추정해보건대, 이를 담당하는 시각피질의 크기가 아주 커야 했을 것이다. 드안느는 이것이 대부분의 언어가 알파벳 체계를 선호하는 이유일 수 있다고 주장한다.

하지만 표의문자에도 표의문자에서만 가능한 일련의 장점과 특성이 있다. 일본의 단시(하이쿠)에 조예가 깊었던 호르헤 루이스 보르헤스는 한 인터뷰에서 표의문자인 한자의 다의성을 논했다. "일본의 시는 영리한 모호성을 성취했습니다. 저는 그것이 문자의 형태 자체에서 비롯된 것이라고 생각합니다. 표의문자가 보여주는 가능성 말입니다. '금'이라는 단어를 예로 들어봅시다. 이 단어는 가을, 잎의 빛깔 혹은 황혼을 나타내거나 암시합니다. 그 빛깔이 노랗기 때문이지요."

— 옮긴이)은 자연선택만큼이나 강력한 변화의 매체가 된다. 다윈의 자연선택은 진화를 통한 발전보다 수십만 배 빠른 시간 범위 안에서 이루어지는 문화적, 개인적 발전을 막기는커녕 그러한 발전을 위한 기반을 다졌다. 우리의 문자는 신이 개입해서 준 선물이 아니라 문화적 발명품이요, 이전부터 존재하던 신경의 속성을 새로이 영리하게 창조적으로 이용하게 만드는 문화선택의 결과다.

시각단어형태 처리영역이 낱말과 문자 인식에 결정적인 영역이기는 하지만 '높은' 차원의 읽기에는 다른 영역들도 관여한다. 가령 하워드가 단어를 맥락 속에서 추론할 수 있는 것도 이러한 작용이 있기 때문이다. 그는 뇌졸중이 발병한 지 9년이 지난 지금까지 아주 단순한 낱말이라도 그냥 봐서는 알지 못하는 것이 많다. 하지만 그의 작가적 상상력은 읽기에만 의존하지 않는다.

재활병원에 있던 시절, 한 치료사가 약속을 환기시키고 떠오르는 생각을 기록하는 용도로 '기억 일지'를 써보면 어떻겠느냐고 제안했다. 평생 일기를 쓰던 하워드는 이 제안을 기쁘게 받아들였다. 그렇게 해서 시작한 기억 일지는 여전히 오락가락하는 기억력을 안정시킬 뿐만 아니라 작가로서의 정체성을 강화하는 데도 말할 수 없이 큰 도움이 되었다.

나는 더이상 '반창고' 같은 기억력에 의존해서는 안 되겠다고 느꼈다. 말을 하다 보면 방금 전에 썼던 단어가 무엇이었는지조차 잊어버리곤 했으니 말이다 … 나는 '기억 일지'에다가 [생각이 떠오르는 순간] 바로 적는 습관을 익혔다. … 기억 일지 덕분에 나는 내 인생의 운전석에 앉아 있다는 느낌을 느낄 수 있었다. [그것은] 항시 옆에 붙어 다니는 짝꿍이 되었다. 일기이자 수첩이자 비망록 말이다. 병원 생활로 얼마간은… 부정적인 기운이 자라났는데, 이 기억 일지가 나의 본래 한 조각을 돌려준 듯한 기분이다.

기억 일지를 적다 보니 매일 무언가를 쓰게 되었고, 써야 했다. 읽어서 알아볼 수 있는 낱말과 문장을 만드는 차원에서 나아가 훨씬 심오한 창조적 글쓰기 차원까지 나아갔다. 다양한 일과와 인물을 기록하는 병원 생활 일지는 그의 작가적 상상력을 자극하기 시작했다.

못 들어본 단어나 고유명사를 만날 때는 철자가 맞는지 긴가민가할 때가 있었다. 그런 낱말들은 인쇄물에서 볼 때 인식하지 못하는 것과 마찬가지로 마음의 눈으로도 '보이지' 않았다. 상상이 되지 않는 것이다. 이렇게 내적 심상이 작동하지 않는 그는 다른 철자 전략을 사용해야 했다. 그중에서도 가장 간단한 방법은 손가락으로 허공에 낱말을 쓰는 것이었다. 운동 기능이 감각 기능을 대신하게 하는 것이다.

위대한 프랑스 신경학자 장 마르탱 샤르코는 1883년 한 문자맹 사례를 발표했는데, 하워드처럼 실서증 없는 실독증 환자였다. 샤르코는 (그 환자가 앞서 직접 적었던) 병원의 이름을 적고는 그에게 읽어보라고 했다. "[그 환자는] 처음에는 읽을 수 없었지만 무언가를 시도했는데, 그가 시도한 방법이 인상적이었다. 그는 그 단어를 구성하는 철자 가운데 하나를 오른손 검지 끝으로 따라 그리더니 아주 더듬더듬 '라 살페트리에르'라고 말하는 것이었다." 샤르코가 그에게 거리 이름을 주면서 읽으라고 하자, 그는 "그 낱말을 구성하는 철자를 허공에다 손가락으로 그리고는 잠시 뒤에 말했다. '이것은 뤼 다부카르, 제 친구의 주소입니다.'"

샤르코의 환자는 허공에 글자를 쓰는 방법으로 '읽기' 능력이 빠르게 향상되었고 3주 만에 읽는 속도가 거의 여섯 배나 빨라졌다. 그 환자는 이렇게 말했다. "인쇄된 글이 필기한 것보다 읽기 어려운데요, 필기물은 제가 그 글자를 머릿속에서 오른손으로 다시 써보기가 쉽기 때문입니다"(샤르코는 "인쇄물을 읽을 때는 손에 펜을 들고 있는 것이 도움이 된다"는 의견을 덧붙였다). 샤르코는 이렇게 강조했다. "간단히 말해서, 이 환자는 손으로 쓰는 행동을 통해서만 읽기를 할 수 있다고 볼 수 있다."

하워드는 읽는 동안 손을 움직여서 눈으로는 인식되지 않는 낱말과 문장의 윤곽을 따라갔으며, 이러한 행동이 무의식적으로 나오는 경우도 많았다. 무엇보다 인상적인 것은 읽기를 할 때 혀도 움직이기 시작한 점인데, 글자의 형태를 치아나 입천장으로 그려보는 행동이다. 이렇게 하여 읽는 속도가 상당히 빨라졌다(하지만 예전 같으면 하룻밤에 읽어치울 수 있는 책을 읽는 데 한 달 남짓 걸렸다). 이렇듯 하워드는 감각기관과 운동기관의 연금술이라 할 법한 놀라운 전략 운용으로 읽기를 일종의 쓰기로 대체했다. 요컨대 혀로 읽는 셈이었다.[15]

하워드는 뇌졸중이 발병한 후 석 달여 만에 재활병원에서 집으로 돌아갔는데, 그곳이 어디인지 전혀 알아볼 수 없었다.

---

15. 최근에 하워드는 음식을 먹으면서 이야기하다가 실수로 혀끝을 깨물었는데, 며칠간 움직이기 어려울 정도로 부어오르고 아팠다. 그는 말했다. "그 바람에 하루 정도 저는 다시 문맹이 되었습니다." 사람의 뇌에서는 감각이 아주 예민한 혀의 운동과 감각을 전담하는 피질이 큰 부분을 차지한다. 이런 이유로 혀를 읽기에 사용할 수 있는 것이며, 하워드의 경우가 바로 그랬다. 놀랍게도 혀는 눈이 보이지 않는 사람들에게 '보는 것'을 허용하는 감각 대체 장치로도 사용할 수 있다(7장 "마음의 눈"을 보라).

집이 낯설면서도 낯익어 보였다. … 실제 집과 방의 스케치를 보고서 지은 영화 세트처럼 느껴졌다. 제일 이상한 것은 내 작업실이었다. 내가 쓰던 컴퓨터를 보니 이상한 느낌이 들었다. 내가 책을 몇 권이나 쓴 곳인데도 작업실 전체가 박물관의 실사 모형처럼 보였다. … 점착 메모지에 휘갈겨 쓴 내 글씨가 이상하고 낯설어 보였다.

이질적으로만 느껴지는 (그러나 한때는 그의 주요 생계 수단이었던) 컴퓨터를 다시 사용할 날이 올까? 그는 아들의 도움을 받아 컴퓨터 기술을 시험해보았는데, 자신도 믿기 어려울 정도로 금세 되돌아왔다. 그러나 창조적인 글을 쓰는 일은 별개의 문제였다. 읽기, 심지어 자신의 불안정한 손 글씨를 읽는다는 것은 여전히 고통스러울 정도로 느리고 어려웠다. 게다가 나중에는 이런 이야기도 했다.

세상으로 나온 지 몇 달째다. 더이상 생각을 추스르기가 힘들다. 정든 책상으로 돌아가 다시 시작하는 상상이라니, 대체 무슨 정신이었을까? 어차피 나한테는 픽션이 어울리지 않았다. 나는 컴퓨터를 끄고 오래오래 걸었다.

그런데도 하워드는 어떤 면에서는 날마다 글을 쓰면서 연습을 했다. 기억 일지뿐이라고 해도 말이다. 처음 쓴 글은 이렇다.

책 쓰는 일은 생각도 해보지 않았다. 능력이 미치지 못할 뿐만 아니라 상상력을 넘어서는 일이었다. 하지만 나도 모르는 사이에 뇌의 어딘가에서 이야기를 짜기 시작했다. 장면들이 머릿속에 떠올랐다. 기승전결과 온갖 반전이 상상되기 시작했다. 병원 침대에 누워 지내는 동안⋯ 나는 책에 쓸 이야기와 인물과 상황을 맹렬히 짜내면서도 스스로는 글을 쓰고 있다는 것도 몰랐다.

그는 (할 수 있다면) 새 소설을 쓰기로 마음먹었다. 어머니의 오래된 조언을 믿고서 말이다.

네가 아는 것을 쓰렴. ⋯ 내가 지금 아는 것은 내가 앓는 병, 병원 일과와 주위의 사람들이었다. 삶을 박탈당한다는 것이 어떤 일인지 이야기하는 책이라면 쓸 수 있을 것 같았다. 꼼짝 없이 누워서 간호사와 의사가 나의 나날을 처방하고 처치하는 대로 가만히 따르는 삶⋯.

그는 자신의 분신인 탐정 베니 쿠퍼만을 다시금 불러냈다. 단, 변신한 쿠퍼만으로. 입원 병실에서 깨어나 실독증만이 아니라 기억상실증까지 얻은 자신을 발견하는 위대한 탐정의 이야기다. 하지만 추리력은 훼손되지 않아서 여기저기 흩어진 단서들을 한데 꿰어 자신이 어떻게 이 병원에 들어왔는지를, 더이상 기억에 남아 있지 않는 그 수수께끼 같은 지난 며칠 동안 일어났던 일을 추적한다.

하워드는 박차를 가해서 매일 몇 시간씩 컴퓨터로 글을 썼다. 상상력이 창조적 리듬을 타면서 몇 주 만에 초고가 완성됐다. 문제는 단기 기억력의 문제와 정상적인 방법으로는 읽기가 불가능한 상태로 초고를 어떻게 교정하고 수정하느냐였다. 그는 문서 작성 프로그램으로 (단락별 들여쓰기나 단락별로 글자 크기를 달리하는 식으로) 많은 방법을 고안해서 자신이 할 수 있는 데까지 혼자서 해보다가, 책 전체를 소리 내서 읽어줄 편집자를 구했다. 그렇게 해서 이야기의 전체 구조를 기억 속에 각인해서 머릿속으로 재구성할 수 있었다. 고된 품이 들어가는 이 힘겨운 과정은 몇 달이 걸렸지만, 릴리언 칼리르가 머릿속으로 피아노곡을 편곡했던 것처럼 거듭된 훈련을 통해 기억력과 머릿속으로 수정하는 능력이 서서히 향상되었다.

새 소설은 (그는 '기억 일지'라고 불렀다) 2005년에 출판되었고(《메모리 북》[한국어판, 밀리언하우스, 2010]), 곧이어 꽤 빠른 속도로 또다른 베니 쿠퍼만에 대한 소설을 낸 뒤 2007년에 회고록 《책, 못 읽는 남자》[한국어판, 알마, 2009]가 출간되었다. 하워드 엥겔은 여전히 실독증 환자이지만, 자기만의 방법을 통해 작가로서의 삶을 이어가고 있다. 그가 그렇게 할 수 있었다는 사실은 많은 것을 입증한다. 재활 병실에서 만났던 치료사들의 헌신과 기술, 다시 읽고야 말리라는 하워드의 굳은 의지, 그리고 뇌의 적응력을 말이다.

"문제는 결코 사라지지 않았다. 하지만 나[하워드]는 그것을 해결하는 데 있어서 더욱 영리해졌다."

4장

::
얼굴맹

우리는 태어나는 순간부터 죽는 순간까지 얼굴로 세계를 마주한다. 우리의 나이와 성별이 새겨진 곳도 얼굴이다. 다윈이 말하는 열려 있는, 본능적인 감정에서부터 프로이트가 말하는 감추고 억누른 감정까지, 감정은 모두 얼굴에 나타난다. 생각과 의도까지도. 우리가 넋을 잃고 바라보는 것은 팔과 다리, 가슴과 엉덩이일지 몰라도, 미적 감각에 의해 '아름답다'고 판단하거나 도덕적 혹은 지적인 의미에서 '품위 있다'거나 '위엄 있다'고 평하는 것은 무엇보다도 얼굴이다. 그리고 결정적으로 누군가를 알아볼 때 얼굴을 본다. 얼굴에는 경험과 성격이라는 도장이 찍혀 있다. 마흔이면 자신의 얼굴에 책임을 져야 한다고 하지 않던가.

아기들은 생후 두 달 반이면 웃는 얼굴에 웃음으로 답한다. 에버릿 엘린우드는 말한다. "아이들의 웃음은 대개 어른의 상호작용, 웃거나 말을 걸거나 안아주는 행위 등을 야기한다. 바꿔 말하면, 사회적 활동 과정을 주도하는 것이다. ⋯ 어머니와 자녀의 관계에서 상호 이해는 오직 얼굴을 마주한 지속적인 대화를 통해서만 가능하다." 정신분석학자들은 시각적으로 의미와 중요성을 획득하는 최초의 대상이 얼굴이라고 여긴다. 그런데 신경계에서도 얼굴이 특별한 범주에 들까?

내가 기억하는 한 나는 어린 시절부터 사람의 얼굴을 알아보는 데 어려움을 겪었다. 어려서는 별로 생각해보지 않았지만, 10대가 되어 전학하면서 난처한 상황이 자주 생겨났다. 학교 친구를 알아보지 못하는 일이 빈번해지자 친구들은 당황했고 때로는 기분이 상하기도 했다. 친구들은 내 인지 기능에 문제가 있다는 생각은 하지 못했다(하긴, 어떻게 그럴 수 있었겠는가?). 하지만 친한 친구들, 특히 에릭 콘과 조너선 밀러라면 큰 어려움 없이 알아보았다. 그것은 내가 그 친구들의 특징을 알고 있었기 때문이다. 에릭은 눈썹이 짙고 두꺼운 안경을 썼으며, 조너선은 호리호리하고 큰 키에 빨강머리가 텁수룩했다. 조너선은 사람들의 자세와 몸짓, 표정을 예리하게 관찰했고, 한 번 본 얼굴은 절대 잊어버리지 않는 듯했다. 10년 뒤에 모여서 오래된 학교 앨범을 본 적이 있는데, 조너선은 동급생 수백 명을 알아보았고 나는 단 한 명도 알아보지 못했다.

얼굴만이 아니었다. 산보하거나 자전거를 탈 때면 스스로 한 발만 벗어나도 바로 길을 잃는다는 사실을 인식하고 항상 똑같은 길로만 다녔다. 나도 낯선 곳으로 모험을 떠나고 싶은 마음이 굴뚝같았다. 그나마 가능한 것은 친구가 함께 자전거를 탈 때뿐이었다.

내 나이 일흔여섯인데, 평생 보완책을 찾았지만 사람의 얼굴이나 장소를 알아보는 어려움은 줄지 않았다. 특히 맥락에서 벗어난 상황에서 마주치는 사람이라면 5분 전에 본 얼굴도 까마득하게만 느껴진다. 그런 일이 정신과 예약이 있던 어느 날 아침에 일어났다(당시 나는 몇 해째 그 의사에게 일주일에 두 차례씩 상담 치료를 받고 있었다). 진료실을 떠난 지 몇 분 뒤에 병원 건물의 복도에서 수수한 옷차림의 어떤 남자가 나에게 인사를 하는 것이었다. 처음 보는 사람인데 어째서 나에게 아는 체하는지 갸웃하는데, 문지기가 그의 이름을 부르면서 인사하는 소리를 듣고 깨달았다. 그는 나의 상담 의사였다(다음 상담 때, 내가 그를 알아보지 못했던 일에 대해 이야기했다. 그는 그것이 심리적 문제가 아니라 신경학적 문제라는 내 이야기를 완전히 받아들이는 것 같지 않았다).

몇 달 뒤, 조카인 조너선 색스가 나를 방문했다(당시 나는 뉴욕 주 마운트버넌 시에 살고 있었다). 같이 산보를 나갔는데 비가 내리기 시작했다. "돌아가는 게 좋겠어요." 조너선이 말했지만, 나는 집도 동네도 찾을 수가 없었다. 두 시간을 헤매다가 양말까지 다 젖었는데 누군가 부르는 소리가 들렸다. 집주인이었다. 그는 내가 집을 서너 번 지나치는 것을 봤다면서, 아무래도 알아보지 못한 것 같다고 말했다.

그 시절에 나는 보스턴 포스트 도로를 타고 마운트버넌에서 브롱크스 앨러튼 대로의 병원으로 출근했다. 8년 동안 하루에 두 번씩 같은 길을 오갔지만 익숙해지지 않았다. 양옆 도로변에 서 있는 건물도 알아보지 못했고, 길을 잘못 들었다가 큼직한 표지판이 붙어 있는 앨러튼 대로 아니면 보스턴 포스트 도로로 접어드는 브롱크스 리버 파크웨이처럼 나 같은 사람조차 틀릴 수 없는 이정표를 보고서야 아차, 한 일이 한두 번이 아니었다.

조수 케이트와 6년째 일하던 어느 날, 중간 지점에 있는 사무실에서 출판사 사람과 약속이 잡혔다. 도착해서 안내데스크에 내 소개를 했는데, 케이트가 이미 도착해서 대기실에 앉아 있는 것을 알아보지 못했다. 정확히 말하면 젊은 여자가 있는 것을 보기는 했지만 그것이 케이트인 줄은 몰랐다. 5분쯤 지나자 그 여자가 나를 보고 웃으면서 말했다. "안녕하세요, 올리버. 얼마나 있어야 저를 알아보시려나, 하고 있었어요."

파티는 험난한 과제였고, 내 생일도 예외가 아니었다(케이트가 손님들에게 이름표를 달아달라고 부탁한 경우도 한두 번이 아니었다). 나는 어떻게 만날 딴 데 정신이 팔려 있느냐는 원망을 들으며 살았는데, 분명 틀린 소리는 아니다. 하지만 '숫기 없다'거나 '은둔을 좋아한다'거나 '사회성이 부족하다'거나 '괴짜스럽다'는 말을 듣고 심지어는 '아스퍼거증후군'이라는 평까지 듣는 가장 큰 원인은 얼굴 인식 장애이며, 사람들이 그 장애를 오해하기 때문이다.

얼굴 인식 장애는 가장 가깝고 소중한 사람들만이 아니라 나 자신에게도 문제가 되곤 한다. 턱수염이 텁수룩한 사내와 부딪칠 뻔했다가 사과한 일이 예닐곱 번은 되는데, 그러고 나서 보면 그 사내는 거울에 비친 나였다. 한번은 야외석이 있는 식당에서 그와는 반대되는 상황도 있었다. 나는 길가의 좌석에 앉아 식사하다가 습관대로 식당 유리창을 보면서 턱수염을 매만졌다. 그런데 유리창에 비친 내가 수염을 매만지지 않고 이상한 눈으로 나를 보고 있었다. 알고 보니 유리창 안쪽에 희끗희끗한 턱수염을 기른 남자가 앉아 있었다. 그 사람은 내가 왜 자기 앞에서 모양을 내고 있는지 어리둥절했을 것이다.

케이트는 나의 문제에 대해 사람들에게 미리 주의를 주곤 한다. "색스 박사님께 당신을 기억하는지 묻지 마십시오. 기억하지 못하실 테니까요. 본인의 성함을 말씀하시고 소개해주십시오." (그리고 나에게는 이렇게 말한다. "모른다고 하지 마세요. 그런 대답은 무례하게 들려요. 듣는 분이 기분이 상할 거예요. 이렇게만 말씀하세요. '미안합니다. 제가 사람 얼굴을 잘 못 알아봅니다. 제 어머니 얼굴도 몰라보는걸요.'")[1]

1988년에 '기억술사' 프랑코 마냐니를 만난 후 2년 동안 나는 몇 주씩 그와 함께 지내면서 그의 그림과 삶에 대한 이야기를 나누었고 함께 이탈리아 여행을 떠나 그가 자란 마을을 다시 찾기도 했다. 마침내 마냐니에 관한 글을 써서 〈뉴요커〉로 보냈더니 당시 편집장이던 로버트 고틀립은 이렇게 말했다. "아주 좋아요, 재미있어요. 그런데 그 사람, 어떻게 생겼나요? 생김새를 좀더 묘사해주실 수 있습니까?" 나는 이 난처한 (그리고 나로서는 응할 수 없는) 질문에 이렇게 대답했다. "그 사람이 어떻게 생겼건 누가 상관하겠어요? 이 글은 그의 작업에 관한 것입니다."

"우리 독자들은 알고 싶어 할 겁니다. 독자들은 그의 모습을 떠올릴 수 있어야 해요."

"케이트에게 부탁해야겠군요."

내가 이렇게 말하자, 밥은 나를 묘한 표정으로 바라보았다.

나는 그저 사람 얼굴을 알아보는 데 아주 형편없다고만, 조너선이 그 방면에서 아주 뛰어난 것뿐이라고만 생각했다. 그저 사람마다 타고난 능력이 조금씩 다를 뿐 정상 변이의 문제라고, 조너선과 내가 한 범주의 양극단에 서 있을 뿐이라고 말이다. 그러다가 35년 동안 거의

---

1. 이것은 과장된 말이다. 나는 부모님이나 형제의 얼굴을 알아보는 데는 아무 문제가 없다. 하지만 규모가 큰 집안 모임 때는 그다지 노련하지 못해서, 누가 누구인지 모를 때는 사진을 확인하곤 한다. 나에게는 이모와 고모와 삼촌, 외삼촌이 10여 명 있는데, 회고록 《엉클 텅스텐》[한국어판, 바다출판사, 2004]을 낼 때 양장본 표지 사진에 텅스텐 삼촌이 아닌 다른 삼촌의 사진을 실었다. 텅스텐 삼촌네 가족은 이 어처구니없는 일에 기분이 상했다. "어떻게 그런 실수를 할 수가 있니? 두 사람이 어디가 닮았다고." (이 실수는 문고판을 낼 때 바로잡았다.)

만나지 못했던 형 마커스를 보러 오스트레일리아를 방문했을 때, 마커스도 사람 얼굴과 장소를 인식하는 데 나와 똑같은 어려움을 겪는다는 사실을 알았다. 나는 그제야 이 문제에는 정상 변이를 넘어서는 무엇인가가 있으며 우리 둘 다 하나의 구체적 특질이 있음을 알게 되었는데, 이른바 얼굴 실인증이라고 하는, 십중팔구 유전적 요소가 작용하는 장애다.[2]

나 말고도 이런 장애를 겪는 사람들이 있다는 사실을 여러 경로로 알게 되었다. 얼굴 실인증 환자 두 사람이 만나는 일은 아주 어려운 상황이 될 수 있다. 몇 해 전, 한 동료에게 새 저서가 훌륭하다고 생각한다는 편지를 쓴 일이 있었다. 그의 비서가 케이트에게 전화로 약속을 잡아 집 근처의 식당에서 주말에 저녁 식사를 하기로 했다.

케이트는 "문제가 있을지도 모릅니다. 색스 박사님께서 사람을 알아보지 못하십니다"라고 말했다.

"W박사님도 마찬가지예요." 그의 비서가 대답했다.

"또 한 가지 문제가 있어요. 색스 박사님께서 식당이나 장소를 찾지 못해요. 길을 잘 잃어버리죠. 가끔은 당신이 사는 건물도 못 알아봐요."

"네, W박사님도 마찬가지예요."

여하튼 우리는 약속을 잡았고, 함께 저녁 식사를 할 수 있었다. 하지만 나는 지금까지도 W박사가 어떻게 생겼는지 모르며 십중팔구 W박사도

---

2. 다른 두 형제의 얼굴 인식 능력은 정상이었던 것 같다. 일반의였던 나의 아버지는 대단히 사교적이어서 친구가 수백 명에 달했고, 진료했던 환자도 수천 명에 달했음은 말할 것도 없다. 반면에 어머니는 병적이라 할 정도로 수줍은 성격이었다. 어머니는 소수의 사람들(가족과 동료들)하고만 친하게 지냈고, 사람이 많이 모이는 자리에서는 굉장히 불편해했다. 지금 와서 생각해 보면 어머니의 '수줍은' 성격이 가벼운 얼굴 실인증으로 인한 것이 아니었을까 하는 생각을 떨치기 어렵다.

나를 알아보지 못할 것이다.

　이런 사례가 듣기에는 재미있을지 몰라도 상당히 파괴적인 상황도 있다. 중증 얼굴 실인증 환자들은 배우자의 얼굴을 알아보지 못하거나 아이들 무리 속에서 자신의 아이를 찾지 못하기도 한다.

　제인 구달에게도 약간의 얼굴 실인증이 있다. 그녀의 문제는 사람만이 아니라 침팬지를 알아봐야 한다는 것이었다. 그녀는 침팬지의 얼굴로는 누가 누군지 알아보기 어렵다고 말한다. 그러다가 한 침팬지와 친해지고 나면 더이상 어렵지 않다. 가족이나 친구들과도 이와 같아서 아무 문제를 겪지 않는다. 하지만 이런 면도 있다. "얼굴이 '평균적'인 사람들과는 정말 문제가 커요. … 사마귀 같은 것을 찾아내야만 해요. 참 민망한 일이지 뭐예요! 어떤 사람하고 하루 종일 있었는데도 다음 날이 되면 못 알아보기도 한다니까요."

　구달은 장소를 알아보는 데도 어려움이 있다고 덧붙인다. "계속 같은 길로 다녀서 잘 알게 될 때까지는 어디가 어디인지 알지 못했어요. 돌아가는 길에는 표지물을 찾느라 두리번거려야 하죠. 숲에서는 큰 문제예요. 걸핏하면 길을 잃어요."

　1985년에 나는 《아내를 모자로 착각한 남자》라는 제목의 병례사를 발표했는데, 얼굴 실인증이 아주 중증으로 발전한 P선생에 관한 보고서였다. 그는 사람의 얼굴이나 표정을 인식할 수 없었다. 물건도 알아보지 못했고 심지어 어느 범주에 들어가는지도 분간하지 못했다. 장갑 한 짝을 놓고 그것이 장갑이란 것도 의류에 속하는지도 손하고 비슷하게 생긴 물건이라는 사실도 인식하지 못했다. 한번은 아내의 머리를 모자로 착각한 적도 있었다.

P선생의 이야기가 출판되자 장소와 얼굴 인식에 어려움을 겪는 많은 이가 자신의 증상을 P선생의 증상과 비교하는 편지를 보내왔다. 1991년에 앤 F.가 편지로 자신의 경험을 적어 보냈다.

제 생각에 직계가족 가운데 아버지, 언니, 저, 이렇게 세 사람이 시각 실인증이 있는 것 같습니다. 세 사람 다 선생님이 소개한 P선생과 같은 양상을 보이지만, 그 정도는 아니었으면 좋겠습니다. 아버지는 캐나다의 라디오 방송에서 성공적인 경력을 쌓은 분인데(성대모사에 특출한 재능이 있어요), 최근 찍은 사진에서 아내의 얼굴을 알아보지 못해요. 어떤 결혼 피로연 자리에서는 처음 보는 사람에게 딸 옆에 앉은 사람이 누군지 물으셨죠(당시 결혼 5년째 되던 제 남편이었어요).

제 경우에는 남편과 나란히 걷는데 직접 보면서도 누구인지 몰라본 적이 여러 번 있었어요. 하지만 남편이 있을 것이라고 예상한 상황이나 장소에서는 문제없이 알아볼 수 있습니다. 저는 사람들이 말하기 시작하면 누군지 알아차릴 수 있는데, 오래전에 딱 한 번 들은 목소리라도 문제없습니다.

P선생과 다른 점이 있다면, 저는 사람들이 느끼는 감정의 정도를 잘 읽어냅니다. … P선생처럼 일반적인 물건까지 식별하지 못하는 정도는 아니에요. [하지만] P선생과 같은 점은 저도 공간의 지형적 특징을 그려내는 능력이 전혀 없어요. … 물건을 둔 곳을 전혀 기억하지 못해서, 말로 그 위치를 암호화해놓아야 합니다. 물건이 제 손을 떠나는 순간, 세상의 끄트머리에서 진공 속으로 빨려 들어가버린 것 같아요.

앤 F.가 겪는 얼굴 실인증과 지형 실인증은 유전적 소인 혹은 가족력 인자가 작용한 것으로 보이지만, 이 실인증(혹은 다른 형태의 실인증)은 뇌졸중이나 종양, 감염 혹은 부상 등 뇌의 특정 부위에 손상을 입은 결과, 혹은 P선생의 경우처럼 알츠하이머 같은 퇴행성 뇌질환의 결과로 발병할 수 있다. 편지를 보낸 다른 사람 조안 C.의 이력은 이런 의미에서 다소 특이하다. 그녀는 아주 어릴 때 우측 후두엽에 뇌종양이 생겼고, 두 살 때 제거했다. 확신하기는 어렵지만, 그녀의 실인증은 종양을 앓은 결과가 아니면 수술의 결과인 것으로 보인다. 그녀는 얼굴을 알아보지 못하는 바람에 사람들에게 오해를 사곤 해서 편지에 이렇게 썼다. "사람들은 저를 보고 무례하다거나 현실과 동떨어진 사람이라거나 아니면 (한 치료사의 말로는) 정신장애를 앓고 있대요."

얼굴 실인증이나 지형 실인증을 겪는 사람들로부터 점점 더 많은 편지를 받으면서 '나의' 시지각 문제가 희귀병이 아니라 전 세계의 많은 사람에게 나타나는 증상임이 분명해졌다.

얼굴 인식은 사람들에게 절대적으로 중요한 능력이며, 대다수는 수천 명의 얼굴을 식별할 수 있고 군중 속에서 잘 아는 사람의 얼굴을 쉽게 찾아낸다. 그러한 구분에는 특수한 전문적 기술이 필요하며, 이 기술은 사람만이 아니라 다른 영장류에게도 보편적으로 나타난다. 그렇다면 얼굴 실인증이 있는 사람들은 어떻게 살아갈까?

지난 수십 년에 걸쳐 뇌의 가소성, 즉 결함이 있거나 손상된 뇌 부위의 기능을 뇌의 일부 혹은 시스템이 대신한다는 사실이 밝혀졌다. 하지만 얼굴 실인증이나 지형 실인증에는 이러한 현상이 일어나지 않는 듯하며,

보통은 나이가 든다고 약화되지 않는다. 따라서 얼굴 실인증을 겪는 사람들은 비상한 수완과 창조적 전략을 발휘하여 그러한 결함을 우회할 방법을 찾아야 한다. 특이하게 생긴 코나 수염, 안경 혹은 의복 형태 따위의 특징을 잡아내는 것이다.[3] 얼굴 실인증을 겪는 많은 사람이 목소리나 자세 혹은 걸음걸이로 사람을 인식하는데, 물론 (학교에서 만나는 사람이면 제자일 것으로 예상하고, 사무실에서 마주친 사람이면 직장 동료일 것으로 예상하는 등) 맥락에 따른 예상이 가장 중요하다. 그러한 전략은 의식적이거나 무의식적으로도 발동하여 증세가 심하지 않은 얼굴 실인증 환자들은 자신의 얼굴 인식 능력이 실제로 얼마나 형편없는지 잘 의식하지 못해서 (예를 들면 머리카락이나 안경 같은 부수적 단서를 제거한 사진 테스트 등의) 검사를 통해 그러한 사실을 알면 화들짝 놀라곤 한다.[4]

이렇듯 나는 얼굴을 한 번 봐서는 알아보지 못하더라도 그 얼굴에 관한 다양한 특징으로 인식할 수 있다. 코가 큰 사람, 턱이 뾰족한 사람, 눈썹이 짙은 사람, 귀가 유난히 돌출한 사람 등 이런 특징이 내가 사람을 알아보는 표시가 된다(캐리커처가 초상화나 사진보다는 훨씬 알아보기 쉬운 것도 비슷한 이유인 것 같다). 나는 사람의 나이나 성별을 분간하는 능력은 상당

---

3. 얼굴맹에 대해 가장 비범하고 창조적인 반응('보상 작용'이라는 말은 적합하지 않게 느껴진다)을 보여준 것은 거대한 얼굴 초상화로 유명한 화가 척 클로스다. 클로스도 평생 심각한 얼굴 실인증을 겪었는데, 그는 이 장애가 화가로서 독특한 시각을 지니는 데 중대한 역할을 했다고 생각한다. 그는 이렇게 말한다. "실제 공간에서 사람에 대한 기억력이 전혀 없는 사람은 모르겠지만, 사람을 사진으로 납작하게 만들면 그 이미지를 기억하는 것은 할 수 있다. 나는 평평한 것에 대해서는 사진으로 찍은 듯이 정확하게 기억할 수 있다."
4. 심하지 않은 색맹이나 입체맹의 경우에도 비슷하다. 그들은 이러한 '결함'을 인지하지 못하고 스스로를 정상이라고 여기고 살다 운전면허시험 시력 검사 때에나 그 사실을 알게 되기도 한다.

히 좋은 편이지만, 몇 번 실수한 적이 있다. 하지만 움직임, '운동 스타일'로 사람을 알아보는 능력은 이보다 훨씬 좋다. 나는 얼굴을 알아보지 못하더라도 아름다움은 느낄 줄 알며, 얼굴의 표정도 잘 인지한다.[5]

나는 학회나 파티처럼 많은 사람이 모이는 자리는 웬만하면 피한다. 괜한 불안감에 시달리고 곤란한 상황에 처할 것이 뻔하기 때문이다. 잘 아는 사람을 알아보지 못할 뿐만 아니라 처음 보는 사람에게 친구인 줄 알고 반갑게 인사하는 일도 있다(얼굴 실인증을 겪는 사람들이 흔히 그러듯이 나도

---

5. 내가 《아내를 모자로 착각한 남자》에 관해 라디오 인터뷰를 하고 있는데, 한 청취자가 전화해서 말했다. "저도 제 아내를 알아보지 못합니다"(뇌종양이 생겨서 그런 것이라고 덧붙였다). 나는 레스터 C.와 약속을 잡아서 그의 경험을 더 들어보기로 했다.

레스터는 다양한 방법으로 사람을 알아보는데, 아름다운 얼굴을 제대로 느끼지 못한다는 사실이 고통스럽다고 했다. 그는 종양이 생기기 전에는 '여자 보는 안목'이 대단했다. 지금은 간접적인 방법으로 미인을 판단하는데, (눈동자 색, 코 모양, 비율 등) 일곱 가지 기준을 적용하여 각 항목당 1에서 10까지 점수를 매긴다고 한다. 그의 표현을 빌리면, 이렇게 아름다움에 대해 일종의 "정신적 도수분포도"를 그릴 수 있다. 하지만 얼마 가지 않아서 그런 분포도가 통하지 않는다는 것을 깨달았고, 심지어는 예전의 직접적, 직관적 판단과 말도 안 되게 어긋나는 경우도 있었다.

얼굴 실인증을 겪는 사람들 대다수가 얼굴 표정을 알아보는 인식 능력은 살아 있어서 슬쩍만 보고도 그 사람이 행복한지 슬픈지, 우호적인지 적대적인지 알 수 있다. 물론 누구의 얼굴인지는 알아보지 못한다. 반대의 경우도 있다. 안토니오 다마지오는 소뇌 편도(감정을 느끼게 해주는 중추)에 손상을 입은 사람들이 얼굴은 정상적으로 식별하면서도 표정을 '읽고' 그들의 감정을 판단하는 데 어떻게 어려움을 겪는지 기술했다. 일부 자폐증 환자에게도 그러한 현상이 나타난다. 아스퍼거증후군을 겪는 템플 그랜딘은 말한다. "저는 얼굴의 주요한 표정은 알아볼 수 있지만, 미묘하게 전달하는 단서는 포착하지 못합니다. 저는 나이 쉰에 사이먼 배런 코헨의 《마음맹 Mindblindess》[한국어판, 시그마프레스, 2005]을 읽고 나서야 사람들에게 보일 듯 말 듯한 눈빛 신호가 있다는 것을 알았어요"(템플은 '그림으로 생각'하는 사람으로 복잡한 기술적 문제를 간단히 시각화할 수 있지만, 사람 얼굴을 인식하는 능력은 평균 이상도 이하도 아닌 듯하다).

다른 사람들과 관계 맺기에 어려움을 겪는 문제는 정신분열증 환자에게도 중심적인 문제이며, 신용욱 연구진은 정신분열증을 겪는 사람들이 사람의 표정을 읽는 것만이 아니라 얼굴 인식에도 어려움을 겪고 있음을 시사하는 기초 결과를 얻었다.

사람들과 인사할 때면 엉뚱한 실수를 할까봐 이름을 부르지 않으며, 어처구니없는 사회적 실수를 모면하기 위해서 타인에게 의존적일 수밖에 없다).

(비물질적이며 무형의 것인) '정신'이 육체에 깃든다는 생각은 17세기의 종교에서는 받아들이지 않았다. 데카르트의 이원론 사상도 그러한 사유를 토대로 한 것이다. 그러나 뇌졸중이나 뇌 부상의 결과를 목격한 의사들은 오래전부터 정신과 뇌의 기능이 연결된 것이 아닌가 생각했다. 18세기 말에 이르면, 해부학자 프란츠 요제프 골은 모든 정신의 기능이 (많은 사람의 생각대로 '영혼'이나 심장 혹은 간에서 나오는 것이 아니라) 뇌에서 나온다고 주장했다. 그는 뇌 안에 스물일곱 개 '기관'의 집합이 있어서 각 기관이 각기 다른 도덕적, 정신적 기능을 수행한다고 상상했다. 골이 상상한 기능에는 오늘날 인지 기능이라고 부르는 소리나 색의 감각, 기억력과 기계 적성 같은 인식력, 말과 언어 능력에 나아가 우정, 자비심, 자부심 같은 '도덕적' 속성도 있었다. 골은 이러한 이단적 생각 때문에 빈에서 추방당했다가 프랑스혁명에 휘말리고 말았는데, 프랑스에서는 과학적 사고가 받아들여질 수도 있으리라는 것이 그의 생각이었다.[6]

생리학자 장 피에르 플루랭스는 골의 이론을 검증하기 위해 살아 있는 동물, 주로 비둘기 뇌의 일부를 잘라내 일련의 실험을 했다. 하지만 뇌 피

---

6. 골은 객관적인 상관관계를 제시하기 위해, 개인의 성격과 도덕 능력을 두개골의 모양과 두개골에 생긴 혹과 결합하여 '두개 검사'라고 칭한 방법을 써서 측정했다. 그의 제자들 가운데 요한 슈푸르차임이 이 발상을 대중적인 '골상학'으로 발전시켰는데, 이 사이비 과학은 19세기 초에 대중적 관심을 얻었고 롬브로소의 범죄자 관상 이론에 영향을 미쳤다. 슈푸르차임과 롬브로소의 연구는 오래전에 폐기되었으나, 뇌 기능의 위치 파악이라는 골의 개념은 오래도록 이어졌다.

질의 특정 부위가 특정한 기능과 상관된다는 증거는 전혀 찾을 수 없었다 (비둘기의 작은 뇌에서 피질을 제대로 잘라내기 위해서는 아주 치밀하고도 섬세한 절제술이 필요했을 것이다). 그리하여 플루랭스는 더 많은 피질을 제거했을 때 비둘기한테서 인식 기능의 장애가 나타났다는 사실 때문에 장애가 피질의 위치가 아닌 제거된 피질의 양만을 반영하는 것이라고 믿었으며, 조류에게 적용되는 것은 사람에게도 적용될 것이라고 생각했다. 그는 피질이 등위적이라고, 간처럼 균질하며 미분화적이라고 결론지었다. 플루랭스는 농담조로 "간이 담즙을 분비하듯, 뇌는 사고를 분비한다"고 말했다.

이처럼 대뇌피질이 등위적이라는 생각이 우세하다가 1860년대에 폴 브로카의 연구가 나오면서 바뀌기 시작했다. 브로카는 표현성 실어증을 겪었던 많은 환자를 검시하여 모든 시신의 손상 부위가 좌측 전두엽에 국한됨을 입증했다. 1865년에 브로카는 "우리는 좌반구로 말한다"는 유명한 말을 남겼는데, 이로써 뇌가 균질하며 미분화적이라는 생각은 사라진 것으로 보인다.

브로카는 좌반구 전두엽의 특정 부위에서 '말을 담당하는 운동 중추'를 찾아냈다고 여겼는데, 오늘날 브로카 영역이라고 부르는 부위다.[7] 이것

---

7. 1869년, 헐링스 잭슨은 이 문제로 브로카와 논쟁을 벌이면서 "말하는 기능을 파괴하는 손상 부위를 찾는 것과 말하는 기능을 담당하는 부위를 찾는 것은 별개의 일"이라고 주장했다. 잭슨이 이 논쟁에서 패했다는 것이 중론이었으나, 유보적 입장을 취한 것이 헐링스만은 아니었다. 프로이트는 1891년에 저작《실어증에 대하여On Aphasia》에서, 언어를 사용할 때는 뇌 안의 많은 영역이 서로 연결되어 작용하며, 브로카 영역은 광범위한 대뇌 신경망 가운데 한 점일 뿐이라고 주장했다. 신경학자 헨리 헤드는 기념비적인 1926년의 논문 〈실어증과 언어장애군 Aphasia and Kindred Disorders of Speech〉에서 19세기의 실어증학자들을 "도표 놀이 하는 자들"이라고 칭하면서 통렬히 비난했다. 헤드는 헐링스 잭슨과 프로이트가 그랬던 것처럼 언어에 대해 전체론적인 관점을 취했다.

이 '위치 파악'이라는 개념에 있어서 새 장을 열었고, 신경 및 인지 기능과 뇌의 특정 중추와의 순수한 상관관계를 찾은 것으로 보인다. 이후 신경학은 성큼 전진하여 각종 '중추'를 찾아낸다. 브로카가 말을 담당하는 운동 중추를 찾아낸 데 이어, 베르니케는 말을 담당하는 청각 중추를, 데제린은 말을 담당하는 시각 중추를 찾아냈다. 이는 전부 언어 반구인 좌반구에 있으며, 우반구에서는 시지각 중추를 찾아냈다.

일반적인 시각 실인증은 1890년대에 인정되었지만, 얼굴이나 장소 같은 특정한 시지각 범주의 실인증이 있으리라고 생각한 사람은 거의 없었다. 하지만 헐링스 잭슨과 샤르코 같은 권위자들은 우반구의 후두엽 영역에 손상을 입은 뒤에 발생하는 얼굴과 장소의 실인증을 이미 기술한 바 있다. 1872년에 잭슨은 이 영역에 뇌졸중이 발병한 뒤 "장소와 사람을 알아보는" 능력을 상실한 남자를 기술했는데, "한번은 아내를 알아보지 못했고… 집으로 돌아오는 길을 찾지 못해 헤맨 적이 있었다". 샤르코는 1883년에 비범한 시각적 심상과 기억력의 소유자였다가 순식간에 그 능력을 잃은 환자의 사례를 보고했다. 샤르코는 이 남자가 "자신의 얼굴조차 기억하지 못한다. 최근에는 한 화랑에서 어떤 사람이 끼어드는 바람에 가는 길이 가로막힌 적이 있었는데, 미안하다고 말하려고 보니 그것은 유리에 비친 자신일 뿐이었다"고 기술했다.

20세기 중반까지도 많은 신경과 의사들은 뇌에 범주별 인지 영역이 있다는 것을 반신반의했다. 임상 사례에서 확고한 근거가 나왔는데도 얼굴맹이 하나의 병으로 인정되기까지 많은 시간이 걸린 것도 어느 정도는 이런 배경이 작용했을 것이다.

1947년에 독일의 신경학자 요아힘 보다머는 얼굴은 알아보지 못하지만 다른 인식 능력에는 전혀 장애가 없는 세 환자에 대해 기술했다. 보다머는 고도로 선택적인 형태의 실인증에 별도의 명칭이 필요하다고 느꼈으며(얼굴 실인증prosopagnosia이라는 용어를 만든 것이 바로 보다머다), 그처럼 특정한 능력만을 상실하는 양상은 뇌에 얼굴 인식을 전담하는 독립된 영역이 있음을 시사한다고 생각했다. 그 뒤로 이 문제는 줄곧 논쟁거리가 되었다. 얼굴 인식만을 전담하는 특별한 시스템이 있는가? 아니면 얼굴 인식이 일반적 시지각 시스템에 속하는 기능 중에 하나일 뿐인가? 맥도널드 크리즐리의 1953년 논문은 보다머의 논문과 얼굴맹이라는 발상 자체를 혹평했다. "사람의 얼굴이 공간 속의 다른 생물, 무생물과는 별개로 하나의 인지 범주를 차지해야 한다는 주장은 믿기 어렵다. 크기, 모양, 빛깔, 운동성 등에서 사람의 얼굴에 다른 인지 대상과는 달리 식별을 방해하는 속성이라도 있다는 말인가?"

그러나 1955년에 영국의 신경과 의사 크리스토퍼 팔리스가 자신의 환자 A. H.의 사례를 세세하게 기록한 책을 출판했다. 한 웨일즈 탄광의 채광 기술자인 A. H.가 쓴 일기 덕분에 팔리스는 그가 겪은 일을 명료하고도 예리하게 기술할 수 있었다. 1953년 6월의 어느 날 밤, A. H.에게 뇌졸중 발작이 일어났던 듯하다. 그는 "술집에서 몇 잔 마신 뒤 갑자기 몸 상태가 안 좋아졌다". 얼떨떨한 상태에서 사람들이 집에 데려다주어 잠자리에 들었지만 제대로 잠을 이루지 못했다. 다음 날 아침 일어나보니 눈에 보이는 것이 완전히 이상하게 변해 있었다고 팔리스에게 말했다.

잠자리에서 일어났습니다. 정신은 또렷했지만 침실을 알아볼 수 없었습니다. 화장실로 갔지요. 가는 길을 찾기 어려웠고 화장실도 알아볼 수 없었습니다.

침실로 돌아가려는데 방을 알아볼 수 없었고 낯선 장소로 보였습니다.

색깔이 구분되지 않습니다. 그저 밝은 것, 어두운 것으로만 구분합니다. 모든 얼굴이 닮아 보입니다. 아내와 딸의 얼굴이 다 똑같아 보였습니다. 나중에 아내나 어머니가 말하는 것을 듣고 나서야 누가 누구인지 분간할 수 있었습니다. 어머니는 80세입니다.

눈, 코, 입은 또렷이 보이지만 하나의 얼굴로 합쳐지지 않아요. 전부가 칠판에 그려놓은 부위들처럼 보입니다.

그가 겪은 어려움은 눈앞의 사람을 인식하는 데에서 끝나지 않았다.

사진 속의 사람들이 분간되지 않습니다. 내 얼굴도 못 알아보고요. 술집에서 웬 낯선 사람이 나를 노려보고 있기에 지배인에게 누구인지 물었습니다. 들으시면 웃으실 겁니다. 제가 거울에 비친 저를 보고 있었던 겁니다. … 나중에 런던에 가서 영화와 연극 여러 편을 보았습니다. 이야기가 앞뒤 없이 들렸습니다. 누가 누구인지도 알 수 없었고요. … 〈멘 온리Men Only〉[1935~, 영국의 포르노 잡지]와 〈런던 오피니언〉[1903~1954, 런던에서 발행된 인기 남성 월간지] 몇 부를 샀습니다. 평소 즐기던 그림을 볼 수 없습니다. 부분의 상세 그림으로 무엇이 무엇인지 알아낼 수는 있었지만, 그래서야 별 재미를 볼 수 없습니다. 그런 건 한눈에 척 보여야 합니다.

A. H.에게는 다른 시지각 문제도 있었다. 시야 한 구석이 약간 잘려나갔고 읽기에 일시적인 어려움을 겪었으며 색 인지는 완전히 되지 않았고 장소 분간에 어려움이 있었다(처음에는 좌반신에 이상한 느낌도 있었는데,

왼손에 '무거움'이 느껴지고 왼손 검지와 입 왼쪽에 무엇으로 '찌르는' 느낌이 있었다). 글이나 사물에 대한 실인증은 전혀 없었다. 기하학적 형상을 구분할 수 있고 복잡한 물건 그리기, 퍼즐 맞추기, 체스 놀이를 할 수 있었다.

팔리스 이후로 얼굴 실인증 환자의 검시가 여러 번 이루어졌다. 여기에서 확실한 데이터를 얻었다. 원인과는 상관없이 얼굴 실인증을 얻은 모든 환자의 오른쪽 시지각 관련 피질, 특히 후두 측두 피질 아래쪽에서 병변이 발견되었으며, 거의 예외 없이 방추상회(fusiform gyrus, 후두엽과 측두엽에 걸쳐 있는 내측 후두 측두회로. 얼굴에 대한 정보처리에 중요한 역할을 한다—옮긴이)라고 하는 구조에 손상이 있었다. 1980년대에 이러한 검시 결과를 뒷받침하는 근거가 추가되었는데, CT 촬영과 MRI를 이용하여 살아 있는 환자의 두뇌를 시각화하는 일이 가능해진 것이다. 여기에서도 얼굴 실인증 환자들의 뇌에서 '방추상 얼굴 영역'이라고 부르는 부위에서 병변이 확인되었다(도미니크 피치가 이끄는 연구진이 방추상 얼굴 영역에서 이뤄지는 비정상적 활동의 얼굴 환각과 상관관계가 있음을 입증했다).

1990년대에 나온 뇌 기능 영상 기술이 이러한 병변 연구를 보완했다. fMRI로 얼굴, 장소, 물건의 그림을 보고 있는 사람의 뇌를 촬영하는 것이다. 뇌 기능 영상 연구는 사람의 얼굴을 볼 때에 다른 그림을 볼 때보다 방추상 얼굴 영역이 훨씬 더 강력하게 활성화된다는 것을 보여주었다.

이 영역의 개별 뉴런이 선호도를 보여줄 수 있다는 사실은 1969년 찰스 그로스의 연구진이 짧은꼬리원숭이의 하측두 피질에 전극을 연결한 촬영을 통해 최초로 증명했다. 그로스는 원숭이 앞발을 볼 때 짧은꼬리

원숭이의 신경세포가 강렬하게 반응하며, 사람의 손을 포함하여 다른 자극에는 반응이 덜 강하다는 것을 발견했다. 또한 얼굴에 대해 상대적으로 활발하게 반응하는 세포가 있다는 것도 발견했다.[8]

순수한 시지각 차원에서는 얼굴이 형상으로 분간되는데, 어느 정도는 눈, 코, 입 그리고 그 밖의 특징 간의 기하학적 관계를 탐지하는 것이다 (프라이발트, 차오, 리빙스턴이 입증한 바 있다).[9] 그러나 개별 얼굴의 시지각 차원에서는 그러한 선호도가 나타나지 않았다. 오히려 일반적인 얼굴이나 만화의 얼굴이 실제의 얼굴과 동일한 반응을 일으켰다.

특정한 얼굴 혹은 사물을 인지하는 능력은 고위 피질 영역, 즉 방추상 얼굴 영역뿐만 아니라 감각 연합, 감정, 기억을 돕는 다른 영역과도 다량의 신경으로 상호 연결되어 있는 내측 측두엽의 다중 양식 영역에서만 획득된다. 크리스토프 코흐와 이츠하크 프리트의 연구진은 다중 양식 처리 능력을 갖춘 내측 측두엽의 세포들이 빌 클린턴 사진에만 반응한다거나

---

8. 현재의 신경과학에서는 당연히 받아들여지는 많은 사실이 그로스가 연구를 진행하던 당시에는 대단히 불확실했다. 1960년대 말까지도 시각피질의 범위는 후두엽에서 크게 벗어나지 않는 것으로 여겼다(현재는 그 반대임이 밝혀졌다). 얼굴이나 손 등 특정 범주 대상의 표상을 형성하거나 인지하는 것이 개별 뉴런 혹은 뉴런 무리가 수행한다는 것은 있을 법하지 않을뿐더러 터무니없는 생각으로 치부되었다. 이러한 발상에 대해 제롬 레트빈은 "할머니 세포"라는 유명한 논평으로 비꼰 적이 있다. 이렇듯 그로스의 발견은 이렇다 할 만한 주목을 받지 못하다가 1980년대에 들어서야 다른 연구자들에 의해 입증되고 널리 확산되었다.

9. 그들은 각기 다른 하측두 피질 신경세포들이 "각기 다른 얼굴 부위에 선택적으로 반응하고, 각기 다른 부위 간의 상호작용에 반응하며, 같은 세포가 다른 얼굴 부위의 조합에 가장 큰 반응을 보이기도 한다"고 썼다. "이렇듯 한 얼굴의 생김새를 탐지하는 데 하나의 청사진만 있는 것은 아니다. … 이러한 다양한 변조는 얼굴을 묘사하는 풍부한 어휘를 뇌에 제공할 뿐만 아니라, [하측두 피질이라는] 하나의 작은 영역에서 고차원의 매개 변수 공간이 어떻게 코드화될 수 있는지 보여준다."

거미 혹은 엠파이어스테이트빌딩 혹은 〈심슨 가족〉 만화에만 반응하는 식으로 면밀하게 특화되어 있다는 사실을 증명했다. 특화된 신경 단위는 해당되는 사람이나 사물의 이름을 듣거나 읽을 때도 활성화된다. 이렇듯 어떤 환자는 한 신경 단위가 시드니 오페라하우스 사진에 반응하고 '시드니 오페라'라고 쓰인 문자열에도 반응했지만 '에펠탑' 같은 다른 구조물의 이름에는 반응하지 않았다.[10]

내측 측두엽의 신경세포들은 개별 얼굴, 표지물, 물건의 표상을 코드화하는 능력이 있어서 환경이 바뀌더라도 쉽게 식별하게 해준다. 그러한 표상 코드화는 신속하게 이루어져서 사람이나 사물을 처음 보면 하루나 이틀 안에 완성된다.

이러한 연구는 신경세포 하나마다 전극을 연결하여 기록하는 것이지만, 이들 세포 하나하나는 수천 개의 다른 신경세포와 연결되어 있으며 그 하나하나는 또다른 수천 개와 연결되어 있다(더군다나 하나의 세포가 하나 이상의 개별 대상에 반응하는 경우도 있다). 따라서 세포 한 개의 반응은 시각피질, 청각피질 혹은 촉각피질, 또는 문서 인식 영역, 기억 영역, 감정 영역 등의 직·간접적 입력물이 피라미드처럼 방대하게 쌓인 컴퓨터 기록의 정점을 나타낸다.

사람의 경우에는 사람의 얼굴을 인식하는 능력의 일부가 태어날 때, 혹은 그 직후에 이미 존재한다. 올리비에 파스칼리 연구진이 한 연구에서 보여주었듯이, 사람은 생후 6개월이면 광범위한 얼굴을 인식하며 다

---

10. 코흐와 프리트 연구진은 많은 논문을 발표했는데, 이 문제와 가장 많이 관련된 것은 키안 키로가가 이끄는 연구진의 2005년과 2009년의 논문이다.

른 종의 얼굴까지도 식별할 수 있다(이 연구에는 원숭이 사진을 이용했다). 하지만 9개월이 되면 원숭이 얼굴에 지속적으로 노출되지 않는 이상 식별 능력이 떨어진다. 영아들은 3개월이면 '얼굴' 모델의 범위를 자주 접하는 얼굴로 한정하는 법을 터득한다. 사람의 뇌에 이러한 작용이 있다는 것은 많은 것을 의미한다. 민족 집단이라는 환경에서 성장한 중국의 영아에게는 백인들의 얼굴이 전부 상대적으로 '똑같아 보일 것'이며, 반대의 경우도 마찬가지다.[11] 얼굴 실인증이 있는 한 사람을 아는데, 그는 중국에서 나고 자랐으며 옥스퍼드에서 공부하고 미국에서 수십 년간 살았다. 그런데도 그는 "유럽 사람들 얼굴이 가장 까다로워요. 저한테는 전부 똑같아 보이거든요"라고 말한다. 사람의 얼굴을 알아보는 능력은 유전적으로 타고난 것으로 보이며, 이 능력이 생후 한두 해 사이에 일정한 범위로 한정되면서 살면서 만나기 쉬운 얼굴을 특히 더 잘 인식하게 되는 듯하다. '얼굴 세포'는 태어날 때 이미 갖고 있으며 경험을 통해 완전하게 발달한다.

입체 시력에서 언어 능력까지, 다른 능력도 이와 비슷한 양상을 띤다. 사람이 태어날 때 일정한 경향이나 잠재력을 유전적으로 타고나지만, 그 능력이 완전히 발달하기 위해서는 자극과 연습, 풍부한 환경 조건 등을 장려하는 것이 필요하다. 처음의 경향은 자연선택을 통해 부여받을 수 있지만, 경험과 경험선택이 이루어져야 우리의 인식 및 인지 능력을 최대한 발휘할 수 있는 것이다.

---

11. 하지만 스기타 요이치는 이 '한정 기능'이 적어도 유년기에는 경험을 통해 쉽사리 뒤집힐 수 있음을 지적한다.

일부 연구자는 얼굴 실인증이 있는 (전부는 아니지만) 많은 사람이 장소를 인식하는 데도 어려움을 겪는다는 사실은 얼굴과 장소 인식을 관장하는 영역이 각기 따로 있으면서도 인접해 있음을 시사한다고 본다. 그런가 하면 두 기능 모두 하나의 구역에서 관장하는데, 한쪽은 얼굴에 치중하고 다른 쪽은 장소에 치중한다고 믿는 연구자도 있다.

하지만 신경심리학자 엘코논 골드버그는 대뇌피질 안에 정해진 기능을 전담하는 독립된 중추 혹은 신경 구성 단원이 장착되어 있다는 발상 자체에 의문을 제기한다. 그는 고위 피질 기능에 어느 한쪽으로 기울어진 영역이 있어서 경험과 훈련에 의해 계발된 기능이 그 경사를 따라 합치하거나 어느 한쪽으로 이동하는 것일 수 있다고 본다. 그는 저서 《내 안의 CEO, 전두엽The New Executive Brain》[한국어판, 시그마프레스, 2008]에서 뇌가 기능적 단원들의 집합이라면 유연성과 가소성이 허용되지 않을 것이므로 진화론적으로 단원[모듈] 원리에서 경사 원리로 이동하는 것이 타당하다고 주장한다.

골드버그는 단원성(정해진 기능, 입력분과 출력분이 정해져 있는 핵들의 조합)이 시상의 특성일 수는 있지만, 대뇌피질은 경사 구조에 가까워서 1차 감각피질에서 연합피질로, 그리고 무엇보다 최상위에 있는 전두피질로 올라가면서 점점 더 현저해진다고 주장한다. 단원성과 경사성은 서로를 보완하는 이론이 될 수 있을 것이다.

얼굴 실인증을 겪는 사람들에게 주된 불편함은 얼굴맹이기는 하지만, 다른 특정 대상을 인식하는 데 어려움을 겪는 경우도 적지 않다. 오린 데빈스키와 마사 파라는 얼굴 실인증이 있는 사람들이 사과와 배를 구분하지 못하고 비둘기와 까마귀를 구분하지 못한다는 점에 주목했다. 하지만 그들은 '과일'이나 '새' 같은 일반 범주는 정확히 식별했다. 조안 C.도 비슷한 문제를 이야기했다. "저는 사람의 얼굴을 알아보지 못하는 것처럼 필기 글자를 알아보지 못합니다. 그러니까 어떤 필적 견본을 놓고 두드러지는 특징을 파악해서 읽거나 맥락 속에서 읽는다면 알아볼 수 있겠지만, 그 외에는 아예 꿈도 안 꿉니다. 제 손으로 쓴 글도 알아보지 못한다니까요."

일부 연구자는 얼굴 실인증이 순전히 얼굴맹만의 문제가 아니라 얼굴이든 자동차든 조류든 그 어떤 범주에 속한 것이든 간에, 개체를 분간하는 데 겪는 일반적인 장애의 일면이라고 주장한다.

이사벨 고티에가 이끄는 밴더빌트대학 연구진은 자동차 전문가 그룹과 야생 조류 관찰 전문가 그룹을 일반인 그룹과 비교하는 실험을 진행했다. 실험에서는 모든 그룹이 얼굴 사진을 볼 때 방추상 얼굴 영역이 활성화되는 것으로 나타났다. 그런데 자동차 전문가들이 특정 자동차를 알아맞힐 때와 조류 관찰자들이 특정 새 이름을 알아맞힐 때도 이 영역이 활성화되었다. 방추상 얼굴 영역은 주로 얼굴을 식별할 때 활성화되었지만, 그 일부는 훈련을 통해 다른 범주의 개별 항목을 식별할 때도 활성화시킬 수 있는 것으로 보인다(안타깝게도 얼굴 실인증을 겪는 조류 관찰가나 자동차광이라면 새 이름이나 차 모델명을 알아내는 능력도 상실할 것이라는 추정이 가능하다).

뇌는 각각 하나의 특정한 정신 기능에 절대적으로 필요한 독립된 단원[모듈]들의 집합체 이상의 것이다. 이렇게 특정한 기능을 전담하는 각각의 영역은 수십에서 수백 개의 다른 영역과 상호작용하며, 그 모든 작용이 결합하여 수천 개의 악기로 이루어진 매우 복잡한 오케스트라 같은 것을 만들어낸다. 끊임없이 바뀌는 악보와 곡목을 스스로 지휘하는 오케스트라 말이다. 방추상 얼굴 영역은 고립되어 일하지 않을뿐더러, 후두피질에서 전전두피질까지 이어지는 인지 신경망을 연결해주는 중요한 마디node다. 얼굴맹은 방추상 얼굴 영역에 이상이 없더라도 후두부 아래쪽의 얼굴 영역이 손상되면 발생할 수 있다. 제인 구달이나 나처럼 미약한 얼굴 실인증을 겪는 사람들은 반복적인 접촉을 통해 잘 아는 사람들을 알아보는 방법을 터득할 수 있다. 어쩌면 조금은 다른 경로로, 혹은 훈련을 통해 상대적으로 취약한 방추상 얼굴 영역을 자신만의 방식으로 활용하는 것일 수도 있다.

무엇보다도 얼굴 인식은 얼굴의 시각적 요소(개별 특징과 전체적 형태)를 분석하고 다른 얼굴들과 비교하는 능력만으로 되는 것이 아니라, 그 얼굴과 관련한 기억과 경험, 감정을 환기하는 능력까지도 필요한 활동이다. 팔리스가 강조하듯, 특정 장소나 얼굴을 인식하는 것은 특별한 감정, 연상과 의미와 함께 이루어진다. 순수하게 시각적인 차원에서의 얼굴 인식은 방추상 얼굴 영역과 그에 연결된 영역이 관장하지만, 감정적 친근함은 그보다 높은 다중 양식 영역의 일로, 이들 영역은 기억과 감정을 전담하는 해마와 소뇌 편도와 밀접하게 연관되어 있다. 그렇기에 A. H.는 뇌졸중이 온 뒤로 얼굴을 알아보는 능력만이 아니라 친숙한 느낌까지 함께 잃어버린 것이다. 그에게는 모든 얼굴과 장소가 생소하게 느껴졌으며, 자꾸 보더라도 처음 보는 것 같은 느낌은 변함없었다.

사람과 사물을 알아보는 능력의 바탕은 지식이고 친숙함의 바탕은 감정이지만, 어느 쪽도 다른 쪽을 필요로 하지 않는다. 지식과 감정은 신경 기반이 달라서 분리할 수 있다. 따라서 얼굴 실인증이 생겼을 때 둘 다 연달아 상실할 수는 있지만, 친숙하게 느끼면서도 알아보지 못하거나 다른 증상에서는 얼굴은 알아보지만 친숙함은 느끼지 못하는 경우가 있을 수 있다. 전자는 기시감에서 일어날 수 있으며, 데빈스키가 기술한 얼굴에 대한 '과잉 친숙'에서도 일어날 수 있다. 이 증상을 겪는 환자에게는 버스 혹은 길거리의 모든 사람이 잘 아는 사람처럼 '친숙하게 보인다'. 심지어 는 전혀 알 리 없는 사람이라는 사실을 알면서도 오랜 친구를 대하듯 인 사하기도 한다. 나의 아버지는 굉장히 사교성이 좋은 사람이어서 아는 사람이 수백에서 수천 명은 되었지만, 연세가 아흔 줄에 들어서면서부터 는 '아는' 사람이라는 느낌이 병적이다 싶을 정도로 과해졌다. 아버지는 런던 위그모어 홀에서 열리는 음악회에 자주 갔는데, 중간 휴식 시간이 면 눈에 띄는 모든 사람에게 말을 걸면서 이렇게 말했다. "제가 아는 분, 맞죠?"

카그라스증후군은 반대의 증상이 나타나는데, 아는 사람의 얼굴인데 도 친숙함을 느끼지 못한다. 카그라스증후군 환자들은 남편이나 아내나 자녀에게서 친밀한 관계라면 느낄 수 있는 특별하고 따스한 느낌을 얻지 못하는 까닭에 그들이 진짜가 아니라고 (빈틈없는 가짜 사기꾼이 틀림없다 고) 믿기도 한다. 얼굴 실인증이 있는 사람들은 상황을 간파하여 사람을 알아보지 못하는 문제가 자신의 뇌에서 온 것임을 인지한다. 반면에 카그라스증후군을 겪는 사람들은 자신은 아무 문제 없이 정상인데 상대방 에게 문제가 있다는 믿음이 확고하며, 심지어는 무엇에 잘못 씌인 것이 아니냐고 의심하기도 한다.

A. H.나 P선생처럼 후천적 얼굴 실인증을 겪는 사람은 희귀한 편이다. 신경과 의사 대다수는 그런 환자를 평생 가야 한두 명 만날까 말까 한다. 내 경우처럼 선천적 얼굴 실인증은 ('발달성' 얼굴 실인증으로 불리기도 하는데) 훨씬 흔하지만, 대다수의 신경과 의사들은 전혀 인정하지 않는다. 평생 얼굴 실인증을 겪어온 헤더 셀러스는 이 문제를 2007년의 자전적 에세이에서 다루었다. "나는 남편의 아이들을 알아보지 못했다. … 식료품점에서 [내 남편인 줄 알고] 엉뚱한 남자와 포옹했다. … 10년을 함께 지낸 동료들인데도 여전히 알아보지 못한다. … 이웃집 사람과 마주칠 때마다 나를 소개하고 있다." 셀러스는 이 문제로 신경과를 두 번 찾았는데, 두 의사 모두 그런 경우는 본 적이 없다면서 "대단히 희귀한 병"이라고 진단했다.[12]

시각 실인증에 대해 글을 썼던 한 걸출한 신경학자는 아주 최근 들어서야 선천적 얼굴 실인증이라는 것이 있다는 사실을 알았다고 내게 고백했다. 하지만 이것이 그다지 놀랍지 않은 이유는 선천적 얼굴 실인증이 있

---

12. 선천적 얼굴 실인증이 현대의 의사들에게는 생소할지 몰라도 의학 문헌에서는 일찍이 1844년부터 등장했는데, 영국 의사 A. L. 위건은 한 환자에 대해 이렇게 기술했다. "한 중년 남자가 … 내게 사람의 얼굴을 전혀 기억할 수 없다고 한탄했다. 그는 누군가와 한 시간 동안 이야기를 나누고 나서도 하루만 지나면 그 사람을 다시 알아보지 못한다. 사업 거래를 해오던 친구들조차도 한 번도 만난 적이 없는 사람처럼 느껴진다. 대중에게 호감을 주는 것이 무엇보다도 중요한 직업에 종사하는 사람이 이 불우한 결함으로 인해 사람들의 기분을 상하게 하고 사과하는 데 시간을 다 바쳐야 하는 비참한 생을 살아왔다. 그는 무엇이 되었건 머릿속에 그리는 능력이 없으며, 끊임없이 만나왔던 사람이라도 목소리를 들어야 누군지 기억한다. … 내가 그에게 문제를 알리는 것이 친구들과 멀어지게 만들었던 불운한 효과를 야기했던 문제를 제거하는 최선의 방법임을 설득하려 했지만 소용없었다. 할 수만 있다면 그는 자신의 결함을 숨기고 싶어 했으며, 이 증상이 눈의 문제만은 아니라고 설득하는 것은 완전히 불가능했다."

는 사람들이 자신들의 '문제'를 들고 신경과를 찾아가지 않기 때문이다. 선천적으로 색맹인 사람들이 안과에 이 문제를 호소하지 않는 것과 마찬가지다. 사실이 그렇다.

하버드대학의 켄 나카야마는 시각 인지를 연구하면서 오래전부터 얼굴 실인증이 상대적으로 흔한 편이지만 보고가 되지 않았을 뿐이라고 생각했다. 나카야마는 1999년에 유니버시티칼리지런던의 동료 브래드 더셰인과 함께 인터넷을 이용하여 얼굴맹을 찾았고, 놀라운 호응을 얻었다. 그들은 현재 미약한 정도에서 장애가 될 만큼의 심각한 정도까지 선천적 얼굴 실인증이 있는 수천 명에 대해 연구를 진행하고 있다.[13]

일생 동안 얼굴 실인증을 안고 살아가는 사람들의 뇌에서 육안으로 확인이 가능한 병변은 발견되지 않지만, 루시아 가리도 연구진의 최근 연구는 뇌의 얼굴 인식 영역에서 미세하지만 뚜렷한 변화가 있음을 보여주었다. 또한 이는 가족력이 있는 경향을 보인다. 더셰인과 나카야마의 연구진이 부모와 여덟 자녀 가운데 일곱 명(여덟째는 검사를 하지 못했다)에 외삼촌 한 명까지 열 명이나 얼굴 실인증이 있는 가족을 기술한 바 있는데, 이 경우에는 분명히 유전적 소인이 강력하게 작용하고 있다.

나카야마와 더셰인은 얼굴과 장소 인식의 신경 기반을 연구하면서, 유전에서 피질까지 모든 요소에 있어서 새로운 정보와 통찰을 보여주었다. 그들은 발달성 얼굴 실인증과 지형 실인증이 심리에 미치는 영향과 그 사회적 결과(사회적 관계가 복잡한 도시 문화에서 이 증상이 개인에게 일으킬 수 있는 특별한 문제들)도 연구했다.

---

13. 웹사이트 www.faceblind.org에서 더 많은 정보를 찾아볼 수 있다.

문제의 범위는 긍정적인 방향으로도 확장되는 것으로 보인다. 러셀, 더셰인, 나카야마는 얼굴을 기억하는 능력이 특출나게 뛰어난 "슈퍼 인지 능력자들"을 기술했는데, 한 번이라도 스쳐간 얼굴이라면 하나도 빼놓지 않고 기억하는 사람들도 있었다. 내게 편지를 보낸 사람 가운데 알렉산드라 린치는 사람의 얼굴을 알아보는 데에는 초능력에 가까운 자신의 기억력에 관해 이야기했다.

어제 있었던 일이에요. 소호 지하철역으로 내려가는데, 4~5미터 앞서가는 (뒤돌아보며 친구한테 다정하게 말하는) 사람이 누구인지 알겠더라고요. 아는 사람이 아니면 전에 본 적이 있는 사람이었어요. 이 경우에는 부모님 친구분의 미술상이었던 맥이었어요. 마지막으로 (잠깐) 본 것이 두 해 전 시내 화랑 전시회 오프닝 때였어요. 10년 전쯤 소개받은 것 말고 제대로 이야기를 나눠본 적이 있나 싶은 사람이에요.

이것이 저한테서는 빼놓을 수 없는 부분입니다. 저는 어쩌다 힐끗 한 번 본 사람이라도 다 기억해내요. 정말 눈썹 하나 까닥하지 않고도 번쩍, 하고 얼굴을 찾아내는 거예요. 맞아, 저 아가씨는 작년 이스트빌리지 어느 술집에서 우리한테 포도주를 가져다줬던 그 여자야, 하는 식으로요(완전히 다른 동네에서, 대낮도 아닌 한밤중이었지요). 제가 사람을 무척 좋아하고 인류애와 다양성을 지지하는 사람인 건 맞지만…, 제가 아는 한 저는 아이스크림 파는 사람이니 신발 가게 종업원이니 친구의 친구의 친구니 하는 사람들의 신체 특징까지 기억하려고 노력하는 사람은 아니거든요. 얼굴의 한 구석만 보고도, 아니 어스름에 두 블록 떨어진 거리에서 걸어가는 사람의 걸음걸이만 보고도 머릿속에 불이 들어옵니다.

러셀 연구진은 수퍼 인지 능력자들의 "지수가 높은 정도는 [평생] 얼굴 실인증을 겪어온 많은 사람의 지수가 낮은 정도와 비슷하다"고 보고한다. 다시 말해, 이들은 평균보다 표준편차치가 2~3 정도 높으며, 중증 얼굴 실인증을 겪는 사람들의 대다수는 평균보다 표준편차치가 2~3 정도 낮다. 이렇듯 얼굴 인식 능력이 가장 높은 경우와 가장 낮은 경우의 편차는 아이큐 150인 사람들과 아이큐 50인 사람들의 편차와 엇비슷하며, 나머지 사람들은 그 사이에 위치한다. 모든 종형 곡선이 그렇듯, 대다수 사람들은 그 중간 어딘가에 속한다.

중증 선천적 얼굴 실인증이 전체 인구 가운데 최소한 2퍼센트에게 나타나는 것으로 추산되므로, 미국에서만 600만 명이다(훨씬 많은 수치인 인구의 10퍼센트가 평균 이하의 얼굴 인식 능력을 보이지만, 장애가 될 정도의 얼굴맹은 아닌 것으로 여겨진다). 이 사람들은 남편이나 아내, 자녀, 교사, 동료를 알아보는 데 어려움을 겪지만 여전히 공식적인 질환으로 인정받지 못하고 대중의 이해도 받지 못하는 처지다.

이는 전체 인구의 5~10퍼센트에게 나타나는 또 하나의 소수 신경계 증상인 난독증과는 확연하게 대조되는 상황이다. 교사를 비롯하여 난독증 어린이들이 겪는 어려움과 이 아이들에게 적지 않게 나타나는 특별한 재능을 인식하는 사람들이 늘고 있으며, 이들을 위한 교육 방안과 교재를 제공하고 있다.

하지만 증상이 가벼운 사람에서 심한 사람까지 얼굴맹들은 현재의 상황을 스스로의 창조성과 전략에 기대어 풀어갈 수밖에 없는 상황이다. 이는 특이하지만 희귀하지는 않은 자신들의 상태를 사람들에게 알리는 노력으로 시작된다. 얼굴 실인증을 다루는 책과 웹사이트, 지원 그룹이 갈수록

늘고 있어서 얼굴맹이나 지형 실인증을 겪는 사람들이 경험을 공유할 수 있으며, 그에 못지않게 중요한 것은 얼굴과 장소 식별 전략으로 이러한 정보를 통해 보통 때 일어나는 '자동적' 작용을 조절할 수 있게 된다.

얼굴 실인증에 대한 과학적 접근에 큰 공을 들이고 있는 켄 나카야마는 이 주제에 개인적으로도 관련이 있는데, 이런 쪽지를 연구실과 웹사이트에 걸어놓았다.

최근 눈 문제와 미약한 얼굴 실인증으로 인해 사람을 알아보는 것이 어려워졌습니다. 저를 보실 때 성함을 알려주시면 도움이 될 것입니다. 대단히 감사합니다.

5장

::
수 배리의 입체 시각

2세기에는 갈레노스(고대 로마 시대의 의사이자 해부학자―옮긴이)가, 그로부터 1,300년 뒤에는 레오나르도가 양쪽 눈이 받아들이는 심상이 조금은 다르며 어느 쪽도 이 차이의 의미를 확실하게 감지하지 못한다는 견해를 내놓았다. 그러나 1830년대 초가 되어서야 젊은 의사 찰스 휘트스톤이 융합된다고 해도 입체감을 만들어내는 뇌의 오묘한 능력에는 양쪽 눈의 망막 시차가 절대적으로 중요할 것이라는 추측을 내놓았다.

　휘트스톤은 간단하고도 멋진 실험으로 자신의 추측이 옳음을 입증했다. 그는 약간 다른 양쪽 눈의 원근법을 적용하여 하나의 고체 물건을 스케치한 그림 두 장을 그렸다. 그리고 거울을 이용한 장치를 고안하여 양쪽 눈이 본래 적용했던 원근법의 그림만 각각 보게 했다. 그는 이 장치를 '입체경stereoscope'이라고 불렀는데, 그리스어로 입체시를 뜻하는 어휘 'stereopsis'에서 따온 이름이다. 입체경을 들여다보면 평평한 두 장의 그림이 융합해서 공간에 세워놓은 3차원의 그림이 보인다.

　(입체경으로 봐야만 깊이감을 알 수 있는 것은 아니다. 대부분의 사람들에게는 그런 그림을 융합시키는 것이 상대적으로 쉬운데, 간단하게 양쪽 눈동자를

옆으로 벌리거나 한 점으로 모으는 것이다. 그렇게 보면 입체시가 몇 세기 전에 발견되지 않았다는 것이 이상한 일이다. 데이비드 허블이 말했던 것처럼, 기원전 3세기에 유클리드나 아르키메데스가 모래 위에 입체 도형을 그려서 입체시를 발견했을 법도 하지만 그러지 않았다. 우리가 아는 한은 그렇다.)

휘트스톤이 자신의 입체경을 소개한 1838년의 논문이 나온 지 겨우 몇 달 뒤에 사진술이 발명되었고, 입체 사진은 순식간에 인기를 끌었다.[1] 빅토리아 여왕이 수정궁에서 열린 만국박람회에서 입체경을 보고 감탄하고는 하나를 증정받은 뒤로, 빅토리아시대의 가정에서는 너나 할 것 없이 응접실에 입체경 한 대씩을 들여놓았다. 입체경은 점점 더 작고 저렴해졌고 인화가 용이해지고 심지어 응접실용 입체 경대까지 나오면서 19세기 말에 이르면 유럽과 아메리카 대륙에서 입체경 한 번 만져보지 않은 사람이 없을 정도였다.

사람들은 입체경으로 파리와 런던의 기념물이나 나이아가라폭포와 알

---

1. 휘트스톤의 이름은 전기 저항 측정기인 휘트스톤브리지로 인해 더 친숙할 것이다. 하지만 19세기의 걸출한 과학자들처럼 휘트스톤 또한 인지 기능의 물리 기반에 심취했다. (현재는 자연학자로 부르는) '자연철학자들'은 모두 독창적인 실험을 고안하여 눈과 뇌가 입체와 움직임과 색상을 인지하는 원리를 밝혀내는 데 이바지했으며, 스테레오 오디오와 영화 촬영법, 컬러 사진의 기술적 발전에도 기여했다.

마이클 패러데이는 전자기 연구에서뿐만 아니라, 특정한 속도에서 연속되는 그림은 뇌에서 융합하여 움직이는 것으로 인지한다는 것을 시험해 보임으로써 정지 그림을 빠른 속도로 연이어 보여주는 회전 요지경 같은 장치의 고안에도 중대한 역할을 했다.

제임스 클러크 맥스웰은 망막의 색 수용체가 일정한 빛의 파장(대략적으로 빨강, 초록, 파랑)에 반응하는 세 가지 (정확히 세 가지) 유형으로 구분된다는 토머스 영의 가설에 흥미를 느꼈다. 그는 이 가설을 증명하기 위해 우아한 실험을 고안했는데, 체크무늬 리본을 빨강, 초록, 자주색 필터를 대고 사진으로 찍은 후에 이 세 장의 사진을 해당 필터로 투영하는 것이다. 세 개의 단색 이미지를 정확하게 포개면 완전 컬러가 나타났다.

프스 같은 웅장하고 입체적인 자연 풍경을 볼 수 있었다. 그 영상이 얼마나 진짜 같은지 사람들은 실제로 그 장소를 돌아다니고 있다고 느꼈다.[2]

1861년, (인기 상품이었던 손잡이식 홈스 입체경을 발명한) 올리버 웬델홈스는 입체경에 대해 여러 차례 다룬 〈월간 애틀랜틱〉의 기사에서 사람들이 이 마술 같은 입체 영상에서 느끼는 특별한 즐거움에 대해 이렇게말했다.

주변을 시야에서 차단한 채 온 주의를 집중시키는 것이 … 꿈속처럼 기분을고양시켜 … 몸은 뒤에 남기고서 연달아 나오는 희한한 장면 사이를 항해하는, 그러니까 유체 이탈 같은 경험을 선사한다.

물론 입체시 이외에도 깊이감을 평가할 만한 단서는 많다. 먼 사물이가까운 사물에 가려서 보이지 않을 때 깊이감을 인지하는 중첩 단서, 평행한 두 직선이 뒤로 갈수록 한 점으로 수렴하며 먼 사물이 작아 보이는원근법 단서, 색상의 명도 차에 의해 사물의 윤곽이 뚜렷이 드러날 때 깊이감을 인지하는 명암 단서, 공기의 작용에 의해 더 멀리 있는 사물이 푸른 기가 돌고 흐릿하게 보이는 현상으로 깊이감을 인지하는 공기 원근법단서, 그리고 가장 중요한 것으로 거리에 따른 물체의 상대적 움직임의변화로 깊이감을 인지하는 운동 시차 단서가 있다. 이러한 요인들을 통

---

2. 1850년대 중반에 이르면 입체 사진의 부전공 분야인 입체 포르노가 이미 확고한 기반을 다진
   다. 하지만 이 장르가 정적인 유형으로 자리 잡은 이유는 당시의 사진 기술이 촬영에 장시간
   노출을 필요로 했기 때문이다.

해 얻은 모든 단서를 종합하면 실제와 공간과 깊이에 대한 감을 얻을 수 있다. 그러나 깊이감을 실감나게 지각할 수 있는 유일한 방법은 쌍안 입체경으로 보는 것이다.[3]

유년기를 보낸 1930년대 런던의 우리 집에는 입체경이 두 대 있었다. 하나는 나무로 만든 구식의 대형 입체경이었고, 또 하나는 손잡이식 소형 입체경으로 마분지 입체 사진을 찍을 수 있었다. 또 색상 차이로 입체 효과를 주는 2색 입체 사진집(적색과 녹색으로 인쇄된 입체 사진 묶음을 한쪽은 빨간 렌즈, 다른 쪽은 초록 렌즈가 달린 안경을 쓰고 보는 것인데, 한쪽 눈이 한쪽 사진만 보도록 설계되었다)도 있었다.

그렇게 해서 열 살 무렵에 사진에 흥미가 생겼고, 내 손으로 입체 사진을 만들고 싶은 마음이 든 것은 당연한 일이었다. 입체 사진 만들기는 아주 쉬웠다. 노출 중간에 카메라를 6센티미터가량 수평으로 이동하는 것인데, 양쪽 눈의 간격을 흉내 내는 것이다(아직 동시에 입체 사진을 찍을 수 있는 2중 렌즈 입체 카메라가 없었다).

나는 휘트스톤이 두 이미지 간의 시차를 키우거나 뒤집어서 입체경 효과를 만들어낸 과정을 책에서 읽고, 이 방법을 실험해보기로 했다. 먼저 사진을 찍을 때 거리를 점점 더 멀리 해서 여러 장을 찍고, 그런 뒤에 1미터 정도 되는 마분지 튜브에 작은 거울 네 개를 부착한 초입체경을 만들

---

3. 나에게는 두 눈만으로는 도움이 되지 않는다는 것을 고통스러운 경험을 통해 배울 기회가 있었다. 어린 시절, 우리 집 마당에는 항상 빨랫줄이 있었다. 이 줄이 시야 전체를 수평으로 가로지르고 있었기 때문에 양쪽 눈에 정확히 똑같이 보여서 그 거리가 얼마나 되는지 감이 없었다. 그래서 그쪽으로 갈 때는 늘 조심해야 했다. 빨랫줄 높이가 내 목 높이 정도밖에 되지 않았기 때문이다. 가끔은 잊어버리고 걷다가 목이 졸릴 뻔하기도 했다.

었다. 초입체경은 나를 눈 간격이 1미터인 괴물로 만들어주었다. 이것으로 아주 멀리 떨어진 것도 볼 수 있었는데, 그냥 보면 지평선 위의 밋밋한 반원으로 보이던 세인트폴 대성당의 돔 지붕도 둥근 형상 전체가 바로 앞에 있는 것처럼 잘 보였다. 나는 '반전 입체경'도 만들었다. 양쪽 눈에 보이는 것을 바꾸어 입체 효과를 뒤집는 장치인데, 먼 물체가 가까운 물체보다 더 가깝게 보이게 하거나, 심지어는 사람의 얼굴을 텅 빈 가면처럼 보이게 하는 효과도 있었다. 이것은 상식과 모순될뿐더러 원근법이나 중첩처럼 깊이감을 알려주는 다른 모든 단서들과도 모순된다. 이미지들은 순식간에 앞뒤로 바뀌고 볼록이 되었다가 오목이 되면서 기괴하고 혼란스러운 광경이 펼쳐지기도 하는데, 마치 대립하는 두 가설이 머릿속에서 싸우는 듯한 경험이었다.[4]

제2차 세계대전 후, 입체경의 신기술을 적용한 새로운 입체경 모델이 인기를 끌었다. 코다크롬 슬라이드 필름을 채용한 작은 플라스틱 입체경인 뷰마스터(요지경)는 막대를 누르면 이미지가 휙휙 바뀌는 기기다. 이 시절 나는 뷰마스터의 필름에 담긴 아메리카 서부와 남서부의 웅대한 풍광에 흠뻑 빠져 지냈다.

---

4. 오랫동안 착시를 연구해온 리처드 그레고리는 지각이란 알고 보면 지각적 가설이라고 주장했다(1860년대에 헤르만 폰 헬름홀츠는 이를 '무의식적 추론'이라고 불렀다). 그레고리는 (친구들에게 입체적인 크리스마스 카드를 보내는 등) 입체광이었지만, 내가 얼굴이 텅 빈 가면처럼 보이는 현상에 대해 말하자 몹시 놀라워했다. 그는 얼굴처럼 친숙하고 절대적으로 중요한 대상이라면 극단적인 착각보다는 개연성과 맥락이 훨씬 크게 작용할 것이라고 보았다. 나도 그 생각에 동의하지만 그렇다고 해서 직접 경험한 것을 부정할 수 있는 것은 아니라고 하자, 그레고리는 양안시 요인을 강력하게 선호하는 사람에게는 어쩌면 있음직하지 않은 그러한 현상이 일어날 수도 있겠다고 마지못해 양보했다.

폴라로이드 벡토그라프도 있는데, 이 이미지들은 렌즈를 적절한 각도로 편광시킨 특수 폴라로이드 안경을 쓰고 봐야 각 눈이 그쪽 이미지만 볼 수 있다. 그런 편광 입체 사진들은 빨강과 녹색의 입체 사진과는 달리 완전한 컬러일 수 있어서 더더욱 인기를 끌었다.

또 렌티큘러 입체화가 있는데, 가느다란 띠 모양의 두 이미지를 수직으로 배열하고 그 위에 투명하고 이랑이 있는 플라스틱을 씌운 것이다. 이 플라스틱 이랑이 각 이미지 조합을 알맞은 눈으로 전하는 역할을 하기 때문에 특수 안경을 쓸 필요가 없다. 내가 처음 렌티큘러 입체화를 본 것은 전쟁 직후에 런던의 지하철에서였는데, 공교롭게도 메이든폼 브래지어 광고 사진이었다. 나는 메이든폼사에 광고 사진을 하나 줄 수 있느냐고 편지를 보냈지만, 답장이 오지 않았다. 그들은 나를 입체광이라고 생각하지 못하고 섹스에 사로잡힌 10대 청소년쯤으로 여겼을 것이다.

끝으로 1950년대 초의 (밀랍인형을 소재로 한 공포 영화 〈House of wax〉 같은) 3D 영화가 있다. 이 영화도 적녹 안경 혹은 편광 안경으로 보았다. 끔찍한 수준의 작품도 더러 있었지만 〈Inferno〉처럼 입체 사진을 절묘하고 정교하게 사용하여 작품의 흐름에 방해가 되지 않는 아름다운 영화도 가끔 있었다.

세월이 가면서 내가 수집한 입체화와 입체경 관련 서적은 방대해졌다. 나는 뉴욕입체경협회에 가입하여 적극적으로 활동하면서 다른 입체광들을 만났다. 입체광들은 입체 잡지를 정기구독하며, 개중에는 입체 대회에 참여하는 사람도 있었다. 정말로 열심인 사람들은 입체 카메라를 들고 나가서 '입체 주말'을 보내기도 한다. 대다수 사람들은 입체시가 시각 세계에 무엇을 더해줄 수 있는지 의식하지 못하고 살지만, 우리는 그것을 만끽한다. 한쪽 눈을 감아도 별 차이를 느끼지 못하는 사람들도 있지만, 입체광들은 엄청난 변화를 생생하게 인지한다. 이 세계가 공간감과 깊이감을 갑자기 잃고 트럼프 카드처럼 납작해진다는 것을 말이다. 어쩌면 우리의 입체시가 더 예리하며, 우리가 주관적으로 더 깊은 세계에 사는 것일 수도 있다. 아니면 단순히 색이나 형태에 더 민감한 사람이 있는 것처럼, 우리에게는 입체시가 더 민감하게 느껴지는 것일 수도 있다. 우리가 알고 싶어 하는 것은 입체시가 어떤 원리로 작동하는가 하는 점이다. 이 문제는 하찮은 것이 아니다. 입체시를 이해하는 것은 단순하고도 놀라운 시지각적 전략을 이해하는 일일 뿐만 아니라, 시감각 의식과 의식 그 자체의 본질을 이해하는 것이다.

우리는 한 눈의 기능을 상당한 기간 동안 잃은 뒤에야 한쪽 시력이 없는 삶이 어떻게 달라지는지 알 수 있다. 68세의 은퇴한 소아 안과 의사인 폴 로마노는 〈계간 양안시와 사시Binocular Vision & Strabismus Quarterly〉에서 자신의 경험을 이야기했다. 그는 안구에서 다량의 출혈이 일어나서 한쪽 눈의 시력을 거의 잃었다. 단안 시력으로 단 하루를 보낸 뒤 그는 이렇게 적었다. "사물이 보이지만 식별되지 않는 것이 많다. 물리적 위치를 파악하는 기억력을 상실했다. … 집무실이 엉망이다. … 2차원 세계로 떨어지고 나니, 뭐가 어디에 있는지 알 수가 없다."

다음 날 그는 이렇게 썼다. "단안으로 보는 세상은 양안으로 보던 것과 전혀 다르다. … 접시의 고기를 썰자니 기름과 연골을 알아볼 수 없어서 어떻게 잘라내야 할지 모르겠다. … 2차원으로만 존재할 때는 기름인지 연골인지 식별되지 않는다."

로마노 박사는 한 달 가까이 지나면서 어색함이 조금 사라졌지만, 상실감은 여전히 엄청났다.

보통 속도로 운전할 때는 동적 입체시가 잃어버린 깊이 지각 능력을 대체하기는 하지만, 공간 정위 능력이 사라지고 없다. 이 세계, 이 공간에서 내가 어디에 있는지 정확히 파악하던 그 느낌이 이젠 없다. 북쪽은 저 위쪽이었지만, 이제는 그게 어딘지 모르겠다. … 필시 둔하던 셈 능력마저 사라졌을 것이다.

35일을 겪은 뒤 그의 결론은 "날이 갈수록 단안시에 적응해가고는 있지만, 남은 생을 이렇게 산다는 것은 상상이 되지 않는다. … 양안 입체시의 깊이 지각은 시각 현상이 아니라 하나의 삶의 방식이다. … 2차원 세계의 삶은 3차원 세계의 삶과는 아주 다르며 많이 모자라다." 몇 주가 지난 뒤 로마노 박사는 단안시 세계에 더 익숙해졌지만, 아홉 달 뒤 마침내 입체시를 회복했을 때는 말할 수 없는 안도감을 느꼈다.

1970년대에 나도 입체시를 상실한 경험이 있는데, 런던의 한 병원에서 사두근 힘줄 파열로 수술받은 뒤 창문 없는 병실로 옮겨졌을 때 일어난 일이다. 감방보다 클까 말까 한 비좁은 병실이어서 병문안을 온 사람들은 그 점을 불평했지만, 나는 금세 적응했을 뿐만 아니라 즐기기까지 했다. 좁은 시야의 효과는 나중에 가서야 명백해졌는데,《나는 침대에서 내 다리를 주웠다》[한국어판, 알마, 2012]에서 그 이야기를 기술했다.

처음 걷고 난 후 사흘이 지나서 20일간 지낸 작은 병실에서 널찍한 방으로 옮겠다. 나는 기뻐하며 자신을 추스르고 있었는데 갑자기 대단히 낯선 무언가를 깨달았다. 가까이에 있는 모든 것은 적절한 고체성과 공간과 깊이를 지니고 있었지만, 멀리 떨어진 모든 것은 완전히 평면적이고 단조롭다는 사실이었다. 열린 방문 너머로 반대편 병동의 문이 있었다. 그 너머에 휠체어를 탄 환자가 한 명 있었고, 그를 넘어서서 창턱에 꽃병이 하나 있었다. 그것 너머 길 저쪽 편에는 반대편 집의 박공이 있는 유리창이 보였다. 60미터 정도 안에 있던 이 모든 것은 팬케이크처럼 납작했으며 세련되게 칠해져 있고 세부가 장식되어 있지만, 완벽할 정도로 거대한 컬러 사진 틀 안에 있었다.

아무리 작은 공간이라고 해도 고작 3주간 지냈다고 입체감과 공간감이 그렇게 변할 수 있다는 것은 생각도 하지 못한 일이었다. 나의 입체시는 두 시간가량 지나서 삐그덕거리며 돌아왔지만, 훨씬 오랜 기간을 갇혀 지내야 하는 수인들한테는 어떤 일이 일어날지 알 수 없는 노릇이다. 아주 울창한 우림에서 사는 사람들은 원점遠點이 2미터 정도밖에 되지 않는다는 이야기를 들은 적이 있다. 그 사람들을 우림 밖으로 데리고 나오면 몇 걸음 이상 되는 곳에서는 공간감도 거리감도 없어서, 저 멀리 보이는 산꼭대기를 만져보겠다고 팔을 뻗을지도 모를 일이다.[5]

*   *   *

나는 신경과 수련의 시절이던 1960년대 초에 시각의 신경 기전을 밝혀낸 데이비드 허블과 토르스텐 비셀의 놀라운 논문을 읽었다. 나중에 노벨상을 받은 이 논문은 포유류의 뇌에서 시각이 처리되는 과정에 대한 이해에 혁명을 가져왔으며, 특히 정상 시력에 필요한 뇌 안의 특정 세포 혹은 기전이 발달하는 데 초기의 시각 경험이 얼마나 중요한지 보여주었다. 그중에는 시각피질의 양안세포가 있는데, 이는 망막 시차로 깊이감을 형성하는 데 없어서는 안 될 세포다. 동물이 (가령 선천적 사팔뜨기가 많은 샴 고양이처럼) 어떤 선천적 조건이나 (안구 근육 가운데 하나를 잘라내어 외사시가 되는) 실험에 의해 정상적인 양안시가 불가능하게 된다면, 양안세포가 발달하지 못해 영구적으로 입체시 능력을 갖지 못한다. 이런 (전체적으로 사시 혹은 사팔뜨기로 칭하는) 상태가 나타나는 사람이 상당수 되는데, 눈에 띌 정도의 이상은 아니지만 입체시 발달에는 지장을 준다.

이러저러한 이유로 입체시가 거의, 혹은 전혀 발달하지 않는 사람이 전체 인구의 5~10퍼센트를 차지하지만, 이 상태를 인식하지 못하고 살다가 안과 치료를 받거나 검안을 하다가 알게 되는 경우가 적지 않다.[6] 하지만 입체맹이면서도 놀라운 시운동 협응력을 획득한 사례도 많다. 최초로 단독 비행하여 세계 일주를 기록하며 1930년대에 찰스 린드버그만큼 유명했던

---

5. 〈숲 사람들In The Forest People〉[한국어판, 황소자리, 2007]에서 콜린 턴불은 밀림을 떠나 본 적 없는 피그미족 남자를 차에 태우고 운전한 일을 이렇게 이야기했다.

켄지는 몇 킬로미터 아래쪽에서 느긋하게 풀을 뜯는 들소를 보았다. 그러더니 몸을 돌려 앉으며 내게 물었다. "저건 무슨 벌레들인가요?" 처음에는 무슨 말인가 하다가 깨달았다. 숲에서는 시야가 너무 제한적이어서 크기를 판단할 때 거리에 대한 자동 조정 능력이 필요하지 않다는 것을. … 내가 켄지에게 저 벌레들은 들소라고 말해주자, 그는 박장대소하며 그런 바보 같은 거짓말이 어디 있느냐고 했다. … 거리가 점점 가까워지면서 '벌레들'이 점점 더 커졌던 모양이다. 켄지는 더 내려갈 곳 없는 위치에서 얼굴을 차창에 딱 붙이고 있었다. 나는 켄지가 무슨 일이 일어나고 있다고 생각하는지 알 길이 없었다. 벌레들이 들소로 변하고 있다고 생각했을까, 아니면 미니어처 들소가 우리가 가까워지니까 순식간에 커졌다고 생각했을까…. 켄지는 저건 진짜 들소가 아니라는 말만 했다. 그리고 우리가 공원을 떠날 때까지 다시는 차 밖으로 나오지 않으려 했다.

와일리 포스트는 20대 중반에 한쪽 눈을 잃었다(포스트는 나아가 고도 비행의 선구자가 되었으며 기밀복을 발명했다). 많은 운동 선수와, 걸출한 안과 수술의 최소한 한 명이 한쪽 눈의 시력을 잃고도 직업에 임하고 있다.

입체맹이 있는 모든 사람이 비행사나 세계 정상급 운동 선수는 아니며, 더러는 입체감 판단이나 바늘에 실 꿰기 혹은 운전에 어려움을 겪는 사람들도 있다. 그러나 대체로는 단안시 단서만으로도 그럭저럭 잘 해낸다.[7] 또한 평생 입체시 없이도 잘 사는 사람들은 왜 다른 사람들이 그것에 그리 관심을 보이는지 이해하기 힘들어하기도 한다. 영화감독 에롤 모리스는 선천적 사시인데, 얼마 안 가서 한쪽 눈의 시력을 거의 잃었지만 사는 데는 아무 문제도 없다고 여긴다. "저는 세계를 3D로 봅니다. … 필요할 때는 고개를 움직이면 되죠. 운동 시차면 충분해요. 제가 보는 세계는 평면이 아니에요." 그는 입체시란 '속임수 장치' 이상은 못 된다고 농담하면서 내가 입체시에 관심을 갖는 것이 '이상하다'고 느꼈다.[8]

나는 모리스에게 입체시의 특별한 장점과 매력을 자세히 알려주고 싶었다. 하지만 입체맹에게 입체시가 어떤 것인지, 그 주관성을, 세상에 하나밖에 없다는 것이 입체시의 특질임을, 색깔 못지않게 놀라운 세계라는

---

6. 드문 편이기는 하지만, 뇌졸중 등의 원인으로 시각피질에 손상을 입어서 갑자기 입체시를 상실하는 사람도 있다. 맥도널드 크리츨리는《두정엽The Parietal Lobes》에서 반대 상태를 기술하는데, 1차 시각피질에 발생한 뇌병변의 결과로 입체시가 증강되어 "가까운 물체는 비정상적으로 가깝게 보이며 먼 물체는 너무 멀게 보이는" 희귀 사례다. 입체시의 증강 혹은 상실은 편두통 아우라나 일련의 약물을 복용할 때 일시적으로 발생할 수 있다.
7. 양쪽 눈의 이상 정렬이 있는 사람 중 다수가 입체시가 없을 뿐만 아니라 복시, 즉 물체가 어른거려 보이는 현상을 겪을 수 있는데, 이는 읽기나 운전 등의 일상적인 활동에 문제를 일으킬 수 있다.

것을 알리는 일은 불가능했다. 단안시인 사람이 아무리 기발한 방법으로 기능을 있는 대로 다 살린다 한들 한쪽 눈에는 감각이 전혀 없다.

많은 동물종에게 입체시는 생물학적 전략으로 절대적으로 중요하다. 포식동물의 눈은 일반적으로 전방 주시형인데, 양안의 시야가 많이 겹친다. 반면에 포식동물의 먹이가 되는 동물들은 눈이 머리 양옆에 있는 경향을 보이는데, 이것이 파노라마식의 시야를 확보해주어 뒤에서 다가오는 위험까지도 포착할 수 있다. 귀상어는 무시무시한 포식동물인데, 망치처럼 생긴 머리 모양 덕분에 전방을 향하는 눈이 넓게 벌어져 있다. 실로 귀상어는 살아 움직이는 초입체경이다. 또 하나의 놀라운 전략을 갑오징어에게서도 볼 수 있다. 갑오징어는 넓게 벌어진 두 눈이 큰 각도로 파노라마 시야를 갖지만 누군가의 공격을 받을 때는 하나의 특별한 근육이 작동하여 두 눈이 바로 앞으로 몰리면서 양안시로 바뀌어 치명적인 촉수로 공격할 수 있다.[9]

---

8. 납작한 평면에 3차원의 환상을 창조하는 사진가와 카메라맨은 양안시와 입체시를 의도적으로 포기할 수밖에 없다. 좋은 구도를 찾아 더 나은 그림을 만들어내기 위해 한쪽 눈은 감고 한쪽 눈으로만 렌즈 안을 들여다봐야 하기 때문이다.

2004년 〈뉴잉글랜드 의학 저널New England Journal of Medicine〉 편집장에게 보내는 편지에서 하버드대학의 신경생물학자 마거릿 리빙스턴과 베블 콘웨이는 렘브란트의 자화상을 조사하고는, 이 화가가 극심한 외사시로 인해 입체맹이었으며 "어떤 화가에게는 입체맹이 장애가 아니라 오히려 장점이 될 수도 있다"고 말했다. 그들은 이어서 다른 많은 화가들의 사진을 살펴보고 나서 드 쿠닝, 존스, 스텔라, 피카소, 콜더, 샤갈, 호퍼, 호머 등 많은 이에게서 눈의 이상 정렬이 두드러지며, 어쩌면 입체맹이었을 수도 있다고 주장했다.

9. 외사시가 있는 사람들은 벌어진 두 눈이 주는 대단히 넓은 시야를 흡족히 여겨서 눈을 교정하는 수술을 받았다가 넓은 시야는 잃고 입체시는 얻지 못할까봐 망설이는 경우도 있다. 흥미롭게도 그런 사람 여러 명이 나에게 편지를 써서 눈을 가운데로 모아 간단히 입체시를 획득할 수 있다고 알려주었다.

우리 같은 영장류의 전방 주시형 눈에는 다른 기능도 있다. 가운데로 모인 여우원숭이의 큰 눈은 어둡고 빽빽한 밀림의 군엽 속에서 죽은 듯 움직이지 않는 채로 주위를 명확하게 분간하기 위한 입체시를 가능하게 해준다. 착시와 속임수가 넘치는 밀림에서 천적의 위장에 넘어가지 않기 위해서는 입체시가 필수불가결하다. 이 가지에서 저 가지로 능수능란 그네를 타는 긴팔원숭이의 공중곡예도 입체시 덕분에 가능한 능력이다. 긴팔원숭이가 외눈박이라면 살아남기 어려울 수도 있다. 상어나 갑오징어가 외눈박이라도 사정은 마찬가지일 것이다.

입체시는 동물들에게 대단히 유익한 능력이다. 하지만 대가는 따르게 마련이어서 파노라마 같은 넓은 시야를 희생했으며, 양 눈의 협응과 정렬을 위한 신경과 근육 작용이 따로 필요했을 뿐만 아니라 두 시각 이미지의 시차로 깊이를 계산하는 뇌 기전도 별도로 발달해야 했다. 이렇듯 자연계에서 입체시는 그저 속임수 장치로 보아 넘길 만한 것이 결코 아니다. 하지만 이 능력이 없어도 사는 데 문제가 없을 뿐만 아니라 심지어는 그것이 없기 때문에 이점을 누리는 사람이 있는 것도 사실이다.

2004년 12월, 나는 수 배리라는 여성으로부터 예상치 못한 편지를 받았다. 그녀는 먼저 우리가 1996년에 케이프 커네버럴의 우주선 발사 기념 파티(그녀의 남편 댄이 우주비행사였다)에서 만났던 일을 언급했다. 우리는 댄과 다른 우주비행사들이 대기권 밖 우주 공간의 극미중력 속에서 지남력이나 '위로' 올라가고 '아래로' 내려가는 감각을 잃었을 때 어떻게 적응하는지 등 세계를 경험하는 다양한 방식에 대해 이야기를 나눴다. 그러다가 수가 자신의 시각 경험을 이야기했다. 그녀는 사팔뜨기로 자라서 두 눈이 함께 움직이지 않아 한 번에 한 눈씩, 두 눈을 무의식적으로 아주 빠르게 번갈아가면서 본다. 그렇게 하는 것이 불리한 점이 있는지 물으니 수는 아무 문제 없다고 말했다. 차를 운전하고 소프트볼을 하고 남들이 하는 것은 무엇이든 할 수 있다. 깊이는 다른 사람들처럼 제대로 보지 못하지만, 다른 단서를 활용하면 판단할 수 있으므로 다른 사람들하고 다를 바 없다.

나는 수에게 입체적으로 본다면 세계가 어떻게 보일지 상상할 수 있는지 물었다. 수는 할 수 있을 것 같다고 답했다. 어쨌거나 수는 신경생물학 교수이며 시각 처리, 양안시, 입체시에 관련해서 허블과 비셀의 논문을 비롯하여 공부를 많이 한 사람이었다. 그녀는 이런 공부를 통해 자신이 놓치고 사는 것에 관한 한 일가견이 있는 것 같다고 느꼈다. 입체시를 직접 경험한 적은 없지만, 그게 어떤 것인지는 확고히 알고 있다고.

하지만 첫 대화로부터 9년 가까이 지나서, 수는 이 질문을 하지 않고는 견딜 수 없었다.

선생님께서 두 눈으로 보는 세계가 어떻게 생겼을지 상상할 수 있느냐고 물으셨지요. 저는 상상할 수 있을 것 같다고 말씀드렸고요…. 하지만 제가 틀렸습니다.

이렇게 말할 수 있는 것은 지금은 입체시가 생겼기 때문인데, 그녀가 상상했던 것과는 거리가 멀었다. 수는 생후 몇 개월 뒤에 그녀가 사팔뜨기라는 사실을 부모님이 알아차린 이야기부터 시작해서 자신이 겪어온 시각의 변천사를 상세히 들려주었다.

의사들은 내가 자라면서 이 문제가 사라질 것이라고 말했습니다. 당시에는 이것이 최선의 조언이었을 거예요. 이때는 1954년, 데이비드 허블과 토르스텐 비셀이 시각 발달과 결정적 시기, 사팔뜨기 고양이를 다룬 중대한 논문을 발표하기 전이었으니까요. 오늘날의 의사라면 '결정적 시기'에 사팔뜨기 아이의 눈을 교정하는 수술을 하겠지요. 양안시와 입체시를 보존하기 위해서요. 양안시는 두 눈이 정위를 유지하느냐에 달려 있습니다. 일반적인 정론은 생후 1~2년 사이에 눈의 위치를 교정해야 한다는 것입니다. 수술 시기가 그보다 늦어지면 뇌에서는 이미 양안시를 막도록 재설계가 끝나 있을 거라는 이야기지요.

수는 사시 교정 수술을 받기는 받았다. 두 살 때 오른쪽 눈 근육을, 다음으로 왼쪽 눈 근육을 바로잡았고, 끝으로 일곱 살 때 양쪽 눈 근육을 수술했다. 아홉 살이 되자 의사가 수에게 이제 "정상 시력을 가진 사람들이 하는 것 중에 비행기 조종 빼고는 다 할 수 있다"고 말했다. (와일리 포스트가 1960년대에 벌써 잊혀진 존재였던가 보다.) 이제 신경 써서 보지 않는 사람에게는 사팔뜨기로 보이지 않았지만, 그녀는 눈이 온전하게 작동하지 않는다는 것을 반쯤은 의식했는데, 콕 집어 말할 수는 없지만 뭔가 빠진 것이 있다는 느낌이었다. "나에게 양안시가 없다는 것을 말하는 사람은 없었고, 저도 그 사실을 무시하고 대학 3학년 때까지는 아무 탈 없이 지냈어요." 그때 신경생물학 수업을 들었다.

수업에서는 시각피질, 피질의 시각 우세 기둥, 단안시와 양안시, 새끼 고양이를 인공적으로 사시로 키운 실험 등을 다루었습니다. 교수님이 이 고양이들에게는 양안시와 입체시가 없을 것이라고 하는데, 저는 어안이 벙벙했어요. 저에게 없는 방식으로 세계를 볼 수 있다고는 생각해보지 못했거든요.

이렇게 놀란 뒤로, 수는 입체시에 대해 조사하기 시작했다.

저는 도서관에 가서 과학 논문을 샅샅이 뒤졌어요. 입체시 테스트는 찾는 대로 다 시도해봤는데 전부 실패했지요. 심지어 뷰마스터를 쓰면 3차원 이미지를 볼 수 있다는 것도 알아냈지요. 그건 제가 세 번째 수술을 받은 뒤에 얻은 장난감 입체경이에요. 부모님 집으로 가서 이 오래된 장난감을 찾아내긴 했지만, 3차원 이미지를 보는 데는 실패했어요. 그 장난감으로 시도했던 다른 사람들은 다 성공했고요.

이때 수는 양안시를 획득할 수 있는 요법 같은 것이 있는지 찾아보았지만, "병원에서는 시각 치료를 받는 것이 시간과 돈 낭비가 될 거라고 했어요. 한마디로 너무 늦었다는 말이었지요. 양안시가 발달하려면 두 살까지 양안이 제대로 정렬됐을 때만 가능하다고요. 저도 시각 발달의 초기 결정적 시기에 관한 허블과 비셀의 논문을 읽은 터라 의사의 조언을 그대로 받아들였습니다".

25년이 흘렀다. 그사이에 수는 결혼해서 가족을 꾸리는 한편 신경생물학 분야에서 학업을 이어갔다. 고속도로 진입 교차로에서 다가오는 차량의 속도를 재는 등 약간의 곤란함은 있지만, 전반적으로는 단안시로도 간격과 거리를 판단하는 일을 그럭저럭 해낼 수 있었다. 한번씩은 양안시 사람들을 곯려먹기도 했다.

저는 수준 높은 프로 선수에게 테니스 수업을 받았어요. 하루는 선생님한테 안대를 하고 한쪽 눈으로만 공을 쳐보라고 했어요. 공을 높이 때려 보냈더니 이 뛰어난 운동선수가 공을 완전히 헛치는 것이 아니겠어요? 선생님이 얼마나 열을 받았는지 안대를 냅다 내던지더라고요. 말씀드리기 부끄럽지만, 선생님이 허우적대는 모습이 참 재밌었어요. 두 눈 멀쩡한 모든 운동선수들을 향한 복수… 같은 것이었죠.

하지만 40대 후반이 되면서 새로운 문제가 시작되었다.

멀리 있는 것을 보기가 갈수록 힘들어졌습니다. 안근이 금세 피로를 느꼈을 뿐만 아니라 먼 거리를 볼 때는 눈앞이 너무 어른거렸어요. 길거리 간판의 글자에 초점 맞추는 일이 힘들었고 사람이 저를 향해서 오는 건지 저한테서 멀어지는 건지 구분하기도 힘들었어요. … 동시에 원거리용 안경 때문에 원시가 생겼습니다. 강의실에서는 강의록과 학생들을 동시에 볼 수 없었어요. … 그래서 2중 초점이나 다초점 렌즈를 쓸 때가 되었다고 생각했지요. 저는 다초점 렌즈로 시력을 개선해주는 동시에 안근 강화를 위한 눈 운동 요법을 제공해줄 의사를 찾고 싶었습니다.

수는 발달검안사 테레사 루지에로 박사에게 진찰을 받아 (사시 교정 수술을 받은 뒤에 일어날 수 있는) 복합적 형태의 불균형이 나타나고 있다는 진단을 받았다. 몇십 년 동안 괜찮았던 시력이 약해지고 있었다.

루지에로 박사님이 제가 단안시로 보는 것이 맞다고 확인해주셨어요. 제가 두 눈을 함께 사용하는 것은 얼굴에서 4~5센티미터 앞을 볼 때뿐이었어요. 물체의 위치를 줄기차게 오판하는 것은 왼쪽 눈으로만 볼 때 나타나는 일이라고 하셨죠. 가장 중요한 것은 제 두 눈이 수직 사위misaligned vertically라는 점을 알아낸 일이었어요. 왼쪽 눈의 시야가 오른쪽 눈의 시야보다 3도가량 위에 있었어요. 루지에로 박사님이 오른쪽 렌즈 앞에 프리즘을 놓으니 오른쪽 눈의 시야 전체가 위로 올라갔어요. … 프리즘이 없으면 저쪽 끝에 놓인 컴퓨터 화면상의 시력 검사표를 읽기가 힘들었어요. 글자들이 너무 어른거려 보여서요. 프리즘을 끼우면 어른거리는 것이 크게 줄었어요.

(수는 나중에 '어른거린다'는 표현은 너무 약한 것 같다면서, 그 어른거림은 뜨거운 여름날에 볼 수 있는 아지랑이 같은 것이 아니라 초당 6~7회의 속도로 흔들리는, 가파르고 현기증 나는 진동에 가깝다고 말했다.)

수는 2002년 2월 12일에 프리즘을 부착한 안경을 새로 맞췄다. 이틀 뒤에는 루지에로 박사와 눈 운동 요법을 시작했다. 양쪽 눈이 각각 다른 이미지를 보게 하는 폴라로이드 안경을 쓰고 두 이미지의 융합을 시도하는 훈련은 긴 시간이 걸렸다. 처음에는 '융합'이 무슨 뜻인지 두 이미지를 어떻게 한데 섞는다는 것인지 이해가 되지 않았다. 하지만 몇 분 정도 해보고 나니 한 번에 1초씩밖에는 안 되지만 융합이 가능하다는 것을 알 수 있었다. 수는 실제로 한 쌍의 입체 그림을 보면서 그 깊이감을 인지할 수 없었다. 그런데도 한 단계 진전이 있었는데, 루지에로 박사는 이를 '평면융합'이라고 불렀다.

수는 눈의 정위를 더 길게 지속할 수 있다면 평면융합만이 아니라 입체

융합까지도 가능하지 않을까 생각했다. 루지에로 박사는 이미지를 찾는 힘을 안정시키고 시선을 유지하는 훈련 과제를 내주었고, 수는 집에서 부지런히 연습했다. 사흘 뒤, 이상한 일이 벌어졌다.

오늘 저희 집 부엌 천장에 매달려 있는 가벼운 고정물이 달리 보인다는 것을 느꼈습니다. 그 고정물이 저와 천장 사이 어딘가에 있는 것으로 느껴졌어요. 가장자리는 더 둥글게 느껴졌고요. 미세하지만 확연한 변화였습니다.

2월 21일, 2차 시간에는 폴라로이드 훈련을 반복한 뒤 새로운 요법을 시작했는데, 줄에 색 구슬 여러 개를 띄엄띄엄 끼운 도구를 이용하는 브록 끈Brock string 훈련법이었다. 수는 브록 끈으로 두 눈의 시선을 한 점에 고정하는 것을 연습했는데, 시각기관이 한쪽 눈의 영상을 억지로 밀어내는 것이 아니라 양쪽 눈의 영상이 한데 융합되도록 하는 것이다. 이 훈련은 즉시 효과를 보였다.

다시 차를 운전하려고 앉아서 운전대를 힐끗 보았습니다. 그런데 운전대가 계기판에서 '돌출'한 것이 아니겠어요? 그래서 두 눈을 번갈아 감았다가 다시 두 눈으로 보았더니 운전대가 다르게 보였어요. 지는 해가 내 눈에 장난을 치는구나 하고 생각하면서 차를 몰고 집으로 돌아왔지요. 다음 날 일어나서 브록 끈 눈 운동을 한 후, 출근하기 위해 운전을 시작했습니다. 룸미러를 쳐다보았더니 이번엔 룸미러가 앞 유리에서 돌출해 있었어요.

새로 경험하는 시각은 "참으로 기분 좋았다"고 수는 썼다. "제가 여태 무엇을 놓치고 살았는지 알지 못했던 거죠. … 흔히 보던 것들이 특별해 보였습니다. 전등이며 수도꼭지가 공간 속으로 들어간 거예요." 하지만 "조금 혼란스러운 점도 있습니다. 두 물체 간에 거리가 있는데, 한 물체가 다른 물체 앞에 얼마만큼 '돌출'되었는지 몰랐어요. … 유령의 집에 들어갔을 때나 약에 취한 것 같은 느낌이에요. 저는 계속해서 무언가를 응시하고 있습니다. … 세상이 정말로 다르게 보입니다". 수의 편지에는 일기에서 발췌한 부분도 있었다.

2월 22일: 연구실의 열린 문 모서리가 내 쪽으로 튀어나와 보인다는 것을 알았다. 원래 문이 내 쪽으로 열린다는 것은 알고 있었지만, 그것은 문의 형태와 원근감, 그 밖에 단안시 단서들로 판단한 것이지 그 깊이감을 인지한 적은 없었다. 한쪽 눈으로 보고 나서 다른 눈으로 다시 보며 그것이 다르게 보인다는 것을 스스로 납득시켜야 했다. 그것은 분명한 사실이었다.
점심 먹을 때 밥그릇 위에 놓인 포크를 보았는데, 포크가 밥그릇 앞 허공에 놓여 있었다. 포크와 밥그릇 사이에 공간이 있었다. 그것이 눈에 보인 것은 처음이었다. … 포크 끝에 놓인 포도를 찬찬히 보았다. 그 둘이 입체적으로 보였다.

3월 1일: 오늘 내가 일하는 건물 지하실에서 말의 전신 해골 옆을 걸어갔다. 그런데 말의 두개골이 얼마나 앞으로 튀어나왔는지, 펄쩍 물러서면서 비명을 질렀다.

3월 4일: 아침에 개와 달리기를 할 때 수풀이 달리 보이는 것을 느꼈다. 이파리들이 저마다의 작은 3차원 공간 속에서 도드라져 보였다. 늘 보듯 첩첩이 겹쳐진 이파리들이 아니었다. 이파리들 사이의 공간을 볼 수 있었다. 나무의 잔가지들, 오솔길의 자갈돌들, 돌담의 돌들도 마찬가지다. 모든 것에 질감이 생겼다.

수의 편지는 이렇듯 시적인 정취 속에서 그녀가 이제껏 상상하거나 추측할 수 없었던, 완전히 새로운 경험의 세계를 펼쳐 보여주었다. 수는 경험을 대신할 수 있는 것은 없음을, 버트런드 러셀이 "간접지"와 "직접지"라고 부른 것 사이에는 좁혀지지 않는 골짜기가 있음을, 하나가 다른 하나가 될 수 없음을 몸소 깨달았다.

전혀 경험해보지 못한 감각이나 지각이 갑자기 나타난다면 혼란스럽거나 두려우리라고 생각하는 사람도 있겠지만, 수는 새로운 세계에 놀라울 정도로 편안하게 적응했던 것으로 보인다. 물론 처음에는 깜짝 놀라서 어리둥절했고, 새로 얻은 시지각적 깊이감과 거리감에 행동과 동작을 조정해야 했다. 하지만 입체시가 점차 편안해졌다. 새로운 입체시가 계속 의식되기는 했지만 매우 기쁘게 받아들였으며, 이제는 '자연스럽다'고 느끼기도 한다. 세계를 실제의 모습, 있는 그대로의 모습으로 보는 것이다. 수는 예전에는 "평평"하거나 "바람 빠져" 보이던 꽃이 "놀랍도록 생생하고 부풀어" 보인다고 말한다.

반세기 가까이 입체맹으로 살아오다가 얻은 입체시는 실생활에도 큰 도움이 되었다. 운전도, 바늘에 실 꿰기도 쉬워졌다. 양안 현미경을 들여다보면 짚신벌레들이 각기 다른 층에서 헤엄치는 것이 보였는데, 현미경을 올렸다 내렸다 초점을 맞춰가며 추측하는 것이 아니라 직접 눈으로 확인할 수 있었다. 수는 눈을 떼지 못하고 자꾸만 들여다보았다.

세미나 시간에 … 저는 공간 속에 놓여 있는 빈 의자 하나에 온통 주의를 빼앗겼어요. 한 줄 전체가 빈 의자만 나란히 정렬된 모습에서는 몇 분 동안 눈을 뗄 수가 없었고요. 하루 종일 어슬렁거리면서 보는 것만 해도 좋겠더라고요. 오늘은 한 시간 동안 빠져나와서 온실의 식물과 꽃을 온갖 각도에서 바라보기만 했습니다.

내가 받는 전화와 편지는 사고와 문제, 각종 상실에 관한 것이 대부분이다. 그렇지만 수의 편지는 상실과 비탄의 이야기가 아니라 별안간 새로운 감각과 감성을 획득한 기쁨과 환희의 기록이었다. 그런데 그 안에는 당혹감과 망설임의 기색도 있었다. 그녀는 자신과 같은 경험이나 사연을 가진 사람을 알지 못했고, 모든 자료를 통해 성인이 되어 입체시를 얻는 것은 '불가능'하다는 것을 알고 몹시 당황했다. 수는 시각피질 속에 원래 양안시 세포가 있고 그저 딱 맞는 정보가 입력되기를 기다리고 있었던 것은 아닌가 하고 자문했다. 생후 초기의 그 결정적 시기가 널리 알려진 것만큼 중요한 것이 아닐 수 있을까? 이 모든 것을 어떻게 생각해야 할까?

나는 수의 편지를 받은 뒤 며칠 동안 곰곰이 생각하다가 의사 밥 와서만, 시각생리학자 랠프 시걸 등 동료 몇 사람과 이야기해보았다.[10] 몇 주 뒤인 2005년 2월에 우리 셋은 안과 장비와 각종 입체경과 입체화를 들고 매사추세츠에 있는 수의 집을 찾았다.

수는 우리를 반갑게 맞았다. 가볍게 이야기를 나누다가 우리가 그녀의 생후 초기 시지각 발달사를 재구성하려 한다는 것을 알고는 어린 시절의 사진을 보여주었다. 수술받기 전의 사시 상태는 사진으로도 제법 뚜렷이 보였다. 3차원으로 볼 수 있었던 적이 있는지 우리가 물었다. 수는 잠시 생각하더니 있다고 답했다. 아주 가끔이지만, 어렸을 때 풀밭에 누워 있으면 갑자기 2~3초 정도 풀잎이 배경 앞으로 우뚝 일어서는 것이 눈에 보였다고 했다. 다 잊어버리고 있었는데 우리가 물어보니 생각난다고 했다. 풀은 눈에서 몇 센티미터밖에 안 되는 아주 가까운 거리에 있어서 수의 눈동자가 (아니, 누구라도) 가운데로 몰려야 했을 것이다. 따라서 수에게는 입체시를 획득할 잠재력이 있었으며, 눈동자가 입체로 보기에 적합한 위치로 움직였을 때는 그 능력이 발현되었다고 볼 수 있다.

수는 편지에서 이렇게 썼다. "제게는 세상을 훨씬 입체적으로 보고 싶다는 욕구가 늘 있었다고 생각합니다. 저의 깊이 지각력이 형편없다는 것을 알기 전에도요." 이 이상하고도 예리한 말에 나는 수의 아득한 기억 속 어딘가에 훨씬 입체적으로 보였던 세상의 이미지가 남아 있는 것은 아닌가 하는 생각이 들었다(한 번도 가져본 적 없는 것에 대해 상실감이나 향수를 느낄 수는 없는 노릇이니 말이다). 중요한 것은 (원근법이나 중첩 등) 깊이에 관한 단서가 전혀 들어 있지 않은 특수 입체화로 하는 테스트였다. 나는 직선이 (상관없는 낱말과 단문과 함께) 인쇄된 입체화를 가져왔는데, 입체시로 보면 일곱 단계의 입체면으로 보이고 한쪽 눈으로 보거나 제대로

---

10. 우리 세 사람은 하루아침에 색 지각 능력을 잃은 '색맹 화가', 태어난 직후부터 맹인이었다가 50년이 지나서야 시력을 회복한 버질 등 여러 사례를 공동으로 연구했다(이 두 사례는 "색맹이 된 화가"와 "보이는 것과 보이지 않는 것"이라는 제목의 장으로 《화성의 인류학자》에 수록되었다).

된 입체시 없이 보면 평면으로 보이는 그림이었다. 수는 이 그림을 입체경을 통해 보고는 평면이라고 했다. 내가 그림 일부가 다른 면이라고 말해주자, 비로소 다시 보고는 말했다. "아, 이제 보여요." 그 뒤로 수는 일곱 면을 다 구분하고 정확한 순서로 배열했다.

시간이 충분했다면 일곱 단계 전부를 스스로 구분할 수 있었겠지만, 그런 '하향식' 요인(봐야 하는 것이 무엇인지를 알고 있거나, 그런 생각을 떠올리는 것)은 인지력의 많은 측면에 중대하게 작용한다. 특별한 주의력과 탐색은 상대적으로 취약한 생리학적 기능을 강화하는 데 필수적인 요소가 될 수 있다. 수의 경우에는 특히나 이런 유형의 테스트 상황에서 그러한 요인이 강력하게 작용하는 것으로 보인다. 수가 실생활에서 겪는 어려움은 이런 테스트 상황에서보다는 훨씬 적다. 3차원의 현실 세계를 받아들이는 데는 지식, 맥락, 예상이 원근법이나 중첩 혹은 운동 시차 못지않게 큰 힘을 발휘하기 때문이다.

수는 내가 가져온 적색과 녹색 그림의 깊이를 볼 수 있었다. 그 가운데 세 갈래 뿔이 갈수록 높아지는, M. C. 에셔가 그렸을 법한 비현실적인 세 갈퀴 소리굽쇠 그림에 대해서는 "환상적"이라고 하면서, 갈퀴의 꼭짓점이 평면인 종이 위로 3~4센티미터 솟아 보인다고 했다. 하지만 수는 자신의 입체시가 "얕다"고 느꼈는데, 실제로 밥과 랠프 두 사람 다 갈퀴의 꼭지점이 평면 종이에서 12센티미터 정도 솟아 보인다고 느꼈고 나는 5센티미터 정도로 보았다.

나는 이것이 놀라웠는데, 우리 모두 그림에서 똑같은 거리에 있었으므로 일종의 신경 삼각도법에 의해 이미지와 인지된 심도의 시차 사이에 고정된 관계가 성립되었을 것이라고 예상했다. 이 점이 이해되지 않아서 나는 시지각 관련 전문가인 캘리포니아공과대학의 시모조 신스케에게 편지를 썼다. 시모조는 답장에서 입체화를 볼 때 뇌에서 이루어지는 계산 과정은 시차의 양안시 단서만이 아니라 크기, 중첩, 운동 시차 등의 단안시 단서도 함께 반영한다는 점을 지적했다. 단안시 단서와 양안시 단서가 어긋날 수 있는데, 그러면 뇌가 한쪽 단서와 다른 쪽 단서의 균형을 잡아 가중 평균을 산출한다는 것이다. 최종 결과에 개인별로 격차가 생기는 것은 정상인 인구 집단 안에서도 엄청난 편차가 존재하기 때문이다. 즉 주로 양안시에 의존하는 사람, 주로 단안시에 의존하는 사람이 있지만, 대다수 인구는 단안시 단서와 양안시 단서를 결합한다. 소리굽쇠 같은 입체 그림의 경우, 양안시에 치중하는 사람에게는 유별나게 입체적으로 보일 것이고, 단안시 경향이 강한 사람에게는 입체감이 훨씬 떨어져 보일 것이다. 단안시와 양안시 단서를 모두 활용하는 사람들에게는 그 중간 정도로 보일 것이다. 시모조의 설명은 우리가 대다수 사람들보다 시각적으로 더 '깊은' 세계에 거한다는 뉴욕입체경협회 회원들의 완고한 믿음에 실체를 부여해주었다.[11]

---

11. 입체 사진을 20밀리세컨드라는 짧은 시간 동안 화면에 비추면, 정상 입체시를 지닌 사람은 곧장 입체감을 지각할 수 있다. 하지만 찰나의 순간에는 그 입체감을 완전하게 볼 수 없다. 그것을 지각하기 위해서는 몇 초에서 길게는 몇 분까지 필요한데, 가만히 보고 있어야 사진이 입체적으로 보이기 때문이다. 입체시는 일정 시간 동안 '예열'해야 본 기능이 제대로 발휘되는 듯하다(반면에 색은 대개 오래 들여다본다고 해서 더 선명해지는 법이 없다). 이러한 현상이 일어나는 원리는 밝혀지지 않았지만, 입체 지각에는 시각피질에서 별도의 세포가 관여한다는 주장이 있다.
(양안 현미경을 사용하는 직업에 종사하는 등 입체시 능력을 많이 활용하는 사람들은 장시간에 걸쳐 입체 시력과 깊이 지각력이 현저하게 향상하는, 훈련 효과가 확인되는데 이 또한 그 작용 기전은 밝혀지지 않았다.)

같은 날, 우리는 수의 검안사 테레사 루지에로 박사를 만나서 2001년에 수가 처음 상담을 받았을 때 어떤 상태였는지 이야기를 들었다. 당시 수는 눈의 피로를 호소했는데, 특히 운전할 때 시야가 흐려지고 당황스럽게 물체의 상이 급변하거나 깜박거린다고 했다. 하지만 입체시 결핍은 언급하지 않았다.

루지에로 박사는 수가 평면융합 능력이 생긴 직후에 입체시를 경험했다고 했을 때 몹시 기뻐했다. 의식적인 노력으로 두 눈을 양안융합의 위치로 움직이는 운동이 수에게 결정적인 돌파구가 되었을 수 있다는 것이 루지에로의 생각이었다. 또한 수가 처음 입체시를 획득하자, 이를 유지하고 강화하기 위해 어떤 고된 훈련이라도 마다하지 않겠다는 저돌적이고도 능동적인 태도와 맹렬한 의지를 보여주었다는 사실을 강조했다.

그 훈련은 실로 어마어마한 노력을 필요로 했으며 지금까지도 계속되고 있어서, 매일 최소 20분씩 양안융합 훈련을 받고 있다. 깊이 지각의 범위는 처음에는 운전대처럼 바로 눈앞의 거리였지만, 훈련을 받으면서 그 범위가 점점 더 넓어지는 것을 느꼈다. 수의 입체 시력은 점점 더 향상되어 나중에는 작은 시차만으로도 깊이를 볼 수 있는 경지가 되었다. 하지만 훈련을 여섯 달간 중단했더니 금세 퇴보했다. 수는 몹시 충격을 받고는 눈 운동을 재개하여 날마다 훈련하는데, 이젠 "종교가 되다시피" 했다.

수는 입체시로 보는 연습을 운동적 은유로 묘사하는데, 마치 걸음마를 다시 배우는 것 같다고 한다. 수는 최근 편지에 이렇게 썼다. "저는 눈 운동을 위해 새로운 안무를 개발해야 했습니다. … 두 눈의 조화로운 운동을 위한 안무입니다. 이 운동을 하고 나서 양안시 회로에 접속하면 휴지 상태에서 깨어나 입체적 깊이를 볼 수 있어요."

수는 입체 지각력과 입체 시력을 회복하기 위해 꾸준히 노력한 결과, 입체적 깊이 지각력이 다시 향상되었다. 뿐만 아니라 우리가 처음 방문했을 때는 없었던 능력도 생겼는데, 무선점 입체도를 볼 수 있게 된 것이다. 이 입체도는 얼핏 보면 어떤 이미지가 들어 있다는 것을 알 수 없다. 하지만 입체경을 쓰고 계속 응시하고 있으면 그 점들이 일종의 난기류를 일으키는 것을 감지하게 되고, 그러다가 지면 위로 불쑥 올라와 (이미지가 되었건 어떤 형상이 되었건) 놀라운 착시가 일어난다. 이 착시를 경험하려면 어느 정도 연습이 필요하며, 정상 양안시를 지닌 사람이라도 대다수는 이를 보지 못한다. 하지만 이 방법이야말로 진정한 의미의 양안시 테스트라 할 수 있는데, 여기에 단안시 단서라 할 만한 정보는 일절 없으며, 무작위로 보이는 수천 개의 점을 두 눈으로 본 것처럼 입체융합할 때만 뇌에서 3차원 영상을 구성할 수 있기 때문이다.[12]

휘트스톤의 발명품에 영감을 받은 19세기 과학자 데이비드 브루스터는 일종의 입체 착시를 발견했다. 그는 벽지의 반복되는 작은 무늬를 응시하다가 어떤 식으로 시선을 한데 모으거나 분산시키면 벽지 무늬가 진동하거나 이동하여 불쑥 입체적으로 돌출하여 벽지 앞이나 뒤에서 떠다니는 것처럼 보일 때가 있다는 것을 목격했다.[13] 브루스터는 이 현상을

---

12. 탁월한 신경학자 벨라 율레스는 무선점 입체도를 "퀴클롭스적 시각"이라고 언급하는데, 보통 입체시에 작용하는 것 이외에도 추가적으로 작동하는 신경 기전을 일컫는다. 보통 입체도는 바로 볼 수 있는데 무선점 입체도를 '포착'하는 데는 1분가량 더 걸릴 수 있다는 사실에서도 율레스의 이야기는 확인된다.

기술하면서 자신이 이 입체 착시를 최초로 관찰한 사람이라고 믿었다. 하지만 그런 '자동 입체화[매직아이]'는 이슬람 미술이나 켈트족 미술을 비롯하여 많은 문화권 미술의 반복 무늬에서 볼 수 있듯, 이미 수천 년의 역사를 간직해온 것으로 보인다. 《켈스서Book of Kells》나 《린디스판 복음서Lindisfarne Gospels》 같은 중세 문헌에는 페이지 전체가 입체 부조로 보이게끔 치밀하게 고안된, 정교하고 복잡한 문양이 있다(코넬대학의 순고생물학자 존 시스니는 그런 입체화가 "7~8세기 영국제도의 지식 엘리트들 사이에 통하던 비전 같은 것"이었을 수도 있다고 말한다).

지난 10~20년 사이에 매직아이 책을 통해 정교한 자동 입체화가 널리 인기를 얻었다. 매직아이의 착시 기법은 입체경 없이 개별 이미지들을 보는 것인데, 그 이미지는 약간씩 다른 '벽지' 무늬들이 반복적으로 채워진 가로줄 배열로 이루어진다. 처음에는 모든 무늬가 같은 면에 놓인 것으로 보이지만, 시선을 분산 혹은 수렴하는 법을 익히면 입체 착시가 두드러진다. 수가 특별히 좋아한 매직아이는 새로 시작된 입체시 생활에 또다른 차원을 보태주었다. 최근 편지에서 수는 이야기했다. "벽지 무늬 자동 입체화가 저에게 (꽤나 짜릿하고) 쉬운 이유는 아마도 그동안 수렴융합과 확산융합을 규칙적으로 훈련해온 덕분인 듯합니다."

---

13. 브루스터도 1844년 무렵에 렌즈를 장착한 단순한 손잡이식 입체경을 발명했다(휘트스톤의 거울 입체경은 크고 무거워서 탁자에 놓고 사용해야 했다). 브루스터는 처음에는 휘트스톤에 대한 존경과 탄복을 아끼지 않았으나, 나중에는 이 후배를 질시하면서 익명으로 그에 대해 앙심을 품은 글을 투고하곤 했다. 1856년, 다른 점에서는 대단히 멋진 저서 《입체경의 역사와 이론, 그리고 구조The Stereoscope: Its HIstory, Theory and Construction》에서는 휘트스톤을 공개적으로 공격했으며, 입체경 분야에서 휘트스톤의 우위를 전혀 인정하지 않았다.

2005년 여름에 나는 밥 와서만과 함께 수를 다시 방문했는데, 이번에는 수가 신경생물학 학술 초청 프로그램을 운영하던 매사추세츠 우즈홀로 갔다. 수는 이곳의 바다가 발광 생물로 뒤덮일 때가 있는데, 대부분이 아주 작은 와편모충류로 그 사이에서 헤엄치면 기분이 아주 좋다고 이야기해주었다. 우리가 찾았던 8월 중순은 때마침 바다가 이 반짝거리는 생물체로 우글거리는 시기였다(수는 말했다. "야광충이라니, 이름이 참 예뻐요.") 날이 어두워진 뒤, 우리는 수중 마스크와 스노클을 챙겨 들고 해변으로 내려갔다. 물속에 반딧불이 있는 것처럼 해안선에서부터 반짝거리는 것이 보였다. 우리가 들어가서 팔다리를 휘젓자, 깨알 같은 불꽃 무리가 우리 주위를 밝혀주었다. 헤엄치는 우리 곁을 쏜살처럼 지나치는 야광 무리는 마치 굴절 속도로 들어가는 엔터프라이즈호 곁을 스쳐 날아가는 별빛 같았다. 야광충들이 특히 밀집된 한 해역에서 밥이 말했다. "이것 참, 우리가 은하수 구상성단 속으로 헤엄쳐 들어가는 것 같지 않아?"

이 말을 들은 수가 말했다. "이제 저 아이들이 3D로 보여요. 예전에는 평면에서 반짝거리는 것으로만 보였죠." 여기에는 윤곽도, 경계선도, 중첩이나 원근감을 줄 큰 물체도, 아무것도 없었다. (거대한 무선점 입체도 속으로 가라앉은 듯한 이곳에는) 어떤 의미에서든 맥락이란 것이 존재하지 않았지만, 이제 수는 야광충들의 저마다 다른 깊이와 거리를 지각할 수 있었다. 우리는 수에게 이 경험에 대해 더 많은 것을 묻고 싶었다. 평소에는 입체시에 대해 이야기하는 것을 좋아하는 수였지만, 이때는 반짝거리는 생물체들의 아름다움에 넋을 잃고 있었다. 수가 말했다. "생각은 그만요! 저 야광충들에게 몸을 맡겨보시라고요."

수는 처음 썼던 편지에서 입체시 경험을 무엇에 비유해야 할지 궁리하다가, 완전색맹으로 태어나 회색의 명암밖에는 보지 못하던 사람이 갑자기 온갖 색상을 볼 수 있게 된 것과 비슷한 것 같다고 말했다. 수는 그런 사람이라면 "세계의 아름다움에 압도되고 말 것"이라고 했다. "그런 사람이 보는 것을 멈출 수 있을까요?" 수의 시적인 비유가 멋지기는 했지만, 그 생각이 옳은지는 알 수 없었다(나의 친구이자 동료인 전색맹 크누트 노르드뷔는 평생을 없이 살던 색이 '추가'된다면 무척이나 혼란스러울 것이며, 이미 완전한 자신의 시지각 세계에 색을 통합한다는 것이 불가능하리라고 생각했다. 자신 같은 사람에게 색이란 이해할 수 없는 세계, 어떤 연관성도 어떤 의미도 찾아낼 수 없는 세계라고 했다).

하지만 수에게는 분명 입체시가 기존의 시지각 세계에 쓸데없이 혹은 의미 없이 덧붙은 추가물이 아니었다. 수는 잠깐 혼란을 겪었을 뿐 이 새로운 경험을 임의적인 추가물이 아닌, 이미 있는 시지각을 풍요롭고 심오하게 만들어주는 즐거운 자연의 선물로 기꺼이 받아들였다. 하지만 '풍요'나 '심오' 같은 어휘는 자신이 획득한 입체시를 제대로 정의하지 못한다고 느꼈다. 그것은 수량적 증가에 국한되는 것이 아니라 무언가 전적으로 새로운 것이었다. 수는 입체시가 사람마다 다르다고 주장한다.[14] 이 주관적 차이는 사진이나 영화, 그림 같은 2차원적 표현으로도 확장된다. 수는 이들 매체가 훨씬 '사실적'으로 느껴진다. 새로이 입체시가 활성화되어 여태껏 상상할 수 없었던 공간을 상상할 수 있게 된 것이다.

데이비드 허블은 수의 사례에 관심을 가지고 직접 서신을 교환하기도 하고, 나와 이야기를 나누기도 했다. 허블은 입체시의 신경 기전에 대해서는 여전히 밝혀지지 않은 것이 많음을 지적했다. 동물의 경우, 시차를 지각하는 세포(입체시에 특화된 양안세포)가 선천적인지조차 밝혀지지 않았다(허블은 선천적인 것이 맞다고 생각하지만). 우리는 생후 초기에 양안시 경험이 없는 사시에게는 이들 세포가 어떻게 되는지 모른다. 또 무엇보다 중요한 것으로 나중에 사시를 교정해서 양안융합이 가능해졌을 때, 이 세포들이 회복되는지 여부도 알지 못한다. 수의 사례에 관해 그는 이렇게 썼다. "그것[입체시를 다시 획득하는 일]이 너무 빨리 발생했기에, 융합 능력의 재형성에 의한 것으로 보기는 어렵습니다." 하지만 이런 말을 덧붙였다. "그냥 추측입니다!"

수의 경험에서 확인되는 것은 성인 뇌에서 시각 영역은 가소성이 커서 양안세포와 회로가 생후 초기의 결정적인 시기에 조금이라도 살아남았다면 한참 뒤에라도 재활성화될 수 있는 것으로 보인다는 점이다. 그런 상황에서 기억에는 입체시가 거의 혹은 전혀 남아 있지 않을지 몰라도 잠재적 입체시 능력은 존재하므로, 눈의 위치가 적절하게 교정된다면 (예상치 못한 순간 불쑥) 소생할 수도 있다. 바로 그런 일이 50년에 달하는 휴지기 끝에 수에게 일어났다는 점은 대단히 인상적이다.

---

14. 나도 동의하는데, 이 관점은 위대한 시지각의 선구자 J. J. 깁슨의 관점과 충돌하는 듯하다. 그는 1950년의 저서 《시각 세계의 지각The Perception of the Visual World》에서 "경사 이론이 옳다면 공간 시지각에서는 양안시가 하나의 결정자, 그것도 유일한 결정자가 된다"고 말한다. 당대의 시각 연구자들 가운데도 여러 사람이 이 관점을 견지한다. 데일 퍼브스와 R. 보로토는 《시각 경험론Why We See What We Do》에서 한 눈으로 구성되는 3차원 세계와 입체시에 의한 '첨가분'은 "이음매 없이 하나처럼 이어진다"고 말한다. 이러한 관점은 시각 행동론 혹은 경험론과 전적으로 일치하지만, 입체시의 질적 속성과 주관적 속성을 전혀 고려하지 않는다. 여기에는 (수의 경우처럼) 평생을 입체맹으로 살다가 어느 날 갑자기 입체시가 생긴 사람이나, (다음 장에서 내가 기술하는 경우처럼) 평생 입체시가 있다가 느닷없이 그 능력을 상실한 사람이 직접 들려주는 실제 경험에 관한 이야기가 필요하다.

수는 처음에는 자신의 사례가 유일하리라고 생각했지만, 인터넷에서 사시와 여타 관련 문제를 겪다가 시각 치료를 받고 나서 갑자기 입체시가 생긴 사례를 다수 찾았다. 그들의 경험은 수와 마찬가지로 시각피질에 아주 작은 고립 영역에라도 기능이 살아 있다면 수십 년의 공백이 있다 하더라도 그 기능이 되살아나 확장될 가능성이 충분하다는 것을 시사한다.

그 신경학적 기반이야 어떤 것이든 간에 시각 세계가 확대됨으로써 수에게는 실질적으로 감각기관이 하나 더 늘어난 셈인데, 보통 사람들로서는 상상하기 힘든 상황이다. 입체시는 계속해서 새로운 세계를 보여주고 있다고 수는 편지에서 이야기한다. "거의 세 해가 지났는데도 새로 얻은 시각이 저에게는 여전히 기쁨과 놀라움을 줍니다. 어느 겨울날이었는데, 매점에서 점심을 간단히 때울 요량으로 강의실 건물을 나섰지요. 그런데 몇 발짝 뛰다가는 바로 멈췄어요. 탐스럽고 촉촉한 눈송이들이 저를 둘러싸고 느릿느릿 떨어지고 있었어요. 저는 눈송이들 하나하나 사이의 공간을 볼 수 있었고, 그 모든 눈송이들이 한데 어우러져 아름답게 3차원의 군무를 추고 있었어요. 과거에는 눈이 저보다 조금 앞에 있는 한 장의 평면 안에 떨어지는 것처럼 보였을 거예요. 하지만 이제는 제 자신이 내리는 눈 속에, 눈송이들 한가운데에 있다고 느꼈어요. 점심도 잊은 채 저는 몇 분 동안 내리는 눈을 지켜보았고, 깊은 환희감에 압도되었어요. 하늘에서 내리는 눈도 그렇게 아름다울 수 있답니다. 특히 생전 처음 보는 사람한테는 말이지요."

후기

입체시를 얻은 지 7년, 수는 자신의 '새' 감각이 여전히 즐거우며, 이로
인해 자신의 시각 세계가 무한히 풍요로워졌음을 느낀다. 나에게 편지를
쓰던 2004년부터 지금까지 수는 자신의 경험에 대해 생각하면서 시각 전
문가는 물론 자신과 비슷한 상황에 놓인 다른 사람들과도 꾸준히 교류해
왔다. 2009년에는 수의 경험을 기록한 아름답고 심오한 책《3차원의 기
적Fixing My Gaze: A Scientist's Journey into Seeing in Three Dimensions》[한국어판,
초록물고기, 2010]이 출판되었다.

6장

::

잔상 : 일기

2005년 12월 17일 토요일, 나는 평상시대로 아침 수영을 하고 나서 영화를 보러 갈 생각이었다. 몇 분 일찍 도착해서 영화관 뒤쪽 좌석에 앉았다. 예고편이 시작할 때까지는 평소와 다른 기미를 전혀 느끼지 못했다. 그런데 앉자마자 왼쪽 눈이 실룩거리는 듯하면서 시력이 불안정해지는 것이 느껴졌다. 처음에는 시각적 편두통이 시작되는가 보다 싶었지만, 무엇인지는 몰라도 오른쪽에만 작용하는 것을 볼 때 시각피질이 아니라 눈 자체에서 일어나는 것이 분명했다. 편두통 증상은 아니었다.

　첫 예고편이 끝나고 화면이 어두워질 때, 왼쪽에서 어른거리던 점이 하얗게 달궈진 숯처럼 확 일어나면서 가장자리에 터키옥색, 초록색, 주황색으로 빛의 분광이 펼쳐졌다. 나는 신경이 바짝 곤두섰다. 눈에 출혈이 있나? 망막중심동맥막힘인가? 망막박리인가? 그때 하얗게 일어난 부분에서 암점이 하나 감지되었다. 오른쪽 눈만 사용해서 왼쪽을 보니, 바닥 쪽에 한 줄로 늘어선 작은 빛들이 영화관 출구를 가리키고 있었다. 그러자 눈앞의 빛들은 전부 '사라지고' 없었다.

　나는 동요하기 시작했다. 암점이 계속 커지다가 오른쪽 눈이 완전히 머는 것은 아닐까? 당장 나가야 할까? 응급실로 가야 할까? 안과의 친구 밥한테 전화할까? 아니면 차분히 앉아서 이 불안한 심리가 저절로 가라 앉기를 기다려야 할까? 영화가 시작되었지만 집중하지 못하고 몇 초에 한 번씩 눈 상태를 점검하는 데만 골몰했다.

결국 20분쯤 지나고 나서 영화관을 박차고 나왔다. 햇빛이 있는 곳, 진짜 세계로 나오면 전부 괜찮아질 수도 있다고 생각했던 것 같다. 하지만 괜찮아지지 않았다. 하얘진 시야는 다소 누그러졌지만, 오른쪽 눈만 사용하면 왼쪽 시야의 일부분이 파이 모양으로 여전히 사라진 상태였다. 나는 뛰다시피 아파트로 돌아가 밥에게 전화를 걸었다. 밥은 몇 가지 질문을 한 뒤 즉석에서 두어 가지를 테스트하더니 당장 안과로 가라고 했다.

두 시간 뒤에 진찰을 받았다. 나는 있었던 일을 다시 이야기하면서 시력이 사라진 오른쪽 눈의 4분의 1 부위를 가리켰다. 의사는 이도저도 아닌 표정으로 내 이야기를 경청했고, 시야를 점검한 뒤 검안경을 쓰고 눈을 들여다보았다. 그러고는 검안경을 내려놓고 의자에 등을 기대고 앉으며 나를 가만히 바라보는데, 아까하고는 눈빛이 달라진 듯했다. 처음에는 대강대강 하는 가벼운 분위기였다. 우리는 친구는 아니지만 같은 의료계 종사자로서 동료 관계에 속하는 사람들이다. 그런데 이제는 내가 다른 범주에 속한 느낌이었다. 그는 말을 골라가며 신중하게 말했다. 어딘지 심각하고 우려하는 듯한 태도였다. "착색된 것이 보입니다. 망막 뒤쪽인 것 같습니다. 혈종일 수도 있고, 아니면 종양일 수도 있습니다. 종양이라면 양성일 수도, 악성일 수도 있습니다." 그는 심호흡을 하는 듯했다. "최악의 시나리오를 그려보지요." 그후로 말을 이어갔지만 무슨 내용인지 알 수 없었다. 머릿속에서 어떤 목소리가 "암, 암, 암…" 하고 고함을 쳐대는 바람에 그의 말이 들리지 않았다. 그는 안암 분야의 대가 데이비드 에이브럼슨 박사를 되도록이면 빨리 만날 수 있도록 조처를 취해주겠다고 했다.

그날 밤 나는 아파트로 돌아와 오른쪽 눈을 검사하다가 에어컨의 수평 막대는 전부 굴절되어 한데 엉켜 무너지고, 수직 막대는 확산되어 보여 깜짝 놀랐다. 그 주말이 어떻게 지나갔는지 지금은 기억나지 않는다. 주말 내내 안절부절못하면서 장시간 산보를 하거나, 집 안에 있을 때면 오락가락 좌불안석이었다. 밤이면 더 지독해져서 수면제를 먹고 나서야 곯아떨어질 수 있었다.

2005년 12월 19일: 진단

나는 에이브럼슨 박사와 월요일 첫 환자로서 만날 수 있었다. 나의 비서이면서 가까운 친구인 케이트가 격려차 함께 가주었다. 에이브럼슨 박사는 말이 없고 침착하고 평온하면서도 눈빛에서는 장난기가 넘치는 사람이었다. "반갑습니다." 내가 인사했다.

"선생님과 저, 구면입니다." 그는 인사를 받고는 1960년대에 내 학생이었다고 이야기했다. 그는 내 수업과 나의 특이한 면면을 또렷이 기억했으며, 의대 시절을 통틀어 매주 강의 시간에 차 한 잔 곁들인 담소로 끝난 것은 내 수업이 유일했다고 말했다. 35년 이상을 스승의 자리에 있던 사람이 이제 그 제자의 환자가 되다니, 인생 참 묘하다는 생각이 들었다 (어쩌면 에이브럼슨도 그렇게 생각했을 것이다).

그는 예비 검사를 실시하고 동공 확대용 점안액을 몇 방울 떨구었다. 다음으로 망막 촬영과 초음파 검사가 있었다. 이 검사들을 받는 동안 그는 별말이 없었다. 그리고 좀더 큰 다른 방으로 옮겼다. 에이브럼슨 박사는 내부 구조를 볼 수 있도록 분리되는 대형 안구 모형을 가져왔다. 까만 콜리플라워나 양배추처럼 울퉁불퉁하고 복잡하게 뒤엉킨 시커먼 덩어리를 시신경 시작점 근처에 놓았다. 그것이 무엇을 말하는지는 분명했다. 나에게 종양이 생겼고, 악성이라는 뜻이다. 잉글랜드에서 판사가 죄수에게 사형을 선고할 때 검은 모자를 쓰는 관습이 떠올랐다. 검은 양배추에도 같은 의미가 있다. 나는 사형선고를 받은 기분이었다.

"흑색종입니다." 그는 확진했지만, 이어서 안구 흑색종은 전이되는 경우가 드물다고 말했다. 눈 이외의 부위로 퍼질 확률은 극히 낮다는 말이다. 그러나 이 종양을 치료하지 않고 그대로 눈에서 자라도록 놔둘 수는 없다고 했다. 상당히 최근까지 권장하는 조치는 안구 전체를 제거하는 수술이었지만(에이브럼슨 자신도 오랫동안 무수히 적출술을 시술했다), 지금은 방사선 치료도 적출술만큼이나 효과가 있어서 눈과 남은 시력을 그대로 살린다고 했다. 에이브럼슨 박사가 이 말을 하기가 무섭게 나는 이 방사능 치료를 얼마나 빨리 받을 수 있는지 물었다. 내일 되겠는가? 그는 크리스마스다 신년 연휴다 해서 3주가량 지연되겠지만, 그 정도의 시간이라면 종양이 거의 자라지 못할 것이라고 안심시켜주었다. 이 종류는 아주 더디 자라는 경향이 있다고. 종양 부위에 방사선을 정확히 조사하기 위한 판형을 뜨는 데만 해도 어느 정도 시간이 걸린다. 제작한 방사선 판을 안구 옆면에 삽입하는데, 그러기 위해서는 안근을 분리해야 한다. 며칠 뒤 2차 수술 때 방사선 판을 떼어내고 안근을 다시 이어줄 것이다.

종양이 이만큼 자라기까지는 얼마간의 시간이 걸렸을 것이라면서, 그는 몇 달 전에 시야에서 어떤 결함을 알아차린 적이 없는지 물었다. 유감스럽게도 그런 적이 없었다. 이틀 전 영화관에서 처음으로 인지하고 그 주말 동안 시야가 수평, 수직으로 기이하게 일그러지는 시각 왜곡이 나타난 것이다. 그 원인은 망막이 부어오르고 일그러지는 증상이라면서, 에이브럼슨은 치료를 통해 종양과 그로 인한 부종이 제거되면 시각 왜곡도 사라질 것이라고 했다. 하지만 만약 상 왜곡이 더 심해진다면 몇 주간 안대를 착용하면서 진정되기를 기다려야 할 수도 있다.

안구 흑색종은 사실상 방사능에 아주 민감하다고 그는 설명을 이어갔다. 종양이 방사능에 죽을 확률도 아주 높고, 필요하다면 레이저도 사용할 것이다. 안타깝게도 내 종양은 위치가 좋지 않아서 100개 남짓한 세포가 망막의 일부가 고정되는 부위인 중심와fovea로부터 단 1밀리미터 거리에 모여 있다. 이는 시력에 큰 영향을 미치는 부위이기도 하다. 하지만 종양을 즉각 멈출 수 있다면 한동안은 원래 시력인 1.0을 그대로 유지할 것이다. 나중에 방사능의 지연 효과로 인해 시력이 다소 떨어질 수는 있다. 그래도 이렇게 되기 전까지는 (어쩌면 몇 해까지도) 튼튼한 창문처럼 상당히 좋은 시력을 누릴 수 있을 것이다.

나는 에이브럼슨 박사에게 "자네는 이런 소식을 많은 환자한테 전했을 듯한데…"라며, 내가 어떻게 받아들이는 것 같은지 물었다. 아주 침착하다고, 하지만 소화하기까지는 좀 걸릴 것이라고 답했다.

2005년 12월 19일

악몽을 꾸다가 깨어났다. 오른쪽 눈을 뜬 순간 뭔가 잘못됐다는 것을 지각했다. 어두움이 스멀스멀 다가왔다. 이제 왼쪽 눈은 거의 아무것도 보이지 않는다. 나는 표면적으로는 침착하고 합리적이다. 하지만 데이비드 에이브럼슨이라는 최고의 대가에게 맡겨졌는데도 겁에 질린 아이가 된 기분이다. 도와달라고 소리치는 아이가 내 안에 있다.

2005년 12월 21일

암, 어떤 암이 되었건, 암에 걸린다는 것은 그 사람의 인생이 순식간에 뒤바뀐다는 뜻이다. 암이라는 진단을 받는 순간, 얼마가 되었건 평생 가는 검사와 치료와 의식적으로든 무의식적으로든 경계를 늦출 수 없는 일상이 앞에 놓여 있으며, 미래에 관한 것이라면 무조건 보류하는 심정으로 살아가게 된다. 겨울의 첫날인 오늘, 간 기능 검사를 받아야 한다. 이 야수가 내 간으로 침투했을까? 그 갈고리 발톱이 내 생명을 움켜쥐고 있을까? 내가 흑색종으로 죽는 것일까? 이런 생각이 머리에서 떠나지를 않는다.

나는 종양과 흥정했다. 너는 내 눈을 가져라. 꼭 그래야겠다면. 하지만 나머지는 남겨다오.

메모리얼 슬로언 케터링 암센터에는 "MSK로 가는 환자 전용로"라는 명패가 붙은 인도가 있다. 이 병원에 사람을 만나러 갈 때면 간혹 보던 길이다. "안된 사람들 같으니라고⋯." 그 길로 가는 사람들을 볼 때면 그렇게 생각하곤 했다. 이제 내가 그 길로 다니게 되었다.

피를 뽑았다. 정상으로 나올까? 맥박, 혈압 등 정해진 검사가 이어진다. 혈압이 약간 높아서 150/80이다. 평소에는 120/70 이하로 나오는데⋯. X선 검사실로 가는 엘리베이터는 이상하게도 양면 벽이 뒤로 가면서 좁아지는 사다리꼴로 보인다. 유령의 집처럼 기하학적이고 구조적으로 일그러진 세계를 통과해야 한다는 뜻인가? 케이트가 이번만큼은 내 눈이 문제가 아니라고, 안심하라고 말해주었다. 엘리베이터가 진짜로 사다리꼴이었다.

각종 검사와 서류 절차로 병원을 뺑뺑 돈 뒤, 몇 블록 떨어진 에이브럼슨 박사의 진료실로 돌아갔다. 이제 진료실의 위치와 그의 동료들이 익숙해지기 시작했고, 그들도 나를 알아보기 시작한다. 나에게 뉴욕시안구흑색종클럽이라는 새 소속이 생긴 것이다(나는 뉴욕광물학클럽에도 소속돼있고⋯ 또⋯ 조만간 유일한 단안시 일원이 될지도 모르지만⋯ 뉴욕입체경협회에도 소속돼 있다).

"12월 21일, 겨울의 첫날이군요." 내가 케이트에게 말했다.

"상서로운 날이에요." 케이트가 내게 기운을 북돋워주려 한다. "하루가 길어지려 하잖아요."

"당신의 하루는 그렇겠지요." 나의 대답은 암울했다.

2005년 12월 22일

오전 4시. 깼다. 춥다. 두렵다. 오른쪽 눈을 뜬다. 한층 더 커진 어두움이 작은 섬처럼 고립된 내 시야, 응시점, 중심와를 에워싼다. 머잖아 완전히 집어삼키겠지.

오전 10시. 시력은 많이 개선되었다. 오전 4시의 상태는 내 침실의 조명이 어둑했다는 사실, 그리고 (내가 차츰 적응해가는) 보이지 않는 부위, 즉 암점이 조명에 따라 커질 수 있고 빛이 어두울 때는 중심시가 완전히 막혀버릴 수도 있다는 사실과 관련이 있다.

오른쪽 눈을 감으면 다시 환한 빛, 그러니까 실명 상태를 예고하는, 눈이 멀 것처럼 환한 빛이 보인다. 그 빛은 응시점 바로 위에 테크니컬러처럼 쨍한 색감에 테두리가 물결무늬인 초승달 꼴이다.

2005년 12월 23일

오른쪽 눈만으로는 읽을 수 없다는 것을 발견했다. 글이 쓰인 행들이 뚜렷이 분간되지 않고, 불안정하게 일그러지고 이리저리 흔들린다. 이런 증상이 이렇게 빨리 나타날 줄은 몰랐다. 어쩌면 지난 며칠 동안 읽기를 기피해왔거나, 의식하지 못한 채 왼쪽 눈으로만 읽어왔던 것 같다. 오른쪽 눈을 감으면 읽기가 가능한데, 이런 행동은 무의식적이고 불수의적으로, 거의 자동적으로 행해진다.

2005년 12월 24일

푹 자고 일어났다. 아침 햇살이 창문으로 쏟아져 들어오는데, 잠깐 동안 내가 지금은 '암 환자'라는 사실을 잊었다. 기분이 좋고 시각 계통 증상들이 두드러지지 않는다. 기분 좋은 상태가 나에게는 늘 약간 위험하다. 자칫 활동이 과해질 수도 있기 때문이다. 아침에는 수영을 너무 오래 했다. 한 시간 동안 거의 배영만 했지만, 그러고 나서 에이브럼슨 박사가 (울혈로 인한 망막부종을 야기할 수 있기 때문일 텐데) 하지 말라고 한 자유형을 그 몇 배로 했고, 그러고 나서 또 30분 동안 짐볼로 격하게 운동했다. 이 시점에 시력에 다시 문제가 생겼다. 한 시간 뒤 오른쪽 눈을 검사해보니 〈뉴욕타임스〉의 큼지막한 헤드라인도 읽을 수 없었다. 중심시를 상실한다는 것이 어떤 것인지 비로소 깨달았다. 너무 겁났다.

두 시간 반이 지나니 부종이 가라앉기 시작한다(부종이 맞는지는 모르겠지만). 하지만 오른쪽 눈의 시력은 여전히 몽롱하다. 행과 지면이 구불구

불 굽이친다. 오른쪽 눈에 안대를 하고 왼쪽 눈만 쓰는 편이 훨씬 편하다. 적어도 시력은 안정되니까….

불타는 듯이 선명하게 반짝거리는 암점 주위에서는 얼굴, 형상, 풍경 등 온갖 상이 끊임없이 불수의적으로 일어난다. 편두통이 시작될 때나 잠들기 직전이면 이런 상들이 잠깐씩 나타나곤 했지만, 내가 기억하는 한 지금처럼 부단히 이어진 적은 없었다.

2005년 12월 25일

모두가 "메리 크리스마스!" 인사하고 나도 대꾸는 하지만, 이번은 정말이지 내 인생에서 가장 암울한 크리스마스다. 오늘 날짜 〈뉴욕타임스〉에는 2005년에 죽은 많은 인물의 사진과 사연이 소개되었다. 2006년에는 내가 저 목록에 오를까?

케이트는 명랑한 기분을 유지하려고 노력한다. "에이브럼슨 박사님이 그러셨죠? 이게 선생님을 죽이지는 못한다고요. 무슨 일이 일어나건, 우리 둘이 해낼 거예요." 나는 그렇게 확신이 들지 않았다. 실명이라는 생각만으로도 겁이 났다. 내가 저 불운한 1퍼센트에 들어갈 수도 있다는 생각도 겁났다.

2005년 12월 30일

오전 8시. 아침에 눈떴을 때, 오른쪽 눈의 검은 구름이 훨씬 커져 있었다. 일어나 앉아서 오른쪽 눈으로 창밖을 내다보는데, 하늘을 아예 볼 수가 없었다. 천장에 매달린 선풍기의 가운데 부분을 올려다보니 다섯 날개 중 세 개가 오른쪽 시야에 거의 잡히지 않았고, 내 눈의 응시점에 가까운 날개 밑동만 겨우 보였다.

오전 10시. 일어난 지 두 시간이 지나자 암점이 사라지고 날개 하나만 빼고는 다 볼 수 있다는 사실을 발견했다. 자세가 중요해서, 밤에 똑바로 누워 있을 때 부종이 모이는 것 같다. 머리를 꼿꼿이 들고 자야 할지도 모른다.

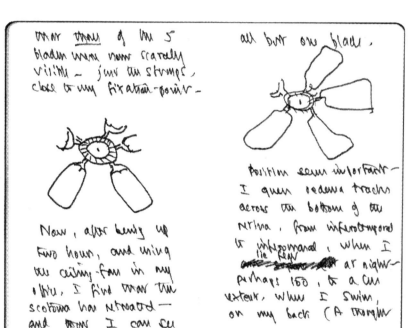

정신을 집중하기도, 마음을 가라앉히기도 힘들다. 글을 쓰는 것도 힘들다. 일주일 전에 음악 유발성 간질에 관해 한 장을 끝낸 뒤로는 (짧은 편지 말고) 아무것도 쓰지 못했다. 하지만 공감각과 음악에 대해 적어도 생각은 하고 있다.

오후 4시. 기분과 기운이 훨씬 좋아졌다! 방금 공감각에 관한 장, "청명한 녹색을 띤 조성"의 많은 분량을 썼다.

2006년 1월 1일

새해 첫날, 전적으로 새로운 난관 앞에서 공포와 희망을 생각하고 있다. 작지만 의미 있는 가능성이 하나 있다면, 올해가 나의 마지막 해가 될 수도 있다는 것이다. 하지만 그렇게 되든 않든 나의 인생은 분명히 바뀔 것이며 이미 바뀌고 있다. 아주 급진적으로. 나에게 사랑과 일이란 무엇인가, 정말로 중요한 것은 무엇인가, 하는 물음이 강렬하고도 절박한 의미로 다가온다.

2006년 1월 5일

수술까지 그렇게 오래 기다려야 한다니 초조하고 짜증난다. 이 연휴가 소중한 시간을 허비해서 종양이 내 시력을 다 잡아먹는 것은 아닐까? 에이브럼슨 박사가 이 종양을 죽이고 시력을 되도록 살리기 위해 가능한 한 모든 것을 다해줄 테니, 안심이 된다. (상황은 달라졌지만) 그를 다시 만난 것도 기쁘다. 그는 훌륭한 의사일 뿐만 아니라 극히 섬세한 사람이다. 섬세함은 암이 있는 사람들을 다룰 때는 아주 중요한 덕목이다. 그는 서두르거나 조급한 기색을 내비치지 않는다. 내가 하는 말을 귀 기울여 들어주고, 세심하고도 재치 있게 답해준다. 아무래도 흑색종만이 아니라 내 마음까지 꿰고 있는 것 같다.

2006년 1월 8일

지난밤에는 눈과 시력에 관한 꿈과 걱정으로 자다 깨다 했다. 내가 살수 있을까 하는 걱정도 들었다. 온갖 두려움이 머릿속으로 돌진하는데, 어째서 진즉 종양 진단을 받지 않았을까 하는 (헛된) 후회와 자책도 한데 엉킨다. 배영할 때마다 수영장의 하얀 천장에 보이던 그 촘촘한 물결무늬 줄들, 그 다발처럼 무리진 작은 별들의 의미를 어째서 알아차리지 못했을까? 눈 한 번 깜짝할 시간이면 (내가 어제 발견했던 것처럼) 육안으로는 오른쪽 시야만 보이고 고글을 벗어도 똑같이 보인다는 것을 확인할 수 있었을 텐데, 어째서 어리석게도 '약간의 편두통'이니 물안경에 비친 속눈썹이니 하며 무시하고 넘어갔을까? 알아차릴 수 있었고, 알아차렸어야 마땅하다. 탐문하고 설명을 구해야 했다. 몇 달 전에.

하지만 밥은 그렇게 했더라도 이렇다 할 정도로 달라지지는 않았을 것이라고 하면서, 하지만 마땅히 받아야 할 눈 검사를 어떻게 두 해나 연달아 놓쳐서 32개월간 눈 검사를 받지 않게 한 것인지, 그건 참 괘씸한 일이라고 말했다(이 말을 들으니 나의 전 안과 의사와 케이트 그리고 나 자신에게 몹시 화가 났다). 이 기간 동안 검사를 받지 않은 것이 나의 시력을 앗아 갈 수도 있다. 어쩌면 목숨까지도. 하지만 지금은 이런 생각을 할 때가 아니다. 그보다는 지금이라도 발견한 것이 얼마나 다행인지, 그리고 에이브럼슨 박사가 말한 것처럼, 완치될 수 있다는 것이 얼마나 다행인지 생각해야 한다.

2006년 1월 9일: 수술

오전 10시. 약 한 시간 후면 수술을 받을 것이다. 의식이 얼마나 깨어 있을지는 모르겠다. 아니, 의식하고 싶은지 아닌지도 모르겠다. 예전에

(어깨와 다리) 수술을 받을 때는 샅샅이 알고 싶어서 수술이 진행되는 과정에 참여하다시피 했다. 이번에는 빠지고 싶다. 완전히 빠지고 싶다. 케이트와 밥이 곁에서 내가 안심할 수 있게 해주고 신경을 딴 데로 돌리려고 여러모로 애쓰고 있다.

오후 5시. 수술이 진행되는 동안 나는 (행복하게, 기분 좋게) 빠져 있었다. 펜타닐[진통제]의 약효가 지속되는 동안 몇 달간 시달려온 좌골신경통이 사라졌고, 나는 깊은 잠보다도 더 깊은 무의식 속을 표류했다. 내가 깨어나자 에이브럼슨 박사가 한두 가지 질문으로 방향감각과 인지 상태를 확인했다. 나는 어디에 있는가? 무슨 일이 있었는가? 내가 있는 곳은 회복실이고, 오른쪽 눈의 외직근을 떼어내고 방사성 요오드(정확히는 요오드의 방사성 동위원소인 I−125)를 함유한 판을 공막에 붙이는 수술을 받았다고 대답했다. (내가 백금이라면 사족을 못 쓰는 사람인지라) 그것이 동위원소 루테늄이 아니라 요오드인 것은 유감이지만, 적어도 125가 두 가지 수치 해석 방법으로 구할 수 있는 제곱합의 최소 수치라서 기억하기는 좋다고 말했다. 이 이야기를 하고는 스스로 깜짝 놀랐다. 해본 적이 없는 생각인데 툭 튀어나온 것이었다(몇 분 뒤, 내가 틀렸다는 것을 알았다. 그 최소 수치는 65였다). 나는 수다가 멈추지 않는 약간은 고양된 상태로, 평소의 나답지 않게 쾌활하고 붙임성 있게 모든 간호사와 잡담을 나누었다. 케이트가 회복실로 병문안을 왔다(나중에 말하기를, 간호사들한테 내가 평상시에도 맥박이 느린 사람이니 안심하셔도 좋다고, 장거리 수영을 하는 사람이라서 그런 것이라고 잘 말해놓았다고 했다).

여섯 시간이 지났고, 나는 침대에 누워 있다. 오른쪽 눈에 이따금씩 섬광이 번쩍인다. 이것이 내 망막을 쏘았던 방사성 요오드에서 방출된 입자나 광선이 아닌가 싶다(에이브 삼촌이 만들던 방사선 시계의 계기판이 생각난다. 어렸을 때 이 시계로 감은 눈꺼풀 위를 누르면 이와 비슷한 섬광이 보였는데…. 이것도 종양을 유발하는 데 한몫했을까?).

수술받은 눈에 충격이 가지 않도록 두툼한 붕대와 딱딱한 안대를 씌웠다. 내 병실 문에는 방사능 경고 표시가 붙어 있다. 지시 사항을 준수하는 사람만 들어올 수 있고, 나는 병실에서 나갈 수 없다. 어린이나 임산부는 출입 금지이고, 방사선 판을 삽입한 동안에는 아무도 나에게 입맞춤해서는 안 된다. 집에도 갈 수 없이, 병원에 억류되어 있다. 나는 '불타고' 있다.

2006년 1월 10일

오전 4시. 잠 못 이루고 불안하다. 더는 잠을 잘 수 없다. 안대가 눈을 누르고, 나를 억누른다(누군가 발랄하게도 제목이 《눈가리개》인 시리 허스베트의 책을 가져왔다). 하지만 몇 달간 나를 괴롭혀온 좌골신경통은 불가사의하게도 중지 상태다. 병실은 조용하고 평화롭고 힘들지 않으며, 이스트 강이 서서히 움직이는 모습을 지켜볼 수 있다.

오전 9시. 안대를 부착하지 않은 왼쪽 눈으로 창밖을 내다보는데 자동차들이 나뭇가지를 장난감처럼 들이받는 바람에 깜짝깜짝 놀랐다. 한쪽 눈을 가리니 거리나 깊이에 대한 감각을 완전히 상실했다. 오른쪽 눈의 중심시를 잃었을 때 벌어질 일의 예고편인 듯하다.

오후 3시. 아침부터 문안객과 전화가 멈추지 않는다. 근사하다(하지만 피곤하다). 케이트가 나를 달래줄 만한 정든 음식을 구하러 나갔다가 베이글과 흰 살 생선 으깬 것을 사 왔고, 다른 친구들은 초콜릿과 과일, 무교병 수프, 할라 빵, 슈몰츠[염장] 청어를 가져왔다. 내가 기분이 처져 있을 때 제일 생각나는 것이 청어와 훈제 생선이다. 이 음식들과 병원 음식으로 두둑이 챙겨 먹고 나니, 혼자 남은 이 시간도 제법 버틸 만하다.

오후 4시. 도시에 장막이 드리운 듯 이스트 강이 잔잔한 잿빛 안개로 덮이고, 주위 건물들의 억센 윤곽이 온화하게 느껴진다. 온화하고 아름다운 장막이다.

오후 5시. 눈에 갑자기 찌르는 듯한 통증이 느껴지더니 불가사리 같기도 데이지꽃 같기도 한 형상의 자줏빛 광선이 수많은 점에서 무수히 뻗어나간다. 이 어지러운 빛줄기가 시야 전체를 채운 듯하다. 매혹적인 동시에 공포스럽다. 내 눈에서 뭔가가 떠다니나? 비뚤어졌나? 잘못되었나? 아니면 수술받은 눈에서 시각을 잘라낸 것에 대한 반응으로 뇌가 시각을 만들어내는 것인가?

오후 7시. 에이브럼슨 박사가 6시경에 찾아와 한참 이야기를 나누고 돌아갔다. 전반적인 기분은 어떤가? 눈은 어떤가? 나는 '시각적 폭풍', 불가사리 등에 대해 이야기했다. 그는 방사선에 대한 망막의 반응일 것이라고 보았다. 이 말이 나온 김에 내 생각을 꺼내놓았다. (농담 반, 진담 반으로) 내 눈의 방사선이 강력해서 몸속에 있는 형광 물질이 빛을 발하게 만드는가 보다고 말이다. 어쩌면 내 눈의 방사선을 응집시켜 눈에서 광선이 나가게 만들면 현란한 파티 조명이 되지 않겠느냐고! 에이브럼슨 박사는 재미있어 하면서 케이트에게 광물을 가져오라고 청하라고, 붕대를 풀어줄 테니 한번 시도해보라고 했다.

에이브럼슨 박사는 몇 주 뒤 방사선 치료에도 살아남은 악성 세포가 있다면 망막에 레이저를 쏘아서 다 죽이는 것이 좋다고 말한다. 하지만 내

종양은 중심와 거의 맨 위에 있기 때문에 중심와가 파괴되면 중심시 전체를 상실하게 될 것이다. 그는 일종의 타협안으로 중심와에서 가장 먼 쪽의 종양 중 3분의 2는 레이저로 죽이고, 중심와 자체는 잘 보호하는 방법을 고려하고 있다. 그는 신종 요법도 언급했다. 종양 안에서 혈관이 자라지 못하게 해서 혈액 공급을 중단시키는 물질을 눈에 주입하는 요법이 있고 항흑색종 백신이 있는데, 아직 실험 단계라고 한다. 하지만 현재로서는 전부가 가설이요 미래의 이야기인즉, 방사선과 레이저 요법이 좋은 성과를 내주기를 바란다는 것이 그의 이야기다.

그때까지는 서른여섯 시간이 남아 있다. 나는 목요일 오후에 방사선판을 제거하는 수술을 받을 것이다.

2006년 1월 11일

절친한 벗 케빈이 오전 6시 15분에 찾아와 깜짝 놀랐지만 그 엄청나게 복슬복슬한 눈썹을 보니 참으로 반가웠다. 이른 회진을 돌다 온 터라 하얀 가운 차림이었다. "저기 좀 보게!" 케빈이 창문을 가리켰다. 더없이 섬세한 장밋빛 여명이 밤하늘 속으로 들어오자 크라타카우 섬에서 본 듯한 뿌연 아침노을이 이스트 강 위로 드리웠다.

내 눈의 암점 자체는 사각死角이라기보다는 창문에 가깝다. 나는 그 창을 통해 기이한 건물이며 움직이는 형상들, 눈앞에 펼쳐지는 아주 작은 장면들을 본다. 암점 위로 내가 해독하지 못하는 (상형문자나 룬rune 문자 같은) 글자들이 뒤엉킨 것이 보일 때도 있다. 한번은 숫자가 적힌 거대한 원의 한 부분이 보였는데, 시계나 아스테카 달력의 일부 같은 형상이었다. 이렇게 떠오르는 상에 대해 나는 아무런 영향을 미치지 못하고 이런 현상은 독자적으로 진행된다. 내가 의식하는 한 나의 생각이나 느낌과도 전혀 관련이 없다. 섬광, 시각적 폭풍은 망막에서 발생하는 것일 수도 있지만, 이러한 시각 현상은 더 높은 차원, 즉 뇌에서 간접적인 경로이긴 하겠으나 일련의 이미지군을 불러들여 만들어내는 것으로 보인다.

　내가 무언가를 보다가 눈을 감으면 여전히 그것이 아주 또렷하게 보여서, 내가 실제로 눈을 감았는지 헷갈리는 현상도 있다. 바로 몇 분 전에도 화장실에서 이 현상을 경험했다. 손을 씻고 세면대를 가만히 보다가 무슨 이유에서였는지 왼쪽 눈을 감았다. 그런데 세면대가 실물의 형태 그대로 보이는 것이다. 병실로 돌아왔는데, 오른쪽 눈의 붕대가 완전 투명인 줄 알았다. 처음에는 이렇게 생각했지만, 잠시 뒤에야 이것이 희한한 상황임을 깨달았다. 투명한 붕대는커녕 큼직한 플라스틱과 금속 덩어리에 손가락 한 마디만 한 두께의 거즈가 붙어 있었다. 게다가 그 아래에 있는 눈은 근육 하나를 제거한 상태여서 무엇이 되었든 볼 수 있는 상황이 아니었다. 나는 멀쩡한 눈을 15초가량 감고 있었기 때문에 아예 아무것도 볼 수가 없었다. 그런데도 세면대가 더할 수 없이 생생하고 뚜렷하게, 훤히 보였다. 어찌 되었건 망막 혹은 뇌에 떠올랐던 상이 정상적인 경로로 지워지지 않은 것이다. 단순히 잔상도 아니다. 최소한 내가 아는 잔상은 극히 미미하고 짧게 지나간다. 가령 전등을 쳐다본 뒤에 달아오른 필라멘트가 1초가량 그대로 보일 수 있다. 하지만 이 이미지는 실물처럼 세부 형태가 그대로 보였다. 세면대와 그 옆의 실내 변기, 그 위의 거울까지 전체 장면이 족히 15초는 지속되었다. 이는 순수하게 시각이 존속하는 현상[시각 잔존 현상]이었다. 내 뇌 안에서 뭔가 굉장히 이상한 일이 벌어지고 있다. 그런 현상은 겪어본 적이 없다. 단순히 (불수의적으로 떠오르는 상들, 무늬와 사람 형상의 환각과 마찬가지로) 한쪽 눈에 눈가리개를 한 결과일까? 아니면 암으로 반파된 성난 망막이 이제는 방사성 요오드가 내뿜는 화염까지 받으면서 뇌에다 기묘한 신호를 마구 내보내는 것일까?

2006년 1월 12일

오전 8시. 오늘 오후, 정확히 76시간 뒤에 방사선 이식판을 제거하고 절단한 안근을 다시 연결하는 수술을 받을 것이다. 만사가 순조롭게 진행된다면 내일이면 병원에서 풀려날 것이다.

오후 6시. 이 수술도 첫 수술처럼 고통 없이 감미로울 줄 알았다. 그러나 마취가 풀리면서 생전 느껴본 적 없는 통증에 시달렸다. 숨이 막힐 듯한 고통이었다. 이 통증을 피하려면 눈을 꼼짝 않고 가만히 있어야지 조금만 움직여도 막 봉합한 눈 근육이 찢어질 것처럼 아프다.

오후 7시. 에이브럼슨 박사가 눈을 검사하러 왔다. 안대를 떼자 눈앞이 아주 흐릿했지만, 이 증상은 하루 정도면 없어질 것이라고 말한다. 안약 넣는 법을 꼼꼼하게 알려주고 하루에 예닐곱 번 넣으라고 하면서, 일시적으로 복시가 나타나더라도 걱정할 것 없으며 뭐든 좋지 않은 상황이 발생한다면 밤이든 낮이든 가리지 말고 자기를 부르라고 한다.

눈에 끈적거리고 버석거리는 불쾌한 느낌은 안약에서 온 것 같다. 비비고 싶은 충동은 어떻게든 참아야 한다.

한밤중. 드디어 통증이 견딜 만한 정도가 되었다. 지난 여섯 시간 동안 나는 다량의 [마약성 진통제인] 퍼코세트와 딜로디드를 투약해야 했지만, 어느 것으로도 통증을 누그러뜨리지 못하는 듯했다. 그러다가 한 시간

전 에이브럼슨 박사가 엄청난 양의 타이레놀을 처방했는데, 아편제가 통하지 않던 통증에 이것은 직방이었다.

2006년 1월 13일

오늘 아침, 집으로 돌아왔다. 환자들은 보통 병원에서 나오게 되면 좋아하지만, 나는 떠나기가 좀 아쉬웠다. 병원에 있으면 매사에 신경 써주는 세심한 사람들이 곁에 있고 친구들이 늘 찾아와 돌봐주었는데, 이제 그런 분위기는 사라지고 아파트에 홀로 남았다. (폭설이 내려서 거리가 빙판이니) 밖으로 나갈 수 없을뿐더러, 사실상 외눈인 현재의 상태로는 밖에 나갈 엄두도 나지 않는다.

2006년 1월 15일

오전 7시. 밤새 강풍을 동반한 폭설이 내렸지만, 지금 내 눈에 보이는 광경은 아름답다. 보통은 아침이 최악이다. 잠에서 깨니 오른쪽 눈에 어둑하고 희미한 자그마한 상이 떠올랐고 그 위로 줄무늬와 얼룩점이 오락가락하면서 종횡으로 크게 일그러지는데, 어안魚眼렌즈로 보는 광경 같았다.

오전 10시. 수술 받은 지 거의 일주일이다. 집에만 있다 보니 진력이 나서 폭설을 무릅쓰고 친구 팔에 의지하여 외출을 감행했다. 바깥은 바람이 몹시 불어서 춥고 미끄럽다. 차들이 맥없이 헛바퀴만 돌리는데, 얼음판 위에 주차한 차 한 대는 강풍급 돌풍에 반 뼘쯤 앞으로 밀려나갔다. 오른쪽 눈에 보이는 모든 것이 은유적으로만이 아니라 실제로도 몽롱하다. 흐르는 액체막을 통해 보는 듯한 느낌이다. 모든 물체의 형상이 액체처럼 움직이고 일그러져 보인다. 내 눈의 망막이 액체 웅덩이 위에 떠 있어

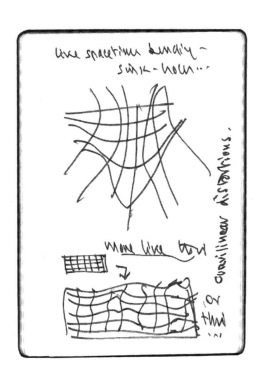

서, 해파리나 아니면 물침대처럼 형태가 변하는 광경이 상상된다.

창밖으로 길 건너편의 키 큰 직사각형 건물을 바라보는데, 마치 유령의 집에 들어온 것처럼 (시선을 어디에 두느냐에 따라) 꼭대기나 중간이 밖으로 불룩하게 퍼져나간 형상으로 보인다. 세로로 긴 물체는 전부가 이런 식으로 일그러지고, 가로로 긴 물체는 옆으로 짜부라지는 경향을 보인다. 화장실 거울에서는 내 모습의 위쪽이 일그러지는데, 머리가 기괴하게 짜부라진다.

이런 현상은 망막 아래쪽의 부종 때문에 일어나며, 며칠이면 없어질 것이라고 들었다. 하지만 이런 말을 다 믿을 수는 없다. 오른쪽 눈에 실

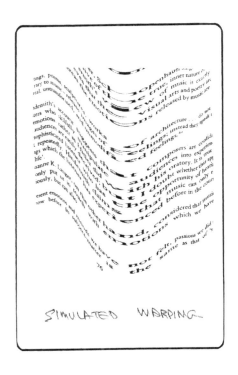

명에 가까운 무언가가 다가오는 속도가 내가 (혹은 다른 누구라도) 예상했던 것보다 훨씬 빠르다. 이런 느낌만이 아니라, 확진이 나온 뒤 수술받기까지 그사이에 지체된 시간이 돌이킬 수 없는 결과를 낳은 것은 아닌가 하는 의혹도 든다. 원래는 자그마한 암점이었던 것을 3주 동안 방치하다가 시각 영역 반구의 상단 전체를 사실상 파괴하는, 돌이킬 수 없는 손상을 입은 것은 아닌가 말이다. 흑색종 진단이 나왔을 때 지체 없이 응급 방사선 치료를 했어야 한다는 생각을 누를 길이 없다. 아니다. 내가 이성을 잃은 것이 분명하다. 내가 틀렸으면 좋겠다. 어쨌거나 이런 생각들이 내가 품는 불신과 의혹의 핵심이다. 이것이 망상의 소용돌이로 커나가지 않았으면 좋겠다.

2006년 1월 16일

사이먼 윈체스터에게 편지를 써서 저서 《대영제국의 유산Outposts》의 오디오북을 얼마나 즐겁게 들었는지 모르겠다고 인사했다.

나는 책의 세계에 살며, 무언가를 읽지 않고는 못 배기는 사람이다. 아니, 내 인생의 많은 부분을 읽는 데 바쳤다. 하지만 지금은 오른쪽 눈은 '부재중'이고 왼쪽 눈은 왼쪽 눈대로 오래전부터 문제가 있는 터라 읽는 일이 쉽지가 않다. 어렸을 때 왼쪽 눈을 맞은 일이 있는데, 그 일로 백내장이 생겼고 그 뒤로 줄곧 시력이 아주 낮다. 주로 사용하는 오른쪽 눈의 시력이 1.0일 때는 상관이 없었지만, 지금은 문제가 된다. 평소 책을 읽을 때 쓰는 안경이 왼쪽 눈의 시력에는 충분하지 않아 돋보기를 써야 하는데, 그러자니 읽는 속도가 더디고 페이지 전체를 한번에 훑어볼 수가 없다.

케이트와 서점으로 나가 대형 활자로 인쇄한 서적을 몇 권 샀다. 하지만 대형 활자 서적의 대다수가 입문서나 로맨스 소설인 것을 보고는 의기소침해졌다. 대형 활자 서적 구역에서 괜찮은 책을 단 한 권도 찾을 수 없었다. 시각에 장애가 있으면 지적으로도 장애가 있는 줄 아는가 보다. 〈타임스〉에 이 문제에 대해 격렬한 칼럼을 보내고 싶은 마음이 굴뚝같다. 오디오북은 범위가 넓지만, 평생을 독자로 살아온 나는 남이 읽어주는 것을 듣는다는 일 자체가 내키지 않는다. 다행히도 사이먼 윈체스터가 이 법칙의 예외가 되었다.

2006년 1월 17일

에이브럼슨 박사가 망막에 부종이 있는 상태에서는 하루는 잘 보이다가도 그다음 날에는 거의 보이지 않는 상태로 오락가락할 수 있지만, 그래도 (좋을 때는 기뻐 날뛰다가 나쁠 때는 절망에 빠지는) 나의 반응은 지나친 듯하다고 우려를 표했다.

나는 정말 수영을 하고 싶었다. 수영장은 내가 가장 기분 좋게 느끼고 생각할 수 있는 곳이다. 하루라도 수영을 하지 않으면 견딜 수가 없다. 그러나 수술 후 2주간 수영은 허락되지 않았다. 에이브럼슨 박사는 내게서 이런 사실을 잘 이끌어낼 줄 안다. 그 역시 열정적으로 수영하는 사람이었으므로 그의 사무실 벽에는 그가 딴 여러 가지 메달이 걸려 있다. 의학을 선택하지 않았더라면 전문적인 운동선수가 되었을지도 모르겠다.

에이브럼슨 박사를 번거롭게 하고 싶지 않아서 아침에 밥에게 전화해서 내 눈을 검사해줄 수 있는지 물었다. 밥은 검안경을 들고 와서 동공을 팽창시키고 오랫동안 면밀히 살펴본 뒤, 본 것을 그림으로 그려 설명해주었다. 검은 산 같은 흑색종이 망막 한가운데에 솟아 있는데, 한쪽은 벼랑처럼 가파르다고 한다. 출혈이나 다른 잘못된 부분은 눈에 띄지 않는다. 하지만 검안경의 눈부신 빛 때문에 몇 시간 동안 중심시를 완전히 상실했다. 오른쪽 눈에 보이던 모든 것이 사라져 시계 중심부는 사라지고 테두리로 후광만 남았다(나는 이것을 '베이글 상'이라고 부르면 되겠다고 생각했다). 나는 공포심을 느꼈다. 이런 현상이 영구적이고 두 눈 다 이렇게 된다면, 심각한 장애가 될 것이다. 이것이 황반변성이 발생한 사람들이 견뎌야 하는 상태일까?[1]

2006년 1월 18일

정오. 아침 9시에도 시야는 여전히 흐릿하고 동공은 팽창한 상태였지만, 그후로 세 시간 사이에 많이 가라앉았고 12시에서 1시 사이에는 시선을 집중하면 시계 한가운데가 보이기 시작했다.

하지만 색 지각에 무언가 이상이 생겼다. 오전에 산보를 나갔을 때 오른쪽 눈에 테니스공이 보였는데, 밝은 초록색이 다 바랜 채 도랑에 놓여 있었다. 푸른색 그래니스미스 사과와 바나나도 흉측한 잿빛으로 변해 있었다. 사과를 눈높이에서 보니 가운데는 잿빛이고 바깥쪽은 원래의 푸른 빛이었다. 마치 중심와 둘레의 시력은 정상이고 중심와는 그렇지 못한 것 같았다. 파랑, 초록, 연자주, 노랑은 전부 색이 약해지거나 아예 바래 보였고, 환한 빨강과 주황이 제일 변화가 없어서 과일 바구니에서 오렌지를 하나 집어 들어 테스트해보니 거의 정상 색으로 보였다.

2006년 1월 25일

마지막 방사선 치료를 받은 지 12일과 13일째인 어제와 오늘, 일주일 만에 처음으로 확실한 호전의 징후가 관찰되었다. 사과가 본래의 푸른빛을 회복하기 시작했고 시력도 향상되었다. 지난밤에는 일반 크기 활자로 인쇄한 책(루리야의 자서전)을 30분쯤 읽다가 잠들었다. 오랜 습관인 잠들기 전 독서를 입원한 뒤로 몇 달 만에 되찾은 셈이다.

---

1. 많은 사람이 황반변성을 앓으면서도 남에게 의존하지 않고 활동적인 삶을 영위한다. 내 환자 가운데 활달한 나이 든 여성이 있는데, 그녀는 5년 전 황반변성으로 중심시를 잃은 뒤 이렇게 말했다. "수술이 제법 잘됐는데, 하필 주변시 쪽이랍니다." 그 여성은 법적 실명인 0.1의 저시력으로도 여전히 산책을 즐기고 분주히 돌아다닌다.

하지만 이상한 꿈과 가끔씩 꾸는 악몽은 계속된다. 이틀 전에는 사람들이 뻘겋게 달궈진 바늘로 눈을 찔리는 고문을 당해 눈이 머는 꿈을 꾸었다. 내 차례가 되어 발버둥치면서 힘없이 비명을 지르다가 억지로 깨어났는데, 다시 잠들지 못했다. 어제는 번개에 잠이 깼다(어쩌면 비몽사몽이었을지도 모르겠다). 나는 (폭풍 예고가 없었기에) 놀라서 천둥을 기다렸다. 천둥은 치지 않았다. 하늘은 맑았다. 그러다 이것이 손상되어 비정상적으로 활발해진 망막에서 나온 섬광이라는 것을 알았다. 전에도 불꽃이 번쩍이는 섬광은 있었지만, 이런 종류의 고주파 광선은 처음이다.

오늘 아침에는 키 작은 차나무 꿈을 꾸었는데, 나는 이것이 강력한 항암력을 주는 나무라고 알고 있다.

2006년 1월 26일

겨우 아침 8시인데 에이브럼슨 박사의 진료 대기실에는 환자가 벌써 아홉 명 와 있다. 이 사람들, 아니 우리 전부가 안구 흑색종 환자인가? 어린이 환자는 없고 어린 축에 들어 보이는 성인 환자가 남성과 여성 예닐곱 명씩 있는데, 안구 흑색종은 예순 살 이후에 더 흔한 질환이다. 나한테 마흔 살, 아니 스무 살 때 이미 안구 흑색종 유전자가 있었을까? 아니면 이 오염된 발암성 행성에서 나날이 증가하는 수많은 돌연변이 가운데 하나였을까?

에이브럼슨 박사에게 오른쪽 눈의 중앙시를 일시적으로 상실한 뒤, 밥의 검안경으로 인한 눈부신 섬광과 그 뒤로 경험한 색 지각의 변화에 대해 이야기했다. 그는 수술과 방사선 효과로 눈부신 섬광이 악화될 수는 있지만, 대체로는 일시적 현상이며 사라질 것이라고 말한다. 그는 진찰을 통해 종양에서 약간의 괴사와 석회화를 확인했다(방사선 치료로 예상되는 결과다). 에이브럼슨 박사는 예정했던 대로 "순조롭게 진행"되고 있지만, 대략 한 달 사이에 '마무리' 레이저 치료는 받아야 할 것이라고 말했다. 이제 활동에 제약도 없어졌고, 수영도 마음껏 할 수 있다. 만세!

오후 7시. 이 모든 상황에도 비생산적이기만 한 일주일은 아니었다. 케이트가 음악성 관련 원고 두 장의 타이핑(과 확장)을 끝내줘서 퇴고할 수 있었고, 공감각을 경험하는 사람 여러 명을 만났다(모두가 각기 다른 특질을 보이는 멋진 만남이었다). 읽기에 어려움이 있고 시야와 색 변화 등의 검사에 망상을 겪고는 있지만, 그래도 음악 책 원고를 완성할 수 있으리라는 희망이 있다.

그 다음 몇 주 동안 오른쪽 눈이 며칠은 거의 안 보이다가 또 며칠은 좋아졌다가 하는 변동과 '어안'성 일그러짐, 빛에 극히 예민한 상태가 지속되었다. 외출할 때는 눈을 완전히 감싸는 큰 선글라스를 썼다. 한번 노출되면 몇 시간씩 눈이 보이지 않게 만드는 햇빛이나 플래시 전구의 조명을 피하기 위한 조치다. 안대를 착용하는 시간이 많았는데, 정상적으로 보이는 왼쪽 눈의 상이 오른쪽 눈의 일그러진 상과 충돌하지 않도록 하기 위해서다. 3월에 에이브럼슨 박사가 레이저 방사선 치료를 한 뒤로 2주 만에 마침내 부종이 가라앉기 시작했다. 그러면서 오른쪽 눈의 시력도 안정되었고, 상 일그러짐과 빛에 대한 민감한 반응도 점차 사라졌다.

하지만 색 지각 이상은 사라지지 않았다. 양쪽 눈을 함께 사용할 때는 (상 일그러짐과 달리) 뚜렷하지 않다. 잘 보이는 눈을 감으면 갑자기 다른 색의 세계가 나타난다. 노랑 민들레 밭이 갑자기 하얀 민들레 밭으로 변하고, 색이 더 짙은 꽃들은 까맣게 변한다. 밝은 초록색 양치식물인 부처손은 오른쪽 눈에 렌즈를 끼고 살펴보니 짙은 남색으로 바뀌었다(나는 평생 오른쪽 눈이 주시안이었기 때문에 현재는 오른쪽 눈이 왼쪽 눈보다 훨씬 나쁜데도 렌즈나 단안경을 들면 자동적으로 오른쪽 눈에 가져다 댄다).

색에 홍조나 난반사가 일어나는 희한한 증상도 있었다. 예를 들어 오른쪽 눈으로 초록 이파리에 에워싸인 옅은 자줏빛 꽃을 보면, 둘레의 초록빛이 꽃의 빛깔을 잠식하여 꽃과 이파리 전체가 초록빛으로 변하는 현상이다. 히아신스가 가득 핀 들판을 보면서 왼쪽 눈을 감으면 파란 히아신스가 초록으로 변해서 주변의 초목과 분간이 되지 않았다. (보였다 안 보였다 하는) 속임수 마술처럼 양쪽 눈이 각각 다른 세계를 지각하는 것은 굉장히 특별한 경험이었다.

5월에 에이브럼슨 박사가 부종이 거의 없어졌고 종양도 쪼그라들기 시작했다면서 이런 정도라면 앞으로도 오랜 기간 동안 안정된 시력을 누릴 수 있을 것 같다고 말했다.

그로부터 두 달 남짓, 묵직한 검정 '흑색종 일지'에 기록할 사항은 점점 줄어들었다. 한 해 가까이 상세한 기록은 재개하지 않았다. 하지만 2006년 7월부터 시지각 문제(특히 상이 뒤틀리는 증상과 시력 감퇴, 빛에 대한 민감도)가 서서히 돌아왔고, 종양의 한 부위가 약간 자랐다.

에이브럼슨 박사는 '지속'이라는 온건한 어휘로 이 상태를 기술하고, 한 차례 더 가벼운 레이저 요법으로 관리할 수 있으리라고 생각한다. 하지만 내가 수술을 받았던 12월에는 그 요법이 통하지 않았다. 수술 당시에는 중심시를 일부라도 보존하기 위해 레이저가 닿지 않도록 중심와를

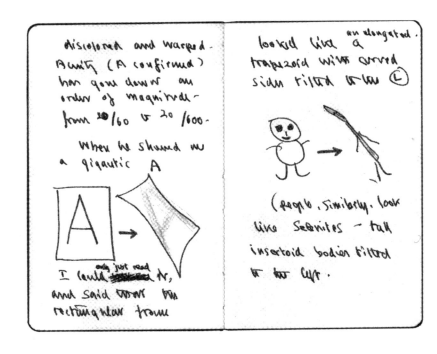

감싸고 있는 망막의 얇은 껍질을 조심스럽게 피했던 것 같은데, 결국에는 포기해야 할 모양이다.

2007년 4월에 이르면 오른쪽 눈의 상 뒤틀림이 극도로 악화되어 양쪽 눈을 사용할 때조차 상에 문제가 생겼다. 사람들이 엘 그레코의 인물화처럼 기이하게 길쭉이 늘어나고, 왼쪽으로 기우뚱해 보인다(H. G. 웰스의 《달의 첫 방문자The First Men in the Moon》에 등장하는 곤충 형상 생물체가 이렇게 생기지 않았을까 상상하기도 한다). 한 해 전에 시작된 상이 확산되는 현상이 처음에는 색에만 국한되었지만, 지금은 내가 보는 모든 대상으로 확대되었다. 특히 사람의 얼굴은 원형질 돌기 같은 불룩거리는 반투명 형상으로, 흡사 프랜시스 베이컨의 초상화를 연상시킨다.

나도 모르게 오른쪽 눈을 자꾸 감는다. 2007년 5월 무렵, 오른쪽 눈의 시력은 0.03으로 급락해서 화면에서 가장 큰 글자도 읽을 수 없었다. 이즈음에는 중심시를 상실하는 일이 재앙이 될 것이라고 생각했지만, 지금은 시력이 너무 떨어지고 일그러져서 차라리 오른쪽 눈의 중심시를 완전히 잃는 편이 낫지 않을까 하는 생각도 하고 있다. 갈수록 잃을 것이 없어지는 듯하여 3차 레이저 치료를 잡았다. 이 치료로 남은 종양을 완전히 제거할 것이고, 어쩌면 오른쪽 눈의 남은 중심시도 같이 사라질 것이다.

2007년 6월

2주 뒤, 한 시간가량에 걸쳐 10여 차례 레이저 소작을 받고 나서 마취가 풀릴 때까지 치료 부위를 보호하기 위한 조치로 눈에 붕대를 잔뜩 붙이고 병원을 떠났다. 그날 밤 9시 무렵에 붕대를 떼어냈다. 눈이 보일지 말지는 알 수 없었다.

검고 불투명한 커다란 무언가가 중심시를 흐리는 것이 보이는데, 위족僞足이 돌출한 아메바처럼 생겼다. 이것은 팽창했다 수축했다 하면서 율동적으로 움직이지만, 그 테두리는 면도날처럼 예리했다. 손가락으로 찔렀더니 블랙홀에 집어삼켜진 것처럼 손가락이 사라졌다. 화장실 거울에 내 모습을 비쳐 보는데, 오른쪽 눈으로는 머리가 보이지 않았다. 눈에 보이는 것은 어깨와 턱수염 아래쪽뿐이었다. 글 쓸 때는 펜촉이 보이지 않았다.

다음 날 아침 외출했을 때는 길 다니는 사람들의 하반신만 보였다. 조이스의 《율리시스》에서 더블린을 돌아다니는 "펑퍼짐한 바지 한 벌"로 묘사되는 아티포니 씨가 떠올랐다. 길은 온통 치마와 바지, 상체 없이 움직이는 다리와 엉덩이들뿐이었다(이로부터 며칠 뒤에는 암점이 더 커져 사람들 발만 보였다).

물론 이 현상은 왼쪽 눈을 감았을 때만 나타난다. 양쪽 눈을 다 쓸 때면 시력은 상당히 '정상'이어서 지난 몇 달 동안의 상태보다도 훨씬 좋다. 이제는 오른쪽 눈의 시각이 왼쪽 눈의 시각을 방해하지 않기 때문이다. 적어도 중심시만큼은 가망 없이 완전히 멀었다. 이상하게도 이렇게 된 것이 얼마나 해방감을 주는지 모르겠다. 이 레이저 치료를 몇 달 전에 받았더라면 참 좋았을 텐데….

하지만 단안시가 되고 보니 입체시는 제대로 발휘되지 못하는데, 시야의 상반부에서 3분의 2까지 사라졌다. 하지만 하반부는 손상되지 않아서 주변시는 어느 정도 남아 있다. 그래서 사람들의 하반신은 입체시로 보이고, 상반신은 완전 평면의 2차원으로 보인다. 물론 하반신을 남은 중심시로 볼 때면 이 또한 평면으로 변한다.

붕대를 제거한 첫날 밤, 오른쪽 눈으로 아메바 같은 검은 얼룩을 보았다. 다음 날 아침, 이 얼룩은 오스트레일리아 본토처럼 생긴 암흑으로 자리 잡았다. 태즈메이니아인가 싶은 동남부 모퉁이의 돌출부 방점까지 보였다. 첫날 밤, 천장을 올려다보았을 때 그 얼룩이 사라져버려서 깜짝 놀랐다. 어떻게 위장했는지 존재를 확인할 수 없었다. 정말로 사라졌나 싶어서 테스트했더니, 아직 있었다. 블랙홀이 주변의 천장 색깔을 덮어 쓰고 백색홀로 바뀐 것이었다. 그런데도 구멍은 구멍이어서, 손가락을 가장자리에서 중심으로 옮겨보면 보이지 않는 암점의 가장자리를 지나는 순간 손가락이 사라져버린다.

암점은 우리 모두에게 있는 정상적인 지점으로 시각 신경이 모이는 곳인데, 그곳이 자동적으로 채워지기 때문에 우리가 그 존재를 의식하지 못하는 것뿐이다. 정상적인 눈의 암점이 아주 작다면 내 눈의 암점은 거대해서 오른쪽 눈 시야 전체의 절반 이상을 덮고 있다. 그렇지만 하얀 표면을 1~2초간 바라보면 완전하게 채워져서 암흑이 하얗게 바뀐다. 다음 날, 파란 하늘로 이 현상을 실험했더니 같은 결과가 나왔다. 암점이 하늘처럼 파란빛으로 바뀌었지만, 이번에는 그 가장자리를 손가락으로 짚어볼 필요가 없었다. 날아가던 새떼가 암점으로 들어오면서 사라졌다가 몇 초 뒤 다른 쪽에서 나타났기 때문이다. 그 장면은 마치 투명 장치를 탑재한 클링온 전함(유명한 SF 시리즈 〈스타트렉〉에 등장하는 호전적인 클링온 족의 전함―옮긴이)이 은폐되었다가 모습을 드러내는 듯했다.

이렇게 채워지는 현상은 지속적인 응시에 의해 나타나며 전적으로 국소적이다. 눈동자가 조금이라도 움직이면 채워졌던 것이 바로 흩어져 그 흉한 검은 아메바가 돌아온다. 붉은 표면을 몇 분간 보다가 하얀 벽을 보았을 때는 그 벽에 커다랗고 붉은 아메바(혹은 오스트레일리아)가 나타나 10초가량 지속되다가 하얗게 변한다. 그래서 지속적 응시에 대한 반응이며 국소적이라고 하는 것이다.

이른바 암점을 채우는 것은 색만이 아니며, 무늬도 같은 작용을 보인다. 내 눈의 암점이 어떤 힘과 한계가 있는지 실험하는 일은 재미있었다. 단순한 반복 무늬로 암점을 채우는 일은 간단했다(내 집무실의 양탄자부터 실험해보았다). 하지만 무늬는 색보다 시간이 조금 더 걸려서 10~15초간 응시해야 암점이 채워졌다. 채워지는 과정은 가장자리부터 시작되는데, 연못이 어는 것과 같은 이치다. 무늬는 같은 간격으로 반복되어야 하며,

아주 세밀한 부분까지 동일해야 한다. 나의 시각피질은 자잘한 무늬는 별 어려움 없이 채웠지만, 굵직한 무늬는 감당하지 못했다. 따라서 벽돌 담에서 두어 뼘 거리에 섰을 때는 암점이 벽돌의 붉은빛으로 변했지만, 세부 요소에는 변화가 없었다. 하지만 벽돌담에서 5~6미터 거리에 서면 고상한 벽돌 건축물로 채워진다.

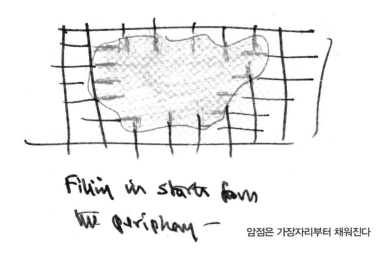

암점은 가장자리부터 채워진다

그 벽돌 건축물이 원래의 것과 정확히 똑같은지는 모르겠지만 '사라진' 담장을 그럴듯하게 그려냈다고 할 만하다. 체스판이나 벽지처럼 예상하기 쉬운 반복 무늬는 응시하기만 하면 동일하게 복제할 수 있다. 한번은 뭉게구름이 가득한 하늘을 바라보았더니, 암점 안에 가늘고 성긴 구름이 떠 있는 '사이비' 하늘이 떠올랐다. 시각피질이 개별 구름의 형태를 실제 모양 그대로 만들어내지는 못한다 해도, 최선을 다해 파란 하늘과 흰 구름의 비율을 본뜨거나 어림잡는 작업에 임하는 것으로 느껴진다. 시각피질은 강직한 복제 장치가 아니라 일종의 평균화 장치가 아닌가 하는 생각이 든다. 제시된 정보에서 표본을 추려내어 (사진처럼 정밀하게 일치하지는 않더라도) 통계적으로 타당한 형상을 만들어 보여주는 장치가 아닌가 말이다. 이것이 바로 갑오징어나 문어가 주위의 식물이나 산호 혹은 해저의 빛깔과 무늬, 나아가서는 질감까지 취하여 (완전히 똑같지는 않지만 천적이나 먹잇감을 속여 넘기기에는 충분히 그럴듯하게) 위장할 때 일어나는 작용이 아닐까?

움직임도 어느 정도까지는 채워질 수 있다는 것을 발견했다. 서서히 소용돌이치거나 잔물결 일렁이는 허드슨 강의 모습을 바라보고 있으면, 이 풍경도 암점에 재현되었다.

하지만 엄연히 한계가 있다. 얼굴이나 자태, 복잡한 물체는 재현하지 못한다. 암점에 의해 시야가 텅 비어버렸을 때는 거울 속에 내 두상도 채워 넣지 못한다. 하지만 여기서 또다른 신기한 것을 발견했다. 하루는 한가롭게 암점 놀이를 하고 있었다. 오른쪽 눈으로 발을 보다가 암점으로 발목 약간 위 지점을 '절단'했다. 그런데 발을 조금 움직이고 발가락을 꼼지락거리자, 뭉툭하게 절단된 발목 부위가 반투명 분홍색으로 자라나면서 그 둘레로 희미한 원형질 후광이 나타나는 것이다. 발가락을 계속해서 꼼지락거렸더니 그 원형질이 점점 형태를 갖추다가, 1분가량 지났을 때는 형태가 완전한 환족이 나타났다. 사라졌던 발가락이 내가 하던 동작을 그대로 따라 하는, 일종의 시각적 유령이었다. 이 발은 표면의 세부적 요소가 없기 때문에 진짜 발로 보이지 않았고, 발의 견고한 느낌도 주지 않았다. 그런데도 대단히 인상적이었다. 손목 위쪽을 '절단'하는 암점 놀이를 했을 때도 비슷한 현상이 나타났다. 다른 사람의 손으로도 같은 실험을 해보았지만, 조금도 통하지 않았다. 이 효과를 보기 위해서는 내 발이나 내 손, 내 몸의 움직임과 감각, 내 몸의 이미지나 나의 직접적인 의도가 필요조건임이 분명했다.

6월에 레이저 치료를 받은 뒤, 두 눈을 감은 채로도 팔이나 다른 신체 부위가 움직이는 모습을 어느 때보다 또렷하고 생생하게 시각화하는 것이 가능해졌다. 움직이는 팔을 '보는 것'은 시각피질과 운동피질의 연결성이나 높아진 감각성을 입증하는 실험처럼 느껴졌다. 이는 이제껏 경험해보지 못한 피질들 간의 상호 관계나 밀도 높은 소통 능력을 보여주는 듯했다.

2007년 6월에 레이저 치료를 받은 뒤로 하루 이틀 사이에 또 한 가지 기이한 현상을 목격했다. 침실의 책꽂이를 몇 분 응시한 뒤 두 눈을 감았는데, 10초에서 15초 정도 책꽂이에 있던 수백 권의 책이 집요할 정도로 상세하게 보이는 것이다. 이는 암점이 채워지던 기존의 경험과는 다른 무엇이었다. 18개월 전 병원에서 겪었던 것으로, 세면대가 안대를 '뚫고' 너무나 뚜렷하게 보이던 상 존속 현상과 유사하다.

아마도 오른쪽 눈의 중심시를 상실하는 것이나 수술 후 안대를 착용하여 시야를 가리는 것은 뇌로 가는 시지각 정보를 박탈한다는 점에서는 동일한 작용인 듯하다. 이제 시각피질이 순수하게 시각적 제약에서 어느 정도 해방된, 강화된, 혹은 민감해진 상태라는 느낌이 들었다.

며칠 뒤 자전거와 자동차, 버스, 인파가 사방팔방으로 분주히 움직이는 복잡한 교차로를 걷는데 비슷한 일이 일어났다. 1분 동안 눈을 감고 있었는데, 눈을 떴을 때 보았던 그 복잡한 광경 그대로 색깔과 움직임까지 생생하게 '보이는' 것이었다.

이 현상이 특히나 놀라웠던 것은 원래 나의 시지각 능력이 아주 형편없었기 때문이다. 나는 친구의 얼굴이나 거실의 풍경, 아니 어떤 것이 되었건 머릿속에 그리는 일이 힘겨운 사람이다. 그런데 이날 경험한 상의 존속은 풍부하고 무분별할 정도로 상세해서 어떤 자발적인 이미지보다도 강렬했다. 어느 정도로 상세했는가 하면, 자동차의 색상은 물론 주의를 기울이지도 않은 차량 등록 번호판까지도 읽을 수 있었다. 이날의 불수의적이고 비선택적으로 막을 길 없이 지속된 상은 직관적 혹은 사진적 심상과 유사하게 느껴졌다. 하지만 직관적 심상과는 달리 아주 또렷하지만 지속 시간이 짧아서 10초에서 15초가 지나면 서서히 사라졌다.

한번은 친구와 함께 걷다가 하얀 셔츠 차림의 두 남자가 우리 쪽으로 오는 것을 보았는데, 두 남자의 셔츠가 늦은 오후 햇빛에 눈부시게 밝았다. 걸음을 멈추고 두 눈을 감았는데, 그 사람들이 여전히 우리 쪽으로 걸어오는 모습이 보였다. 눈을 떴더니 하얀 셔츠 차림의 두 남자가 간 데 없이 사라져서 깜짝 놀랐다. 물론 그들은 가던 길로 그대로 간 것이었지만, 내가 눈을 감은 채로 '본' 것, 즉 정지된 과거의 단편에 몰입하고 있었던 터라 갑작스러운 단절에 충격을 느낀 것이었다. 내가 '정지'라는 말을 쓴 것은 내가 마음의 눈으로 본 것이 움직이고 있었기 때문이기도 하다. 두 남자는 성큼성큼 걷고 있었지만 내 마음의 눈에서는 걸으면서도 전진하지 못하는, 그러니까 러닝머신 위를 걷는 듯한 형상이었다. 이 움직임의 순간이 하나의 필름 릴처럼 포착되어 그들이 지나간 뒤에도 마음의 눈에서 재생되고 있었던 것이다. 여기에는 역설이 있다. 실제의 이동 없이 움직임을 보여주는 스냅사진의 역설 말이다.

이러한 상 존속 현상은 꽤나 재미있어서, 색색의 조명과 번쩍번쩍 움직이는 광고판이 다채로운 타임스퀘어는 이 현상을 테스트하기에 최적의 장소였다. 가장 강력한 시지각 자극제는 연속적인 이미지들이 활발하게 시야를 지나치는 광학적 흐름으로, 빠르게 달리는 차에 타고 있을 때 특히 더 재미있다.

나는 암점의 채움 현상과 상 존속 현상 사이에 유사성, 어쩌면 어떤 친족 관계가 있을 것이라고 느꼈다. 두 현상 모두 앞서서 암시되는 현상이 있으며, 중심시 상실 후에 강하게 나타난다. 이러한 현상은 2007년 여름에 두 달에서 석 달 동안 강력하게 유지되다가 서서히 약해졌다(약해진 형태로나마 현재까지 계속 나타나기는 한다). 보이지 않는 영역을 재구성하는 데만 국한되지 않고 때로는 일종의 걷잡을 수 없는 상의 확산으로 나아가기도 하는 과정을 설명하기에는 '채움'이라는 용어가 불충분하게 느껴진다. (이 현상도 6월 레이저 치료를 받기 전에 반실명 상태로 지낸 몇 주 동안, 사람 얼굴이 프랜시스 베이컨의 초상화처럼 돌출되고 확산되어 보일 때 이미 조짐이 있었다.)

하루는 이 상의 확산 현상을 실험하기 위해 오른쪽 눈으로 아주 무성하고 환한 녹색 군엽을 응시했다. 금세 채움 현상이 발생하여 사라졌던 부위가 녹색이 되고 그 군엽에 필적하는 질감을 띠었다. 그리고 '부풀림' 현상이 발생했는데, 군엽이 특히 왼쪽으로 확장되면서 엄청나게 경사진 '잎' 더미가 되었다. 왼쪽 눈을 뜨고 나무의 실제 모양을 보고서야 비로소 그 상이 얼마나 기이하게 변했는지 알 수 있었다. 나는 집으로 돌아와 맥도널드 크리츨리가 반복시paliopsia와 환시적 상 확산이라고 명한 '시각적 보속증 visual perseveration'[2]의 유형을 기술한 옛 논문을 살펴보았다. 크리츨리는 이 두 현상이, 하나는 시간적 보속증이고 다른 하나는 공간적 보속증으로,

유사성을 띤다고 보았다.[3]

이런 상황이면 '병적'이라는 말을 사용해야 할 것이다. 모든 감각 기능이 시간과 공간 속에서 확장되고 번져나간다면 정상적인 시지각 기능을 사용하기 어려우니 말이다. 개별 감각기관의 능력을 보존하기 위해서는 억제 혹은 저해가 작동하는 명확한 경계선이 필요한 것이다.

크리츨리의 환자들은 뇌종양이나 여타의 대뇌 장애가 있었지만, 나는 망막만 손상되었다. 그런데도 대뇌 관련 증상을 겪고 있다. 이는 망막 손상이 시각피질에 비정상적 흥분을 야기한 것이 아닌가 추측한다. 오래전에 (《나는 침대에서 내 다리를 주웠다》에서 기술했는데) 한쪽 다리의 신경과 근육에 부상을 당했는데 두정엽 장애가 나타나는 것과 유사한, 이상한

---

2. 반복시는 크리츨리가 만든 용어다. 크리츨리는 'paliopsia'라고 했지만, 현재는 'palinopsia'로 통한다(그리스어로 'palin'은 '다시', 'opsia'는 '보기'를 의미한다 — 옮긴이).

3. 프리제시 카린시는 《두개골 여행Journey Round My Skull》에서 시력을 상실하던 시기에 경험했던 아주 다른 '채움'에 대해 서술한다. 그의 채움은 내가 경험한 낮은 수준이 아니라 연상과 기억과 관련된 훨씬 복잡하고 높은 수준의 채움이다.

> 나는 조명의 변화가 주는 모든 단서를 해석하여 기억의 일반적 효과를 완성하는 법을 터득했다. 내가 사는 이 기이한 반암흑에 익숙해지면서 오히려 이 상태를 즐기기 시작했다. 사물의 윤곽은 여전히 제법 잘 보였고, 나머지 세부 요소는 화가가 빈 액자를 채우듯 상상력으로 보완했다. 나는 누구라도 만나면 목소리와 움직임을 관찰해서 그 사람의 얼굴을 그리곤 했다. 사람들은 내가 색상과 명암을 구분하지 못한다는 것을 알고 놀라지만, 시력이 정상인 사람들은 놓치는 순간의 표정을 내가 포착할 수 있다는 점은 스스로도 놀라운 일이었다. 내가 이미 실명했을지도 모른다는 생각을 하면 공포가 엄습했다. … 나는 사람들의 말과 목소리만으로 현실이라는 잃어버린 세계를 재구성해야 할지도 모른다. 우리가 잠들었을 때 감긴 눈 속에서 춤추는 안내 섬광으로부터 현실과 닮은 이미지를 만들어내는 것처럼 말이다. 나는 현실과 상상력의 경계선에 서서 어느 쪽이 어느 쪽인지 알 수 없는 혼돈을 느끼기 시작했다. 신체의 눈과 마음의 눈이 하나로 뒤범벅되어 둘 중 어느 쪽이 주인인지 더이상 알 수가 없었다.

대뇌 증상을 겪었다. 러시아의 신경심리학자 A. R. 루리야에게 편지로 이 증상에 대해 알렸을 때, 그는 "말초 질환의 중추적 반향"을 언급했다. 지금 내가 겪고 있는 것은 '시각 영역'의 중추적 반향이다.

2007년 6월에는 (외부 세계와는 아무 관련 없는 환영들이 불쑥 출몰하는) 급격한 환각 증상도 겪었는데, 이 증상은 어느 정도 지속되는 상황이다. 신경학에서는 단순 혹은 기본 환시와, 그와 반대되는 복잡 환시를 구분한다. 단순 환시는 색, 꼴, 무늬로 이루어지며, 복잡한 환시에는 인물, 동물, 얼굴, 풍경 등의 요소가 등장한다. 내가 경험하는 환영은 대부분 단순 환시다.

다른 전조 현상 없이 바로 불꽃, 줄무늬, 빛 반점 같은 것이 시야에 나타나고, 악어 가죽 비슷한 복잡한 무늬도 등장한다. 가끔은 아무것도 없는 벽에 무늬나 결이 보이는 것 같아서 손으로 직접 만져서 내 눈에 보이는 것이 진짜인지 확인해야 할 때도 있다.

덤불 같은 작은 뭉치가 시야를 뒤덮는 경우도 적지 않은데, 두 눈을 뜨고 있을 때도 이런 환영이 나타나곤 한다. 그런가 하면 체커판이 나타나기도 하는데, 대개는 흑백이지만 가끔은 희미하게 컬러로 나타난다. 체커판의 크기는 내가 그 판을 어디에 '투사'하느냐에 따라 달라진다. 내가 15센티미터 거리의 종이를 보고 있었다면 체커판은 우표만 해지고, 천장을 보고 있었다면 30제곱센티미터 크기가 된다. 길 건너 하얀 담장을 보았다면 체커판은 상점 진열장만 해진다. 직선 체커판, 곡선 체커판이 나타나는가 하면, 쌍곡선에 가까운 형태일 때도 있다. 체커판 하나가 분열을 일으키거나 증식해서 작은 체커판 열 몇 개가 종렬이나 횡렬로 늘어서는 경우도 있다. 복잡한 쪽매붙임 혹은 모자이크 환영도 흔히 나타나는데, 기본적인 체커판 형상이 변형되거나 정교해진 것으로 보인다. 이런 환영은 이 형상에서 저 형상으로 끊임없이 변하는 만화경 같은 변화를 보인다.

다각형(주로 6각형) 조각으로 이루어진 타일이나 바둑판 형상도 보이는데, 평면으로 나타날 때도 있고 벌집이나 방산충 같은 3차원으로 나타날 때도 있다. 이따금 '지도'도 보인다. 야간에 저공으로 비행하는 비행기에서 내려다보듯, 환형 도로와 방사형 바큇살이 불 밝힌 거대한 거미줄 같은 미지의 대도시 지도가….

이렇게 나타나는 많은 무늬가 현미경으로 들여다보는 것처럼 상세하다. 이 야간 도시들은 무수한 조명으로 환하다. 이러한 이미지 혹은 환영들은 지각되는 대상보다 훨씬 명징하며, 미립자로 존재한다. 나의 마음의 눈의 시력은 1.0이 아니라 5.0쯤 되는가 보다.

가장 꾸준히 나타나는 무늬는 막대 같은 무늬이며, 이따금씩 문자나 숫자 비슷한 곡선 무늬도 꽤 꾸준히 나타난다. 가끔은 7이나 Y나 T나 델타$^\delta$처럼 알아볼 수 있는 문자가 나오기도 하지만, 대부분은 알 수 없는 것이 룬문자처럼 느껴진다. 이런 난해한 패턴을 볼 때면 알파벳이 무작위로 전 방위에서 튀어나오는 유아용 알파벳 상자가 떠오른다. 내 앞에 나타나는 문자들은 상당히 희미하고 두 줄을 이룰 때가 적지 않아서 돌 위에 새긴 문자 같은 인상을 준다. 이런 사이비 문자, 사이비 숫자는 시야 안에서 1초도 안 되는 짧은 순간에 깜빡거리며 정렬되고 해체되었다가 재정렬되곤 한다. 내가 벽의 가로 부분을 보고 있을 때면 룬문자들이 장식 띠처럼 한 줄로 늘어서기도 한다.

　이런 환영은 웬만한 경우에는 무시하고 넘어갈 수 있다. 지난 몇 해 동안 이명을 무시하고 지내왔던 것처럼 말이다. 하지만 볼거리가 없고 소음도 줄어드는 밤이면 희미하게 나타나는 환영이 갑자기 의식되곤 한다. 아니, (천장이나 하얀 세면대나 하늘처럼) 시각적 공백이야말로 시야를 끈질기게 쫓아다니는 시각적 패턴이나 이미지를 의식하게 만든다. 그런데도 이런 환영들은 어떤 면에서는 아주 흥미롭다. 나의 시각기관이 한가로운 듯 쉼 없이 무늬를 만들어내고 변화시키며, 보이지 않는 곳에서 어떤 활동을 벌이고 있는지를 보여주는 것이다.

2007년 12월 20일 목요일

종양에 대해서 꽤 느긋하게 지내왔다. 억제되었는지 활동이 없는 것처럼 보이는 데다가 에이브럼슨 박사도 안구 흑색종 같은 것이 전이되는 경우는 드물다고 했다. 그런데 (종양이 나타난 날로부터 2년째인 17일) 월요일에 체육관에서 왼쪽 어깨 바로 아래쪽에 동전 크기의 둥그스름한 검은 점을 발견했다. 화들짝 놀라고 겁에 질렸다. 칠흑처럼 새까만 색에 선명한 경계가 있고 약간 도드라진 것이 아무리 봐도 보통 멍 같지는 않았다. 불길하게도, 눈의 종양이 전이되어 피부 흑색종이 발생한 것일까?

오늘 저녁에 식사하러 온 마크와 피터에게 점을 보여주었더니, 둘 다 깜짝 놀라며 걱정했다. 마크가 말했다. "아주 짙은 것이 안 좋아 보여요. 24시간 이내로 검진받으셔야 할 것 같습니다." 하지만 흑색종으로 보이지는 않는다면서, 자신은 이런 것을 본 적이 없다고 덧붙였다. 곧 크리스마스 휴가철이 시작되니 2005년에 그랬던 것처럼 내일 검진받지 않으면 신년까지 기다려야 할 판이었다. 당장 밝혀내지 못했다가는 아무것도 못할 것 같다. 근처 아무 전문병원이라도 찾아야겠다. 벌써 흥분 상태군…. 진정부터 해야 할 것 같다.

2007년 12월 21일 금요일

피부과 의사 비커스 박사는 상냥하고 섬세하고 박식한 사람이기도 하다. 내가 불안에 떠는 것을 느끼고 오늘로 예약을 잡아주었다. 그는 내 팔과 다른 곳의 피부를 살펴보고, 이상이 없다고 했다. 검은 점은 그저 출혈 부분이 거무튀튀한 점이 되었다가 시간이 지나면서 반점이 된 것뿐이라고 말이다. 뭔가에 부딪친 것 같다고, 출혈은 이틀 정도면 깨끗해질 것이라고 했다. 얼마나 안도했는지…. 1월까지 기다려야 했다면 돌아버렸을 것이다.

흑색종이 생기기 전까지 10여 년 동안 나는 뉴욕입체경협회의 열성적인 회원이었다. 어린 시절부터 입체경이나 입체 착시를 좋아한 나에게는, 색이 시각 세계의 필수 요소이듯이, 세계를 입체로 보는 것이 아주 자연스러운 일이었다. 입체시는 세계를 견고하게 만들어주고 공간을 현실로 느껴지게 만들어주었다. 공간은 세계가 머무는 투명하고 근사한 매체다. 나의 시각 세계는 한쪽 눈을 감는 순간 즉각 붕괴되었고, 다시 눈을 뜨는 순간 바로 펼쳐졌다. 이 붕괴와 재건의 순간들이 나에게는 예민하게 느껴졌다. 입체경협회의 많은 동료 회원들이 그렇듯이, 나는 대다수 사람들보다 시각적으로 더 깊은 세계에 사는 것 같다.

평생을 입체맹으로 살아온 수 배리가 입체시를 얻었을 때 느꼈던 고양된 기쁨을 곁에서 지켜보면서 나의 입체시 사랑도 되살아났다. 아닌 게 아니라, 2004년과 2005년 두 해는 대부분의 시간을 수와 서신을 왕래하면서 입체시를 생각하고 입체시에 대한 글을 쓰면서 보냈다.

그러다가 2007년 6월에 흑색종이 중심와를 잠식하여 레이저 치료를 받으면서 그 눈의 중심시를 완전히 상실했고, 그와 더불어 입체시도 상실했다. 내가 유년기에 실험하던 시각 세계, 한쪽 눈을 감으면 순식간에 완전 평면이 되던 세계가 이제는 영구적인 상태가 된 것이다. 처음부터 입체시를 경험하지 못하는 사람도 있고 양안시를 거의 활용하지 않아서 입체시를 잃어도 그 차이를 좀처럼 느끼지 못하는 사람도 있다. 나의 경우는 아주 달랐다. 나에게는 입체시가 시지각 경험의 중심이었으므로,

입체시의 상실은 일상의 현실 상황에서 '공간'이라는 개념 자체까지 다방면으로 심오한 영향을 미친다. 이런 변화가 얼마나 급격했는지, 외려 그 효과를 완전하게 인식하기까지는 시간이 많이 걸렸다.

입체시는 신변 반경의 활동에서 가장 중요한 능력으로, 내가 처음 온 갖 문제를 때로는 우스꽝스럽게 때로는 위험하게 겪었던 지점이다. 한 칵테일파티에서는 카나페를 집으려고 손을 내밀었다가 20센티미터는 벗어난 허공을 붙잡을 뻔했고, 한번은 포도주잔에서 30센티미터 떨어진 친구의 무릎에 포도주를 부었다.

층계나 굽잇길을 보지 못해서 발목을 삐끗하거나 휘청하다가 넘어지는 위험한 상황도 있다. 그림자나 여타 부수적인 단서가 없다면 층계가 땅 위에 그어진 줄로만 보여서 올라가거나 내려가는 것은 차치하고 깊이는 감조차 잡지 못한다. 특히 불안정한 것은 야외 광장의 한두 단짜리 얕은 계단이나 처음 방문한 집의 움푹 들어간 거실처럼 내가 예상하지 못하는 공간이다(이런 곳에는 시각적 단서가 될 수 있는 난간조차 없는 경우가 많다). 층계를 내려가는 일은 현실적이며 때로는 공포스러운 모험이어서 한 걸음 한 걸음 내디딜 때마다 살살 짚어보면서 움직여야 한다. 눈에는 평평하게 보이는데 발이 느끼는 것과는 달라서 두 감각 사이에서 갈등해야 하는 경우도 있다. 상식을 포함하여 모든 다른 감각이 층계가 한 칸 더 있다고 말하는데, 눈으로 이 깊이가 보이지 않으면 당황해서 망설일 수밖에 없다. 한참 서 있다가 발을 믿기로 하지만, 시각이 워낙 압도적이기에 실제로 발을 내딛기가 쉽지 않다.

이런 경험을 하면서 (지난 두 해 동안 자주 그랬던 것처럼) 에드윈 애벗의 1884년 고전 《이상한 나라의 사각형Flatland》[한국어판, 경문사, 2003]이 떠올랐다. 2차원 나라인 플랫랜드에서는 주민들도 2차원 도형이다. 어쩌다가 물체의 형태가 자유자재로 바뀌는 상황에 마주치게 되면 그 물체의 성질이나 존재를 스스로 인지할 수 없고 이론가가 설명해주어야만 하며, 누군가 3차원 공간에서 움직이는 3차원 물건이 있다고 주장하더라도 그들은 플랫랜드의 평면 위를 오가는 2차원의 얇은 조각일 따름이다. 이렇듯 플랫랜드 주민들은 어떤 공간적 차원의 존재를 추측할 뿐 자기네 눈으로는 보지 못한다. 이 이야기를 내 상황에 비유하는 것은 무리이겠으나, 내 눈앞의 세계가 평면으로 나를 압도하여 깊이를 추측해야 할 때면 늘 이 이야기가 떠오른다.

역설적인 것은 높은 곳에 대한 공포가 사라졌다는 점이다. 나는 높은 건물에서 발아래 거리를 내려다볼 때면 약간의 경계심을 느끼면서 몸이 벌벌 떨리곤 했다. 토파냐 캐니언에 살 때는 구불구불한 협곡길의 가파른 가장자리를 피해 다녔다. 떨어지는 내 모습이 상상되어 등줄기가 오싹했기 때문이다. 하지만 깊이 지각 능력을 잃은 지금은 그런 느낌이 사라져서 아무리 높은 곳에 올라가도 태연하게 밑을 내려다볼 수 있다.

이따금 '사이비' 입체시를 경험하는데, 바닥에 놓인 신문지 같은 평면체가 공간에 솟아 있는 것처럼 보이는 것이다. 현관문을 열었는데 발 매트를 식탁으로 착각해서 움찔한 적도 있다. 바닥에 줄이 그어져 있거나 카펫 가장자리 같은 경계선이 보이면 층계가 있나 보다 하는 생각이 들 때가 있다. 저 경계선이 층계 끄트머리인가? 그럴 때면 멈춰 서서 발끝으로 조심스럽게 문질러봐야 한다. 드물지만 두 눈이 다 보일 때도 그렇게 착각할 때가 있었는데, 입체시에는 단안시 단서만으로는 애매하거나 속기 쉬운 상황을 명확하게 만들어주는 기능이 있기 때문이다.

(예전에는 의식적으로 조심할 필요가 없었던) 길 건너기나 층계 오르내리기 혹은 그냥 걷는 일조차 이제는 항상 주의하고 조심해야 한다. 거의 평생을 입체시 없이 살아온 수 같은 사람들은 이러한 상황에 적응하기가 상대적으로 쉽겠지만, 입체시를 위한 양안시 단서에 지나칠 정도로 몰입해 살아온 나로서는 양안시 없는 시각 활동이 지극히 어렵게 느껴졌다.

매일 아침 눈을 뜨면 모든 것이 뒤죽박죽인 어수선한 세상이다. 물체들 사이에 공간, 빈틈이라고는 없는 갑갑한 세상….

해마다 크리스마스면 허공에 매달려 반짝이는 커다란 공과 같은, 가로수 가득 반짝이는 꼬마전구는 나의 즐거움이었다. 그러나 지금 보이는 것은 별 가득한 밤하늘과 다를 바 없이 음반처럼 편평한 원형으로 빛나는 전구들이다. 식물원에 가도 그렇게 좋아하던 층층이 무성한 군엽과 덤불의 풍성한 깊이가 더는 보이지 않는다. 전부 깊이가 애매한 평면이다.

거울에 비친 나도 이제는 거울 표면의 뒤가 아니라 그 표면과 동일한 면에 있는 것으로 보인다. 거울을 보니 옷에 붙은 검불 같은 것이 있어서 털어냈더니 그냥 거울 표면의 얼룩이었다. 2월의 어느 날 비슷한 착각을 했는데, 주방 안에 눈이 내리는 줄 알았더니 창문 '바깥쪽'이나 창문 '안쪽'이 똑같은 거리로 느껴진 것뿐이었다.[4]

모든 것이 평평하게 보이는 것이 싫고 입체감을 잃었다는 사실이 슬펐지만, 가끔은 나의 2차원 세계가 고마울 때가 있다. 방이나 조용한 거리, 가로로 놓인 탁자가 시각적으로 아름답게 구성된 정물로 보일 때면, 나는 화가나 사진가가 평면 캔버스나 필름에 담은 아름다운 작품으로 상상하곤 한다. 이렇게 구성이 만들어내는 아름다움을 의식하면서 그림이나 사진을 감상하는 기쁨을 누리게 되었다. 그림이나 사진 작품이 입체적 착시 효과는 주지 못하지만, 이런 면에서는 더 아름다울 수 있다.

어느 날, 나는 생선초밥을 파는 근처의 일본 식당에 들어갔다. 도로에 일렬로 늘어선 은행나무 풍경도 식당 야외석의 매력이다. 이런 계절이면 한낮의 햇빛이 화사하여 한두 걸음 뒤의 노란 담장에 은행나무와 고운 이파리들의 그림자가 선명하다. 하지만 입체시를 잃은 지금 나에게는 나무와 그림자가 벽화처럼 동일 면으로 보인다. 이는 마치 3차원의 현실을 일본화로 바꿔놓은 것 같은, 놀랍고도 강렬한 풍경이다.

멀리 떨어진 대상에 대한 입체시는 직접적인 영향은 덜할지도 모르겠다. 하지만 거리 판단 능력의 상실은 심오하며 때로는 불합리한 의심과 착각을 일으킨다. 에드거 앨런 포의 단편 〈스핑크스〉에서 화자는 마디진 거대한 생물체가 저 멀리 산비탈을 기어 올라가는 광경을 본다. 나중에 알고 보니 그가 본 것은 아주 작은 벌레였다. 그것도 바로 코앞에 있는 것이었다. 입체시를 잃기 전에는 이 '스핑크스' 이야기가 조금 과장되었다고 느꼈지만, 지금 나는 이런 상황을 수시로 경험한다. 요 전날에는 안

---

4. 하지만 두 차례 설명하기 힘든 일이 있었다. 두 경우 모두 대마초를 피운 뒤 넋을 놓고 꽃을 보는, 일종의 황홀경 상태였다(한 번은 꽃병의 수선화였고 또 한 번은 담장을 휘감은 나팔꽃이었다). 나에게는 그 꽃들이 부풀어 올라 주위 공간으로 밀고 나와 찬란한 3차원적 장관을 한껏 뿜내는 듯했다. 대마초 약효가 떨어지자 다시 김이 빠져버렸다. 내 눈에 보인 것이 '진짜'였을까, 아니면 환각이었을까? 이 현상은 입체물인 줄 알았는데 실은 깊이도 거리도 없는 그냥 바닥에 여러 줄 그려진 선이어서 당황스러운, 그런 사이비 입체시와는 질적으로 달랐다. 그 꽃들은 실제로 층층이 깊이가 있었고, 내가 멀쩡한 두 눈으로 보던 때와 똑같이 보였다. 그것이 비정상적 지각이거나 환각이었다면, 현실과 공명하며 진실을 고하는 환각이었다.
나와 서신을 교환하는 사람들 중에는 더러 대마초에 정반대 반응을 경험하는 사람이 있는데, 입체시를 상실하여 세계가 그림 같은 2차원으로 보이는 것이다.

경에 먼지가 한 점 있어서 털어내려고 했는데 알고 보니 그 '먼지'는 보도의 나뭇잎이었다.

손상된 것은 깊이감과 거리감만이 아니었다. 때로는 공간에 나열된 고체들의 세계에 살고 있다는 사실을 인식하는 데 너무도 중요한 원근감마저 소실되는 경우도 있다. 롱아일랜드에 사는 친구의 헛간을 찾아갔을 때였는데, 처음에는 그곳이 헛간인지 몰라보았다. 하늘에 새겨진 도형 같은 가로선, 세로선, 대각선밖에 보이지 않았기 때문이다. 그러더니 갑자기 원근감이 생겨서 사진이나 그림 같은 평면이기는 했어도 헛간이라는 것이 인지되었다.

깊이나 거리 지각 능력을 상실한 뒤로 나에게는 가깝고 먼 사물이 결합하거나 융합하여 기이한 변종 괴물이 되는 일이 생겨났다. 하루는 이상하게도 손가락 사이에 잿빛 거미줄이 보여서 뭔가 했더니, 내가 1미터 아래의 잿빛 카펫을 보고 있는 것이었다(발이 손의 일부가 되어 수평으로 보였다). 그 순간 겁에 질려 친구의 옆모습을 보았는데, 친구의 눈에서 어린 가지 같기도 하고 은백색 나무토막 같기도 한 것이 뻗어 나오는 게 아닌가. 하지만 이것은 길 건너편 나무에 붙은 가지라는 것을 금세 알아차렸다. 그리고 유니언스퀘어에서 길을 건너는 남자가 보였는데, 그 사람은 어깨에 거대한 토목 구조물을 짊어지고 있었다(미치지 않고서야 저런 물건을 지고 갈 수가 있나…). 그런데 알고 보니 그 구조물은 그 사람으로부터 10미터 뒤에 있는 다른 구조물에 붙어 있는 것이었다. 또 소방차 꼭대기가 내 차 지붕에 꽂힌 적이 있는데, 그 소방차는 내 차에서 10여 미터 떨어져 있었다. 하지만 이를 알고 고개를 움직여 운동 시차로 확인했는데도 이상하게 착시는 그리 달라지지 않았다.

혼잡한 도로의 차량 사이에서 보았던 높이 30미터가 넘는 거대한 평저선은 내 바로 앞에 있는 자동차의 측면 거울이었고, 한 여자의 이상한 초록 우산은 그 여자로부터 30미터 뒤에 서 있는 나무였다. 정말 무서운 일도 있었는데, 어느 날 밤 침실에서 책을 읽는데 천장에 매달린 선풍기가 머리맡의 독서등 위로 추락하려는 것이 '보였다'. 두 물건이 최소한 1~2미터는 떨어져 있다는 것을 '알고'는 있다. 그러나 그렇게 갑자기 일어나는 착시를 무슨 수로 막겠는가.

이제 더는 내 앞에서 무언가가 불쑥 튀어나오지도 움푹 꺼지지도 않는다. '앞'이나 '뒤'를 바로바로 지각하는 능력도 사라지고 중첩감과 원근감을 토대로 추론할 수 있을 따름이다. 공간은 나를 포근하게 감싸주며 내가 드나들고 마음 내키는 대로 배회하던 입체의 영역이었다. 나는 그 안으로 들어갈 수 있었고 그 안에 살았으며, 내가 볼 수 있는 모든 것이 공간 속에서 나와 관계를 맺었다. 이제 나에게는 그 공간이 시각적으로 (혹은 정신적으로) 존재하지 않는다.

두 해를 입체시 없이 지냈더니, 이제는 꽤 정상적으로 활동하고 있다. 사람들과 악수하고 포도주 따르는 법을 익혔으며, 층계도 극복했다. 자전거도 다시 타고, 운전도 시작했다(지각은 움직임으로 보완된다는 사실, 내가 지각하는 세계는 2차원이지만 실제로 살고 있는 세계는 3차원이라는 사실, 그리고 운동 시차가 가능하게 만들어준 활동들이다). 대부분의 경우에는 착시와 기이하게 융합되는 상을 '뚫고 볼' 수 있게 된 것이다. 그렇다고 해서 시지각 세계의 기본이 되는 요소를 빼앗겼다는 느낌, 세계가 다시는 예전처럼 보이지 않을 것이며 제대로 보이지 않을 것이라는 느낌은 바꿔놓지 못한다. 내 앞에 펼쳐지는 시각적 세계는 완전히 틀렸다. 나는 이 세계가 예전에는 어떻게 보였는지, 어떻게 보여야 하는지 너무나 잘 알고 있다.

현재 내가 입체시로 볼 수 있는 것은 꿈속에서뿐이다. 나는 입체시를 잃기 전에 입체시 꿈을 자주 꾸었다. 보통은 입체경으로 시골 풍경이나 후미진 그랜드캐니언을 담은 아름다운 입체 사진을 들여다보는 꿈이다. 이 입체적인 꿈에서 깨어나면 교정할 수 없으며 돌이킬 수 없어서 미칠 것 같은 평평한 현실로 돌아와야 한다.

나의 시각 능력은 이 상태로 상당히 안정적으로 2년 동안 유지되었다. (깊이감 자체는 없더라도 오른쪽 눈에 주변시가 있어서 완전하게 시야를 볼 수 있기에) 하고 싶은 일은 대부분 할 수 있었다. 이 주변시로 시야의 맨 아래쪽에 작은 초승달 모양으로 입체시가 남아 있었는데, 나머지 시야에는 입체시가 전혀 없더라도 이 부위 덕분에 암시적으로 혹은 무의식적으로 깊이감과 공간감을 얻을 수 있었다. 하지만 이 입체시 구역이 응시점 밑에 있기 때문에 잘 보이는 눈으로 무언가에 초점을 맞추려 할 때마다 바로 평평해져버려서 오히려 감질나는 경우도 있었다.[5]

2009년 9월 27일, 모든 것이 변했다. 여느 날과 다름없이 시작된 하루

---

5. 방사선 치료에 대한 반응으로 백내장이 생기면서 오른쪽 눈의 주변시는 서서히 나빠졌다. 2009년 봄에 백내장을 제거하자 주변시와 입체시가 갑자기 되살아났다. 오른쪽 눈에 모든 것이 더 환하고 푸르게 보여서, 다음 날 식물원에 난초 전시회를 보러 갔을 때는 색이 눈부시게 밝고 신선하게 보였을 뿐만 아니라 시야 아래쪽에서 꽃송이들이 나를 향해 뻗어오는 것이 보였다. 나는 몹시 기뻤지만 이 되살아난 (적어도 부분적인) 입체시가 얼마나 단명할지는 미처 생각하지 못했다.

였다. 수영하고 아침을 먹고 나서 이를 닦는데, 오른쪽 눈에 얇은 막이 덮인 듯한 느낌이 들었다. 아직까지 남아 있는 유일한 시각 기능인 오른쪽 눈의 주변시가 뿌옇다. 안경에 김이 서렸나 싶어 벗어서 닦았지만, 막은 걷히지 않았다. 막 너머로 보이기는 했지만 윤곽이 뚜렷하지 않았다.

"별일 아니겠지…." 생각은 그랬지만, 여태 겪어보지 않은 일이었다. 하지만 맑아지기는커녕 갈수록 짙어졌다. 나는 공포감과 위기의식에 사로잡혔다. 무슨 일이지? 에이브럼슨 박사의 연구실로 전화했다. 그는 자리에 없었지만, 그의 동료가 곧장 진료실로 오라고 했다. 마르 박사는 눈을 들여다보고 나서 혹시나 하던 내 생각이 맞았음을 확인해주었다. 출혈이 있는데, 출혈 부위는 십중팔구 망막으로 보이며, 그렇게 흘러나오는 피가 안구 뒤쪽의 유리체로 흘러 들어간 것이다. 출혈의 원인은 분명하지 않지만 종양과 방사선 치료, 여러 번 되풀이된 레이저 치료가 망막에 상처를 내고 그러면서 더 약해진 망막의 혈관이 손상되거나 붕괴되었을 수 있다.

오후가 지나면서 오른쪽 눈으로는 손가락 수를 세는 것은 물론 어떤 활동도 할 수 없었고 창문으로 빛이 들어오는 것만 겨우 느꼈다. 조명이 아주 밝은 곳에서 눈을 감으면 바로 눈앞의 움직임이 보이는 정도의 시력만 남아 있었다. 출혈은 점차 멈출 것이라고 하는데, 6개월 이상 걸릴 수 있다고 한다. 이제 오른쪽 눈은 실질적인 기능 면에서는 완전한 실명 상태가 되었다.

모든 것이 잘못되기 시작했던 2005년 말의 그날을, 이 눈으로 감당해온 4년에 이르는 투쟁을 떠올리지 않을 수 없었다. 망막이 끊임없이 갉아먹히고 공격당하던 그 세월을. 이것이 최후의 한 방인가?

눈에 대한 생각을 떨쳐내기 위해 피아노로 갔다. 얼마간 두 눈을 감고 연주했다. 그리고 감정을 둔하게 만들고 생각을 멈추기 위해 수면제 두 알을 먹고 잠을 청했다.

푹 잤다. 라디오 시계 소리에 깨어 눈을 감은 채로 비몽사몽 음악을 들었다. 눈을 떴을 때 오른쪽 눈으로는 쏟아져 들어오는 아침 햇살의 희미한 빛 말고는 아무것도 보이지 않는다는 것을 느끼고 비로소 내가 어떤 상태가 되었는지 기억났다.

월요일 아침, 케이트가 산보 나가자며 찾아왔다. 그리니치 애비뉴의 분주한 아침, 양손에 커피와 휴대전화를 든 사람들, 강아지 산보 시키는 사람들, 자녀를 등교시키는 부모들 속에서 내가 곤경에 처했음을 깨달았다. 나는 깜짝깜짝 놀라다 못해 겁에 질렸다. 사람들과 사물들이 느닷없이 실체가 되어 조짐이나 경고 없이 오른쪽에서 불쑥불쑥 나타나기 시작한 것이다. 눈이 보이지 않는 오른쪽을 케이트가 지켜주지 않았더라면 나는 무엇이 있는지 의식하지 못한 채 여기저기 부딪치고 개에 걸려 넘어지고 유모차와 충돌했을 것이다.

우리는 주변시를 고마워할 줄 모른다. 평소에는 그 존재를 거의 느끼지 못하기 때문이다. 무엇인가를 보고 응시하고 초점을 맞출 때 사용하는 것은 중심시다. 하지만 중심시를 에워싸고 하나의 맥락에서, 즉 우리가 보고 있는 것이 더 넓은 세계에서는 어떤 위치에 속하는지를 알려주는 것은 주변시다. 보고 있는 대상이 움직일 때 우리가 의지하는 것이 바로 주변시다. 주변시가 어느 쪽에서 예상치 못한 움직임이 발생하는지 경고하면, 중심시가 그 경고를 받아 움직임에 초점을 맞추는 것이다.

그런데 나에게는 오른쪽 눈의 주변시에서 큼직한 한 부분(케이크를 크게 잘라낸 조각만 한, 40도 이상 되는)이 잘려나갔다. 대략 코 오른쪽으로는 아무것도 보이지 않는다.[6] 오른쪽 눈의 중심시는 이미 잃었지만 남은 주변시가 오른쪽에서 일어나는 일을 암시해주어 미리 주의할 수 있었다. 하지만 이제는 그것마저 상실했다. 오른쪽으로는 자각이 전혀 없어서 시야에 무엇이 나타나건 뜻밖의 사태요 놀라운 일이 된다. 그래서 사람이나 물건이 오른쪽에서 불쑥 나타날 때면 하릴없이 당황하고 만다. 심지어는 쇼크 상태가 되기도 한다. 공간의 큼지막한 한 부분이 나에게는 더 이상 존재하지 않으며, 그 공간 안에 무엇이 되었건 '있을 수 있다'는 생각도 함께 사라졌다.

신경학에서는 '편측 무시' 혹은 '편측 부주의'라고 하지만, 이런 용어들은 그 상태가 얼마나 기이한지 충분히 전달하지 못한다. 몇 해 전, 우측 두정엽 뇌졸중으로 인해 좌측 공간과 좌반신 쪽의 지각을 완전히 상실한 환자를 본 적이 있다.[7] 그렇다고 해서 내가 그녀와 사실상 완전히 동일한 상황에 처할 경우를 대비할 수 있었던 것도 아니다(물론 나의 경우는 대뇌

---

6. 한쪽 시력을 잃었을 때는 광학적 혹은 기계적으로 다양한 방법을 통해 시야를 확대할 수 있다. 예를 들어 프리즘을 사용하면 시야를 6~8도 정도 넓힐 수 있으며, 거울로 독창적인 전술을 구사할 수도 있다. 15세기 우르비노 공작(페데리코 다 몬테펠트로)은 무술 시합에서 한쪽 눈을 잃고서 극적인 해법을 찾았다. 그는 그치지 않는 암살 위협에 대한 두려움과 전장에서 위용을 지키고자 하는 심정으로 의사에게 콧등을 잘라내서 남은 눈의 시력을 넓혀달라고 했다.
7. 이 환자에 대해서는 《아내를 모자로 착각한 남자》의 "환각"에서 기술했다. 또다른 사례는 동료 마셀 메설럼 박사에게서 얻었는데, 그는 "부주의가 심하면 환자는 갑자기 우주의 절반이 어떤 의미 있는 형태로도 존재하지 않는 것처럼 행동할 수 있다. … 편측 부주의 증상을 겪는 사람의 행동은 좌반구에서 실제로 아무 일도 일어나지 않는 것처럼 굴 뿐만 아니라 그쪽에서는 주의를 기울여야 할 어떠한 일이 일어날 수 있음을 전혀 생각하지 못하는 것처럼 행동한다"고 썼다.

손상이 아닌 안구 손상에 의한 것이긴 하지만). 케이트와 내가 산보를 마치고 집무실로 향할 때 이 사실을 더욱 절감했다. 엘리베이터에 올라탔는데 케이트가 보이지 않았다. 케이트가 문지기와 잡담하거나 우편물을 확인하겠거니 생각하며 올 때까지 기다렸다. 그런데 오른쪽에서 케이트의 목소리("누구를 기다리세요?")가 들려서 얼마나 놀랐는지 모른다. 내가 오른쪽의 케이트를 보지 못했을 뿐만 아니라 그쪽에 있으리라고 짐작도 하지 못한 것은 나에게 '그쪽'이 존재하지 않기 때문이다. "눈에서 멀어지면 마음에서도 멀어진다"는 속담이 이 상황에서는 문자 그대로 현실이다.

2009년 11월 9일

출혈이 발생한 지 6주가 지났다. 나는 차츰 반실명 상태, 반구만이 존재하는 이 상태에 적응하지 않을까 생각했지만, 그런 일은 일어나지 않았다. 누군가 혹은 무언가가 내 오른쪽에서 불쑥 나타날 때마다 처음인 것처럼 예상할 수 없다. 나는 여전히 난데없이 튀어나오고 간데없이 사라져버리는, 돌연성과 불연속성의 세계에서 살고 있다.[8]

나의 대처법은 끊임없이 고개를 두리번거려 보이지 않는 구역에서 무슨 일이 일어나고 있는지를 감시하는 것뿐이다(내가 놓치는 60도가량의 시야를 확보하기 위해 상반신 전체를 비틀어야 한다). 이렇게 하자니 몸이 지칠 뿐만 아니라 우스꽝스러운 느낌도 든다. 나의 지각 능력으로는 시야가 온전하니 말이다. 내가 주관적으로 느끼기에는 놓친 것이 없으니 찾아야 할 것도 없다. 다른 사람들한테도 몸을 뒤틀어 자기네를 골똘히 바라보는 내 행동이 기이하게 느껴질 것 같다.

시각 이외의 감각기관에도 유사한 경험이 발생한다. 예를 들어 척수가 완전히 마비되면 하반신을 움직일 힘과 감각을 완전히 상실한다. 하지만 이러한 기술로는 당사자가 겪는 기이한 상황을 제대로 설명하지 못한다. 척수 마비 환자는 몸의 느낌, 자각 능력이 마치 수준으로 마비되어 하반신이 더는 자신의 몸으로 느껴지지 않는다. 하반신의 정보를 뇌로 보내지 못해서 자신의 존재를 입증할 수 없기 때문이다. 그의 하반신은 자기가 속했던 자리, 그 공간과 함께 사라지고 없다.

물론 눈에는 '사라진' 다리가 보인다. 어떤 면에서는 그래서 더 기이하다. 그 다리들이 자신의 다리가 아니라 (해부학 박물관의 밀랍인형 같은) 이질적인 무언가로 보이기 때문이다. fMRI로 보면 마취된 신체 부위에서는 실제로 감각피질의 대응도 나타나지 않는다는 것이 확인된 바 있다. 나의 우측 시야도 같은 상황으로 보인다. 우측 영역에서 뇌에 신호를 보내지 않아서 뇌에서도 아무런 대응이 없는 것이다. 뇌의 입장에서 보는 한,

---

8. 중년에 완전히 시력을 잃은 존 헐은 《손끝으로 느끼는 세상Touching the Rock》[한국어판, 우리교육, 2001]에서 이 돌연성에 대해 이렇게 말한다.

> 앞이 보이지 않는 사람에게는 말을 하지 않는 사람은 없는 존재나 마찬가지다. 나는 정상 시력의 친구와 대화를 이어가다가 그 친구가 자리를 떴다고 느낀 적이 한두 번이 아니었다. 그 친구가 나한테 말하지 않고 자리를 떴을 수도 있고, 대화가 끝났다는 생각에 고개를 끄덕이거나 미소를 지었을 수도 있다. 하지만 내 입장에서 그는 갑자기 사라진 것이다.
>
> 눈이 보이지 않는 사람에게는 알지 못하는 손이 난데없이 손을 움켜쥐고 웬 목소리가 갑자기 말을 건다. 눈이 보이지 않는 사람은 예측할 수도, 대비할 수도 없다. … 누군가 나에게 말을 걸 때 수동적으로 임할 따름이다. … 보통 사람들은 자신이 말하고 싶은 사람을 찾아서 길거리나 시장통을 돌아다닐 수 있다. 그에게는 사람들이 이미 그곳에 있다. 그가 인사를 건네기 전에 이미 존재하고 있는 것이다. … 앞이 보이지 않는 우리에게 사람들은 끊임없이 움직이는 존재, 덧없이 왔다가 가뭇없이 떠나는 존재, 난데없이 나타났다가는 이내 사라지는 존재다.

내게 오른쪽은 존재하지 않는다.

2009년 12월 6일

출혈로부터 10주가 지났다. 나는 여전히 놀라울 정도로 적응하지 못하고 있다. 보이지 않는 쪽을 무시하거나 잊어버리지 않도록 확인하라고, 끊임없이 스스로에게 상기시키지 않으면 안 된다(무의식중에 나도 모르게 확인하는 버릇이 자리 잡히지 않는다). 이러다가 적응할 수 있겠나 생각하다가 스티븐 폭스가 보내왔던 편지가 생각났다.

깊이감을 잃은 것보다 더 나쁜 일은 시야에 제약이 생겨난 겁니다. 오른팔은 문짝에 부딪쳐대느라 멍투성이가 되었습니다. 뇌가 두 눈이 다 보일 때하고 똑같은 파노라마 시야로 반응하고 있기 때문이지요. 탁자 위에 있는 물건을 오른팔로 얼마나 많이 날려 보냈는지 모릅니다. 아니, 제한된 시야로 22년을 살았는데도 여전히 문제입니다. 사람 붐비는 지하철역이 특히 골치 아프죠. 사람들이 갑자기 방향을 바꾸거나 소리 없이 오른쪽에서 나타나면 번번이 충돌하고 맙니다. 그럴 때마다 얼마나 민망한지 모릅니다.

그리니치 애비뉴를 비롯하여 외부 세계는 대체로 현실 속에서도, 상상 속에서도, 출혈이 발생한 뒤 처음 외출했던 몇 주 전에 겪었던 그대로 위험천만한 영역으로 남아 있다. 휴대전화와 문자에 온통 정신이 팔린 채 동분서주하는 사람들, 이들이야말로 시각과 청각 기능이 차단된, 주변을 지각하지 못하는 사람들이다. 그런가 하면 곤충만큼이나 작은 개를 끌고 다니는 사람들도 있다. 시각이 손상된 사람들에게는 눈에 띄지도 않는 기다란 개 목줄이 지뢰선이나 매한가지다. 아이들은 눈높이 밑에서 킥보드를 밀며 질주한다. 위험 요소는 이들만이 아니다. 맨홀, 격자창, 소화전, 벌컥벌컥 열려대는 문, 점심을 배달 하는 자전거들(이 모든 광경이 정형외과 영업을 드높이기 위해 설계된 듯하다)까지. 나는 감히 혼자 나가지는 못하지만, 다행스럽게도 친구들이 함께 걸으면서 보이지 않는 쪽을 이끌어주고 지켜준다. 이제 운전은 꿈도 꾸지 않는다.

인도를 걸을 때는 오른쪽에 바짝 붙어서 사람들이 내가 보이지 않는 쪽으로 추월하지 않도록 하지만, 늘 가능한 일은 아니다. 인도는 혼잡할 때가 많고, 내 마음대로 차지할 수 있는 공간이 아니니까. 내 책상 위에서도 독서용 안경이며 만년필, 방금 쓴 편지 등등 물건을 잃어버리는 일이 허다하다. 몸 오른쪽에 놔두면 그렇게 된다.

(프랭크 브래디의 저서 《1원적 관점: 한 눈으로 보기A Singular View: The Art of Seeing with One Eye》에서 읽었는데) 한쪽 시력을 잃는 거의 모든 사람이 새로운 조건에 적응하기는 하지만, 나이가 어릴수록 그리고 시력을 단계적으로 상실할수록 적응하기 쉽다. (아, 나는 이 모든 기준에서 순위가 낮은 편이다.) 대부분은 어느 정도 시간이 지나면 자유로운 생활로 복귀할 수 있다. 브래디가 강조하듯, 시야에서 사라져버린 쪽을 각별히 유의하는 첨예한 각성 상태를 유지하는 한 말이다.

어쩌면 미래에는 내게도 가능할지 모르겠다. 하지만 현재 상황에서는 머나먼 이야기다. 줄곧 이상한 사건들이 나를 첩첩이 공격하는 듯하다. 며칠 전에는 친구 빌리와 산보 나갔다 돌아오는 길에 엘리베이터에 탔다가 빌리를 '잃어버렸다'. 오른쪽으로 돌았는데 누군가 서 있었다. 순간 그 사람이 빌리라고 생각했는데, 알고 보니 처음 보는 사람이었다. 그 사람도 내가 돌아서서 자신을 보고 어리둥절해하는 모습에 놀라고 당황했으며, 조금 긴장하는 듯했다. 그는 내가 미친 사람이라고 여겼을 것이다. 오른쪽으로 몸을 더 돌리자 비로소 빌리가 보였다. 그 사람의 왼쪽, 내게는 존재하지 않는 저 어두운 구석에서.

5분 뒤, 아파트에 도착해서 찻주전자를 불에 올렸을 때 빌리가 또 사라졌다. 나는 당황해서 멈칫했지만, 이내 빌리가 방금 있던 그 자리에서 바로 되찾았다. 꼼짝도 하지 않았던 빌리가 내가 돌아서는 바람에 나의 시각적, 정신적 '사각지대'로 들어가버린 것이었다. 이런 일이 단 몇 초 안에 그것도 기억과 상식에 반하여 일어날 수 있다는 사실에 깜짝 놀랐고, 매번 이런 일이 일어날 때마다 번번이 놀란다.

이 새로운 시각적 난국에 내가 적응할 수 있는지는 시간이 지나봐야 알 수 있을 것이다. 우선 출혈이 제거되고 나면 최소한 오른쪽 눈의 주변시라도 돌아올지 모르겠다. 그때까지는 오른쪽 눈의 시야와 뇌에 커다란 '사각지대'를 안고 살아가야 할 것이다. 직접적인 지각이 불가능할 뿐만 아니라 영원히 볼 수 없는 구역 말이다. 내게는 사람들과 물체들이 계속해서 '희박한 공기 속으로 사라지고' 있으며 혹은 '불쑥 나타난다'. 나에게는 이런 관용구가 은유가 아니라 내가 경험하는 '부재'와 '사각지대'를 묘사할 수 있는 최상의 표현이다.

7장

::

마음의 눈

우리는 우리의 경험에 대해 창조자로서 어느 정도의 저작권을 행사할 수 있을까? 타고난 뇌나 감각에 의해 미리 정해진 것은 어느 정도이며, 경험을 통해 뇌가 형성되는 것은 어느 정도일까? 실명 같은 감각 기능의 박탈이 이러한 물음을 새롭게 조명해줄 수도 있다. 나이가 들어서 실명하게 되면 하나의 거대한, 어쩌면 감당하기 어려운 과제를 받게 될 수 있다. 지금껏 살아왔던 방식이 파괴된 가운데 자신의 세계에 질서를 부여하는 새로운 방식을 찾아야 하는 것이다.

나는 1990년에 《손끝으로 느끼는 세상》이라는 특별한 책을 받았다. 저자는 영국의 종교교육학 교수인 존 헐인데, 그는 어려서는 약시였지만 열세 살에 백내장이 생겨서 4년 만에 왼쪽 눈의 시력을 완전히 상실했다. 오른쪽 눈의 시력은 서른다섯 살 무렵까지 적당히 유지되었지만, 그후 10년에 걸쳐 시력이 서서히 약해지면서 갈수록 돋보기에 의존해야 했고 사용하는 펜의 두께도 갈수록 굵어졌다. 그러다가 마흔여덟이 되던 1983년에 완전히 실명했다.

《손끝으로 느끼는 세상》은 그후 3년 동안 구술로 기록한 책이다. 이 책은 맹인이 되어가는 과정에 대한 예리한 통찰이 담겨 있지만, 나에게는 맹인이 된 뒤에 시각적 표상과 기억이 서서히 쇠약해지다가 결국에는 (꿈을 제외하고는) 완전히 소멸되는 과정(그가 '심맹深盲'이라고 부른 상태)에 대한 이야기가 무엇보다 인상적이었다.

헐이 말하는 심맹은 시각적 표상과 기억의 상실만이 아니라 본다는 생각 자체를 잃어버려서 '여기', '저기', '마주 보기' 같은 개념이 의미가 없어진 상태다. 생김새라든가 시각적 특징 같은 개념이 사라진 것이다. 그는 허공에 손가락으로 그려보지 않는 한 3이라는 숫자가 어떻게 생겼는지 상상할 수 없었다. 말하자면 3의 '운동적' 표상은 있으나, '시각적' 표상은 없는 것이다.

이런 변화가 처음 나타났을 때는 아내나 아이들의 얼굴을 떠올릴 수 없고 좋아하는 장소와 정든 풍경이 마음속에 그려지지 않아서 몹시 괴로웠다. 하지만 그것이 실명에 대한 자연의 반응이라는 생각이 들자 놀랍도록 차분하게 받아들일 수 있었다. 사실 그는 시각적 표상 능력의 상실을 다른 감각 기능이 강화되는 다음 단계를 위한 필요조건으로 여긴 듯하다.

완전히 맹인이 된 지 2년 뒤, 헐의 시각적 표상과 기억 능력은 선천적 맹인과 비슷한 수준이 되었다. 헐은 심오한 종교적 색채를 띠며 때로 요하네스(1542~1591, 에스파냐의 신비주의자이자 시인, 수도원 개혁 운동가—옮긴이)를 연상시키는 언어로 희열과 묵종으로써 심맹 상태에 자신을 내맡겼다. 그는 심맹 상태란 "정법한 자율의 세계, 스스로 존재하는 세계요… 혼신으로 본다는 것은 사람이 누릴 수 있는 가장 집약적인 상태로 살아가는 것"이라고 말한다.

헐이 말하는 "혼신으로 본다"는 것은 주의를 돌리는 것, 무게중심을 다른 감각으로 이전하는 것, 그리하여 다른 감각기관들이 새로운 힘과 자양분을 얻는다는 뜻이다. 그리하여 그는 이제껏 주의를 기울이지 않았던 빗소리가 어떻게 새로운 풍경의 윤곽을 보여주는지 말한다. 비가 잔디밭이나 정원의 수풀을 두드릴 때와 정원과 차도를 가르는 담장을 두드릴 때 각각 다른 소리가 난다고.

비는 모든 것의 윤곽을 드러내주며 이전에는 보이지 않던 것에 다채로운 빛깔의 담요를 드리운다. 간헐적인 소리로 가득하며 그래서 파편들로 존재하는 세계와 달리, 꾸준히 떨어지는 빗소리가 만들어내는 청각적 경험에는 연속성이 있어서… 하나의 상황 전체를 하나로 묶어내며… 원근감을 제시하며 세계의 한 부분과 다른 부분이 실제로 어떤 관계를 맺고 있는지를 보여준다.

헐은 청각 경험이 전과 달리 강렬해지고 다른 감각기관들도 예리해져서 자연에 친밀감을 느끼게 되었다. 눈이 보일 때 알았던 그 어떤 것도 뛰어넘는, 자신이 이 세계 안에 존재한다는 강렬한 느낌이었다. 헐에게는 실명이 "암흑의, 역설적 선물"이 되었다. 그는 이것이 '보상'에 지나지 않는 것이 아니라 전적으로 새로운 질서, 새로운 존재 방식임을 강조했다. 그러면서 그는 시각적 향수로부터, '정상'으로 인정받고 싶은 부담감, 아니 허위의식으로부터 해방되었고, 새로운 목표, 자유와 정체성을 찾았다. 강의는 더욱 풍부해지고, 더욱 거침없이 흘러갔다. 글은 더욱 강하고 깊어졌고, 지적으로도 영적으로도 더욱 대담해지고 자신감이 넘쳤다. 자신이 마침내 단단한 반석 위에 섰다는 느낌이 든 것이다.[1]

나에게는 헐의 이야기가 하나의 지각 기능을 박탈당한 사람이 어떻게 새로운 중심, 새로운 지각적 정체성을 찾아 자신을 철저히 재건하는지를 보여주는 놀라운 모범으로 읽혔다. 하지만 수십 년간 누려온 풍요롭고도 매력적인 시각적 경험을 소환할 수 있는 사람에게서 시지각적 기억이 그렇게 송두리째 삭제되었다는 것은 참 특이하다고 느꼈다. 물론 그토록 꼼꼼하고 세심하며 명징하게 서술한 헐의 이야기가 진짜가 아니라고 의심해서는 안 되겠지만.

인지신경학에서는 지난 몇십 년 사이에 사람의 뇌가 통념만큼 불변적인 장치가 아닌 것으로 밝혀졌다. 이 분야의 선구자 헬렌 네빌은 언어를 배우기 전에 귀가 들리지 않은 사람들(즉, 선천적 농아나 2세 이전에 농아가 된 사람)의 뇌에서 청각을 담당하는 부분이 퇴행하지 않았음을 증명했다. 이들의 청각 기관은 살아서 기능을 수행하는데, 다만 그 기능과 활동이 새로운 범주, 즉 시각 언어를 처리하는 기능으로 변신한다. 네빌의 용어로 말하자면 '재할당'된 것이다. 선천적 맹인이나 아주

---

1. 실명을 겪는 사람들은 처음에는 주체할 수 없는 절망감에 사로잡히지만, 헐 같은 사람들은 이 위기의 이면에서 왕성한 창조성을 발휘하며 정체성을 찾는다. 존 밀턴이 아주 대표적인 인물인데, 그는 서른 살 무렵 (추정하건대 녹내장으로) 시력을 잃기 시작했지만, 10여 년이 지나서 완전히 실명한 뒤에 비로소 위대한 시를 썼다. 그는 실명에 대해 사색하면서 내면의 시력이 어떻게 육체의 시력을 대신할 수 있는지 《실락원Paradise Lost》과 《투사 삼손Samson Agonistes》에서, 그리고 (가장 솔직하게) 친구들에게 보내는 편지와 자신의 이야기를 담은 14행시 〈눈멀음에 대하여On His Blindness〉에서 이야기한다. 시력을 상실한 또다른 시인 호르헤 루이스 보르헤스는 실명으로 인해 겪은 다양하고도 역설적인 효과를 이야기했으며, 호메로스가 시력의 세계를 잃고서 시간에 대한 심오한 통찰을 얻었고 이와 더불어 누구도 범접할 수 없는 서사 능력을 얻은 것은 아닐까 상상하곤 했다(이에 대해서는 J. T. 프레이저[1923~2010, 시간의 비교연구에 중대한 영향을 남긴 헝가리 학자]가 1989년의 점자판 《익숙하고도 낯선 이, 시간Time, the Familiar Stranger》 서문에서 아름답게 논했다).

어려서 맹인이 된 사람들을 대상으로 한 연구를 보면, 시각피질의 일부 영역이 재할당되어 청각과 촉각을 처리하는 기능을 수행한다.

이렇게 시각피질 일부가 재할당되면서 맹인의 청각과 촉각 외의 감각 기관은 시력이 있는 사람들은 상상하기 어려울 정도로 예리한 기능을 수행한다. 1960년대에 3차원 구체를 어떻게 뒤집을 수 있는지 증명한 수학자 베르나르 모랭은 여섯 살에 녹내장으로 시력을 잃었다. 그는 자신의 수학적 성취에는 특수한 공간 감각(시력이 있는 수학자로서는 갖기 어려운 촉지각과 상상력)이 필요하다고 느꼈다. 패류학자 헤어라트 페르메이의 연구에서도 마찬가지로 놀라운 공간 감각과 촉지각 능력이 혁혁한 공을 세웠다. 그는 연체동물의 패각의 형태와 윤곽에서 아주 미세한 차이를 찾아내어 많은 종을 새로 분류했다. 페르메이는 세 살 때 시력을 잃었다.[2]

이러한 연구 결과와 보고서를 접한 1970년대 신경과학자들은 사람의 뇌에 적어도 생후 2세까지는 어느 정도의 유연성 혹은 가소성이 있을 수도 있다는 사실을 인정하기 시작했다. 하지만 결정적인 시기가 지나면 뇌의 가소성은 크게 떨어진다는 것이 당시의 생각이었다.

그런데 우리의 뇌는 결정적 시기가 지나서 감각 기능이 손상되어도 급진적인 변화를 일으킬 수 있다. 2008년, 로트피 메라베트와 알바로 파스

---

2. 리처드 험블린은《구름을 사랑한 과학자The Invention of Clouds》[한국어판, 시이언스북스, 2004]에서 19세기에 처음으로 구름을 분류한 화학자 루크 하워드가 두 살 때 천연두로 실명한 수학자 존 고프 등 당대의 많은 자연주의자와 서신을 교환했던 일을 이야기한다. 험블린은 고프가 "저명한 식물학자로서, 촉각으로 린네 분류법을 고학했다. 그는 수학과 동물학, 캄캄한 곳에서 글 쓰는 기술scoteography 분야에서도 대가였다"고 기록한다(험블린은 또 고프가 "완고한 퀘이커 교도였던 아버지가⋯ 떠돌이 악사가 그에게 준 사악한 바이올린으로 연습하는 것을 제지하지 않았더라면 뛰어난 음악가가 되었을지도 모른다"고도 썼다).

퀴알 레온의 연구팀은 시력이 정상인 성인이라도 닷새만 눈가리개를 쓰고 지내면 비시각적 인지 및 행동 양상이 나타나며, 이와 더불어 뇌에서도 생리적 변화가 발생했음을 보여주었다(그들은 급격하지만 회복 가능한 이러한 변화와 선천성 혹은 생후 초기의 실명에 대한 반응으로 나타나는 장기적인 변화를 구분하는 것이 중요하다고 본다. 전자는 이미 존재했으나 휴지 상태로 남아 있던 여러 감각 간의 연계성을 활용하는 것이고 후자는 피질 회로의 대대적인 재구조화가 수반되는 것으로 보인다.)

헐의 시각피질은 심지어 성인기에도 시각적 표상 능력을 포기하고 다른 감각(청각, 촉각, 후각) 기능을 향상시킴으로써 시각 정보 상실에 적응한 것으로 보인다. 나는 헐의 경험이 후천적으로 시각을 잃은 모든 사람이 언젠가는 겪게 될 전형적인 반응이겠거니 (그리고 피질의 가소성을 보여주는 놀라운 사례라고) 추측하고 있었다.

그런데 1991년에 헐의 책에 관해 에세이를 한 편 발표했더니, 맹인들로부터 뜻밖에 많은 편지가 날아들었다. 의아해하는 편지가 적지 않았고, 더러는 분개한 어조도 있었다. 헐의 경험에 공감하지 못하겠다면서, 시력을 잃은 지 몇십 년이 지났지만 시각적 표상이나 기억 능력이 사라진 일은 없다는 편지가 많았다. 열다섯 살에 시력을 잃은 한 여성은 이렇게 썼다.

저는 시각을 완전히 상실했지만… 제가 굉장히 시각적인 사람이라고 생각합니다. 저는 눈앞에 있는 대상을 '볼' 수 있습니다. 지금 이렇게 타자를 치면서도 자판 위에 있는 제 손이 보입니다. … 저는 낯선 환경을 만나면 편하지 않지만, 그곳의 생김새를 생각으로 그리고 나면 괜찮아집니다. 저 혼자서 움직일 때도 정신적 지도 같은 것이 필요하고요.

헐의 경험이 시각을 상실한 사람들에게 전형적으로 나타나는 반응일 것이라고 여긴 것이 잘못이었을까? 적어도, 일방적이었던 것일까? 내가 반응의 한 형태만 과하게 강조하다가 이와는 전혀 다른, 여타 유형의 반응도 있을 수 있음은 그만 간과해버린 것일까?

이런 생각이 떠오른 것은 몇 해 뒤, 졸탄 토리라는 오스트레일리아의 심리학자로부터 편지를 받았을 때였다. 그의 편지는 실명에 관한 것이 아니라 뇌에서 정신을 만드는가, 정신이 뇌를 만드는가 하는 문제와 의식의 본질을 다룬 자신의 책에 관한 이야기였다. 편지에는 그가 스물한 살에 사고로 실명했다는 사실도 언급했다. 실명에 적응하는 방법으로 받은 조언은 시각에서 청각으로 전환하는 것이었지만, 그는 반대 방향으로 움직여서 내면의 눈을 키우는 훈련을 받자고, 그래서 시각적 표상 능력을 가능한 한 끌어올리자고 결심했다.

이 훈련은 대단히 성공적이어서 마음으로 이미지를 만들어내고 그 이미지를 유지하고 조작할 수 있는 놀라운 능력을 얻었는데, 어느 정도였느냐면 그에게는 예전에 상실한 시각 표상만큼이나 사실적이고 강렬하게 느껴지는 (때로는 그보다도 사실적이고 강렬한) 가상의 시각 세계를 건설할 수 있었다. 뿐만 아니라 이러한 표상화 능력은 실명한 사람으로서는 도무지 가능할 것 같지 않은 일까지도 가능하게 해주었다.

"저는 우리 집 다중 박공지붕의 홈통 전체를 저 혼자 힘으로 교체했습니다. 정밀하게 반응하는 정신적 공간의 힘만으로요." 그는 이렇게 썼다.

나중에 토리는 이 일에 대해 덧붙이기를, 눈도 보이지 않는 사람이 (한밤중에) 지붕 위에 혼자 올라가 있는 모습을 보고 이웃 사람들이 몹시 놀랐다는 이야기를 해주었다(물론 어둠은 그에게는 아무 상관이 없지만).

그는 새로 강화된 시각 표상 능력 덕분에 예전에는 가능하지 않았던 관점을 갖게 되었으며, 기계 같은 장치의 내부, 해법과 모형, 설계를 그려볼 수 있게 되었다고 느꼈다.

나는 토리에게 답장을 써서 책을 한 권 더 써보는 것은 어떤가 제안했다. 실명이 그의 삶에 어떤 영향을 미쳤는지, 어떻게 이 상황에 그토록 있을 법하지 않게 그리고 얼핏 보기에는 역설적으로 대응했는지를 알려주는, 토리 자신의 이야기가 많이 담기면 좋겠다고. 몇 해 뒤에 그는 회고록의 성격이 강한 《암흑에서 벗어나Out of Darkness》의 원고를 보내 왔다. 이 책에서 토리는 제2차 세계대전 전에 헝가리에서 보낸 유년기와 청년기의 시각적 기억으로 부다페스트의 하늘처럼 파란 버스와 달걀노른자처럼 노란 전차, 가스등을 점화하는 광경, 도나우 강 서편의 전차의 모습을 그려낸다. 그가 묘사한 유년기는 근심걱정 없는 유복한 시절로, 아버지와 함께 도나우 강 상류의 숲이 울창한 산을 돌아다니던 이야기, 학교에서 하던 놀이와 짓궂은 장난, 작가들과 배우들, 온갖 분야의 전문직 종사자가 넘치는 지적인 환경에서 성장한 이야기가 있다. 토리의 아버지는 큰 규모의 영화 스튜디오를 운영해서 아들에게 대본을 읽어보라고 하는 일이 많았다. 그는 이렇게 말한다. "이것이 저에게는 이야기와 플롯, 인물을 머릿속으로 그려보는 훈련이었고 상상력을 키우는 기회였습니다. 이 기술은 장차 제가 살게 될 삶의 구명줄이자 힘의 근원이 되었습니다."

나치군의 점령, 부다페스트의 함락, 이어서 소련의 점령과 함께 이 모든 것이 잔혹한 종지부를 찍었다. 이 무렵 사춘기였던 토리는 심오한 질문(우주의 신비와 생명의 비밀, 무엇보다도 의식과 정신의 신비)에 열정적으로 매달리고 있었다. 열아홉 살에는 생물학과 공학, 신경과학, 심리학에 빠져들었지만 소련 치하 헝가리에서는 학업의 기회가 없으리라 판단하고, 무일푼에 무연고인 오스트레일리아로 도피하여 온갖 육체노동을 전전했다. 1951년 6월, 당시 일하던 화학 공장에서 [배터리용] 산acid 탱크의 마개가 열리면서 그의 삶을 두 갈래로 나누게 될 사고를 당한다.

내 두 눈으로 온전히 명징하게 본 마지막 장면은 쏟아진 산이 발하는 반짝이는 빛이었습니다. 그 빛이 내 얼굴을 집어삼키고 인생을 뒤바꿔놓았지요. 그 마지막 순간의 섬광은 시각이 살아 있던 과거에 나를 묶어주는 가느다란 실입니다.

그의 각막이 가망 없이 손상되었다는 것이 분명해지고 앞으로 맹인으로 살아가야 했을 때, 그에게 주어진 조언은 청각과 촉각으로 세계를 표상화하는 능력을 키우고 "시각과 시각화는 아예 잊어버리라"는 것이었다. 그러나 토리는 이 조언대로 할 수도 없었고, 하고 싶지도 않았다. 그는 내게 보낸 첫 편지에서 이 분기점에 내린 결정적인 선택이 얼마나 중요했는지 강조했다. "저는 부분적으로 감각 기능을 상실한 뇌가 어느 정도까지 재건될 수 있는지 알아내자고 즉시 결심했습니다." 이렇게 써놓고 보니 토리가 무슨 실험을 행한 것처럼 추상적으로 들린다. 하지만 그의 책을 읽으면 이 결심에는 어마어마한 감정이 깔려 있음을 느낄 수 있다. 암흑에 대한 공포, 토리가 "나를 집어삼키는 그 잿빛 안개"라고 표현하는, "텅 빈 암흑" 말이다. (그리고 기억과 상상 속에서만이라도 빛과 시력을, 생생하게 살아 움직이는 시각적 세계를 잃지 않고 그대로 지키고 싶었던 강렬한 욕망도.) 책의 제목 자체가 이 모든 것을 말해주며, 시작부터 저항의 기운이 스며 나온다.

표상 능력을 의도적으로 사용하지 않았던 헐은 2~3년 사이에 그 능력을 전부 잃어버려서 3을 쓸 때 어느 방향으로 둥글리는지조차 기억할 수 없었다. 반면에 머잖아 네 자릿수 곱셈의 연산 과정 전체를 칠판 위에 쓰듯 머릿속으로 각각의 부연산 단계를 각기 다른 색으로 '칠하는' 시각화가 가능해졌다.

토리는 자신이 표상화하는 이미지에 대해 신중하고 '과학적'인 태도를 견지하면서 가능한 모든 수단을 동원하여 그 이미지의 정확성 여부를 꼼꼼히 점검했다. 그는 이렇게 말한다. "나는 그런 이미지를 하나의 시안으로 띄워놓고는 그 이미지에 유리한 영향을 주는 정보가 나올 때마다 그 조건과 확실성 여부를 참조하는 법을 터득했다." 그는 머잖아 자신의 시각적 표상화 능력에 목숨을 걸어도 될 만하다는 자신감을 얻었고, 그래서 혼자 힘으로 지붕 수리를 떠맡았다. 이러한 자신감은 다른, 순수하게 정신적인 프로젝트로 확장되었다. 그는 "작동하는 자동 변속 장치 내부를 투시도 방식으로 상상하고 시각화"할 수 있게 되었다. "저는 기어의 톱니들이 물리고 잠기고 회전하면서 필요한 회전수를 만들어내는 과정을 볼 수 있었습니다. 그래서 이 투시도를 기계 장치와 기술 문제와 연관하여 부품과 원자, 즉 살아 있는 세포와의 관계로 시각화해보았습니다." 토리는 이 시각화 능력이 뇌를 "정해진 상호작용 경로 속에서 지속적으로 벌이는 곡예 행위"로 시각화함으로써 뇌와 정신의 관계를 새로운 관점으로 바라보는 데 결정적인 영향을 미쳤다고 여긴다.

《암흑에서 벗어나》의 원고를 받은 지 얼마 안 되어, 실명에 관한 또다른 회고록인 사브리예 텐베르켄의 《티베트로 가는 길My Path Leads to Tibet》[한국어판, 빗살무늬, 2004]의 교정쇄를 받았다. 헐과 토리가 본질의 문제, 뇌와 정신의 관계에 천착한, 생각하는 사람들이었다면, 텐베르켄은 행동하는 사람이었다. 그녀는 티베트 곳곳을, 때로는 홀로 여행했다. 티베트는 수백 년 동안 맹인들이 인간 이하의 취급을 받으며 교육과 일과 존중, 즉 공동체 안에서 어떠한 역할도 거부당해온 곳이다. 텐베르켄은 지난 10여 년 동안 거의 혼자 힘으로 이곳의 상황을 바꾸었다. 티베트 문자의 점자를 고안하고, 최초의 시각장애인 학교를 세웠으며, 이 학교의 졸업생들이 지역 사회 안에서 조화를 이루며 살아갈 수 있도록 했다.

텐베르켄 자신도 태어난 직후에 시각에 손상을 입었지만, 열두 살까지는 얼굴과 풍경을 알아볼 수 있었다. 독일에서 유년기를 보낸 그녀는 그림 그리기를 좋아하고 색을 특별히 좋아해서, 더이상 모양과 형태를 파악할 수 없게 되었을 때도 색을 이용해서 어떤 물건인지 알아낼 수 있었다.[3]

텐베르켄이 티베트에 갔을 때는 완전히 실명한 지 12년째였지만, 언어를 이용한 설명과 시각 기억 그리고 강력한 시각적 상상력과 공감각적 감성 등 다른 감각 능력을 살려 풍경과 방, 주변 환경과 장면의 '그림'을 구성할 수 있었다(그녀가 말로 묘사하는 그림이 얼마나 상세하고 생생한지, 듣는 사람은 경탄을 금치 못했다). 그녀가 상상하는 그림이 실제하고는 괴상하게 혹은 우스꽝스럽게 어긋날 때도 있었다. 한번은 길동무와 함께 티베트의 염수호인 남초 호로 차를 몰고 가다가 그녀가 상상 속에서 본 호수 쪽으로 방향을 돌리고 싶어졌다. "거대한 옥빛 호숫가, 저무는 해를 받아 반짝이는 눈처럼 잔잔하게 빛나는 수정 소금의 호반이군요. … 저 아래, 짙푸른 산허리에는 유목민들이 풀 뜯는 야크를 지켜보고 있고요." 알고 보니 그녀는 호수를 '보고' 있기는커녕 다른 쪽을 향해 서서 바위투성이 회색 풍경을 '응시'하고 있었다. 텐베르켄은 이렇게 헛짚었다고 해서 당황하거나 할 사람이 아니었다(자신에게 그렇게 생생한 시각적 상상력이 있다는 사실이 그저 기쁘기만 하다). 그녀의 상상력은 인상주의가 될 수도 있고 낭만주의일 수도 있지만, 진실과는 거리가 먼, 본질적으로 예술가의 상상력이다. 반면에 토리의 상상력은 사실에 입각해야 하며 철두철미하고 틀림없어야 하는, 공학자의 상상력이다.

자크 루세랑은 프랑스 레지스탕스 투사다. 그의 회고록 《그리고 빛이 있었다 Et la lumière fut》는 주로 나치와 싸운 경험과 부헨발트 나치 수용소에서 있었던 일의 기록이지만, 어린 나이에 시각을 잃고

---

3. 텐베르켄에게는 아주 강렬한 공감각 능력도 있었는데, 실명으로 인해 이 능력이 지속되면서 더욱 강화된 듯하다.

내가 기억하는 한, 숫자와 낱말이 바로 색으로 보였다. 예를 들면 숫자 4는 금색이 보인다. 5는 연두색이다. 9는 주홍색이다. … 달은 물론 요일도 각자의 색이 있다. 나는 이를 기하학적 형태로 만들어 원의 조각으로 파이 비슷하게 배열했다. 그래서 어떤 날에 어떤 행사가 있는지 기억해야 할 때면 내면의 화면에 가장 먼저 떠오르는 것이 그 요일의 색깔이고, 그다음으로 파이 안에서 그 색깔의 위치가 떠오른다.

그 상황에 적응한 이야기 또한 아름답다. 그가 사고로 시력을 잃은 것은 여덟 살이 채 못 되었을 때인데, 그는 그 시기가 그렇게 예기치 못한 사건을 겪기에 "이상적"인 나이라고 느낀다. 이미 시각적 경험이 풍부하여 많은 것이 기억에 남아 있지만, "신체와 정신에 어떤 습관도 자리 잡지 않은" 나이이기 때문이다. "여덟 살 소년의 몸은 무한정 유연하다"고 그는 말한다.

처음에는 시각적 이미지가 사라지기 시작했다.

실명한 지 얼마 지나지 않아서 어머니와 아버지의 얼굴과 내가 아끼는 사람들 대부분의 얼굴이 기억나지 않았다. … 머지않아 사람들의 머리색이 갈색인지 금발인지, 눈동자가 파란지 초록인지, 신경 쓰지 않았다. 눈이 보이는 사람들은 내가 신경도 쓰지 않는 공허한 것에 너무 많은 시간을 허비하는 것 같았다. 사람들에게 이런 특징이 있다는 생각 자체가 들지 않았다. 내 머릿속에서는 남자며 여자며 모두 머리나 손가락이 없는 모습으로 그려질 때도 있었다.

헐에게도 이런 경험이 있다. "저는 갈수록 사람들의 외모를 상상하지 않게 됩니다. … 사람들이 어떻게 생겼는지 실감하기가 점점 어려워져서 그들에게 생김새가 있다는 사실에 아무런 의미도 부여되지 않는 겁니다."

루세랑은 실제의 시각 세계와 그 세계의 많은 가치와 범주를 포기했지만, 그러면서도 토리와 비슷하게 시각적 상상 세계를 구성하고 이용하기 시작했다. 그는 자신이 "시각적 맹인"이라는 특별한 범주에 속한다고 여기게 되었다.

　루세랑의 내적 시각 세계는 빛에 대한 감각, 형태 없이 쏟아지는 빛의 흐름으로 시작되었다. 신경학 용어를 이런 신비주의 같은 맥락에서 사용하게 되면 회귀적으로 들릴 수밖에 없지만, 이를 시각 정보의 유입이 가로막힌 시각피질에서 폭발에 가깝게 마구잡이로 일어나는 하나의 유리 현상으로 해석할 수도 있을 것이다. (그런 현상은 비록 신앙심 깊고 조숙하며 상상력 풍부한 어린 소년이 겪는 다소 초월적인 현상이기는 해도, 이명이나 환지 현상과도 닮은 데가 있다.) 하지만 이는 형태 없는 빛의 흐름이 아니라 루세랑의 시각적 상상력이 워낙 강해서 일어난 현상임이 밝혀졌다.

　시각피질, 내면의 눈이 활성화되자 그에게는 생각하거나 바라는 것이 그대로 투사되며 필요할 경우에는 뜻대로 조작할 수도 있는, 일종의 정신적 '화면'이 만들어졌다. 컴퓨터 화면처럼 말이다. "이 화면은 칠판 같은 네모꼴이 아니다. 직사각형이든 정사각형이든, 네모꼴은 금방 테두리에 닿아버리니 말이다."

　내 화면은 늘 내게 필요한 크기로 조정되었다. 그 화면은 공간에 속하지 않았기에 모든 곳에 동시에 나타날 수 있었다. … 이름, 숫자, 일반적인 물건들은 전부 어떤 형태를 띠고 화면에 등장했으며, 색도 그냥 흑백이 아니라 무지개처럼 총천연색으로 나타났다. 내 내면에 들어오는 모든 것이 일정한 빛에 싸여 있었다. … 몇 달 만에 나의 내면 세계는 화가의 작업실이 되었다.

　어린 루세랑의 막강한 시각화 능력은 점자를 배우고 우수한 학업 성적을 내는 등 (사람들이 흔히 생각하는) 비시각적 활동에서도 중대한 역할을 했다. 시각화 능력은 외부의 현실 세계에서도 상상 세계 못지않게 중요했다. 루세랑은 정상 시력을 가진 친구 장과 센 골짜기의 산등성이를 함께 오를 때 주고받은 이야기를 소개한다.

"이것 봐! 이번엔 정상에 올라왔어. … 강굽이 전체가 보일 거야. 태양이 너무 눈부시지만 않다면!" 장은 놀라서 눈을 휘둥그레 뜨고 외쳤다. "네 말이 맞았어." 이 짧막한 장면은 우리 두 사람 사이에 온갖 형태로 수없이 반복되었다.

누군가 어떤 일에 대해 말할 때면, 그 일이 곧바로 일종의 내면의 화폭 위에 투사되었다. … 내가 보는 세계를 자신이 본 것과 비교하면서, 장은 자기가 나만큼 많은 장면과 다채로운 색을 보지 못한다고 느꼈다. 이 사실에 그는 분통이 터질 지경이 되곤 했다. 그때마다 이렇게 말했다. "우리 둘 중에 누가 진짜 맹인이냐 말이야?"

그의 비범한 시각화 능력과 시각적 조작 능력(사람들의 위치와 이동 경로, 공간의 지형을 포착하여 공격과 수비 전술을 시각화하는 능력)과 더불어 카리스마 넘치는 성격(그리고 배신할 가능성이 있는 인물을 탐지하는 데 실패한 적 없는 '후각' 혹은 '청각')은 훗날 그를 프랑스 레지스탕스의 상징으로 만들었다.

나는 지금까지 맹인 네 사람의 회고록을 읽었는데, 이들의 시각 경험에 대한 기술이 놀라울 정도로 달랐다. "심맹" 상태에 묵종했던 헐, "강박적 시각화"를 통해 촘촘한 내면의 시각 세계를 건설했던 토리, 충동적이며 문학적이라 할 만한 시각적 자유와 놀랍고도 특별한 공감각 능력을 지닌 텐베르켄, 그리고 스스로를 "시각적 맹인"으로 여겼던 루세랑…. 세상에 전형적인 실명 경험이라는 것이 있기는 한가?

* * *

임상심리학자이자 정신 요법 의사로 《성경》 이야기를 강연하는 데니스 슐만은 온화한 성격에 턱수염 덥수룩하고 몸집 단단한 50대 남자인데, 10대에 시력을 잃기 시작해서 대학에 입학할 무렵에 완전히 실명했다. 그는 몇 해 전에 만났을 때 자신의 경험이 헐과는 완전히 달랐다고 했다.

저는 35년간 맹인으로 살았지만, 아직까지도 시각적인 세계에 살고 있습니다. 저의 시각적 기억과 이미지는 아직도 아주 생생해요. 아내는 제가 눈으로는 본 적 없지만, 항상 시각적으로 생각합니다. 제 아이들도 그래요. 저 자신도 시각적으로 봅니다. 하지만 마지막으로 본 열세 살 때 모습이에요. 그 이미지를 갱신하려고 애는 쓰고 있습니다. 저는 대중 강연을 자주 하는데, 제 공책은 점자이지요. 하지만 내용을 마음으로 훑을 때는 점자를 눈으로 봅니다. 점자가 촉각이 아니라 시각 이미지로 보이는 거예요.

전직 사회복지사 알린 고든은 70대 여성인데, 아주 비슷한 이야기를 했다. 그녀는 "헐의 책을 읽으면서 아주 놀랐어요. 그 사람의 경험이 저하고 너무 달랐거든요." 그녀는 데니스처럼 자신을 여러모로 시각적인 사람으로 느낀다. "저는 색각이 아주 강한 사람이에요. 제 옷은 제가 직접 고르죠. 무슨 색인지 말을 들으면 바로 '아, 저것은 이것이랑 어울리겠다, 저것이랑 어울리겠다', 이런 생각이 들어요." 과연 고든의 옷차림은 아주 깔끔했고, 자신의 외모에 자신 있는 모습이었다.

그녀에게는 여전히 방대한 양의 시각 이미지가 보인다고 한다. "내가 팔을 눈앞에서 앞뒤로 흔들면 그게 보여요. 실명한 지 30년이 넘었는데도요." 팔 흔드는 동작이 곧바로 하나의 시각 이미지로 번역되는 듯했다. 오디오북을 너무 오래 듣고 있으면 눈에 통증이 온다는 말도 했다. 마치 '독서'를 하는 것처럼, 말로 읽어주는 낱말들이 눈앞에서 끊임없이 활자책의 행으로 변한다는 것이다.[4]

알린의 말을 들으면서 아홉 살에 성홍열을 앓아 귀가 들리지 않게 된 환자 에이미가 생각났다. 에이미는 독순술이 워낙 능해서 나는 그녀가 귀가 들리지 않는다는 사실을 걸핏하면 잊어버렸다. 한번은 내가 말을 하다가 무심결에 몸을 돌렸더니 에이미가 다급하게 말했다. "선생님 말씀이 안 들리잖아요."

"저를 볼 수 없다는 말씀이시겠지요?"

"선생님은 본다고 하실 수도 있겠지만, 저에게는 들리는 것으로 느껴지거든요."

---

4. 나는 시각화 능력이 처지는 사람이지만, 아주 능숙한 곡을 피아노로 칠 때는 눈을 감아도 내 손이 피아노 건반 위에서 움직이는 것이 '보인다'(그 곡을 머릿속으로 연주할 때도 똑같은 일이 일어난다). 내 손도 동시에 움직인다는 느낌이 들고, 내가 건반을 '느끼는' 것과 '보는' 것을 구별하고 있는지도 잘 모르겠다. 이처럼 두 감각이 분리되지 않는 듯한 상황에는 '시촉각' 같은 감각 간 어휘를 쓸 수 있다면 좋겠다.

심리학자 제롬 브루너는 그런 이미지를 '행위적'(실제든 상상이든, 한 행동의 본질적 특징) 표상이라고 불렀고, 반면에 외부의 무언가로 시각화하는 것을 '도상적' 표상으로 설명했다. 이 두 가지 시각화 과정의 뇌 작용 기전은 상이하다.

에이미는 귀가 전혀 들리지 않지만, 마음속으로 말의 소리를 구성할 수 있다. 데니스와 알린, 두 사람 다 시력을 잃은 뒤로 시각 표상 기능과 상상력이 향상했을 뿐만 아니라, 언어로 전달된 정보(혹은 촉각이나 운동감, 혹은 청각, 후각으로 얻은 정보)가 시각 표상의 형태로 훨씬 빠르게 전환되는 듯하다고 말한다. 두 사람의 경험은 전반적으로 토리의 경험과 상당히 비슷하다. 하지만 두 사람은 토리처럼 체계적인 시각 표상화 훈련을 받지도 않았고, 의식적으로 이미지로만 이루어진 시각 세계를 구성하려고 시도도 하지 않았다.

시각피질이 어떠한 시지각 정보에 제한되거나 억제되지 않는다면 어떤 일이 일어날까? 간단히 답하자면, 외부로부터 고립된 시각피질은 시각피질 자체의 자율적 활동은 물론 청각과 촉각과 언어 영역 그리고 사고와 기억, 감정 등 뇌의 다른 영역에서 오는 신호 등 모든 내부적 자극에 극도로 민감해진다.

토리는 헐과 달리 자기만의 시각적 표상 세계를 세우는 데 아주 적극적으로 임하여 가렸던 붕대를 떼어낸 순간 바로 상황을 주도해나갔다. 어쩌면 그에게는 시각적 표상이 아주 익숙해서 이미 자신이 원하는 방식으로 조작해왔기 때문에 이런 대응이 가능했을 것이다. 우리는 앞서 토리가 사고를 당하기 전부터 활발한 시각 생활을 해왔으며, 유년기부터 아버지가 건넸던 영화 대본을 토대로 시각적 서사를 창조하는 데 능했다는 이야기를 했다(하지만 헐에 관해서는 그런 정보가 없는데, 그의 기록이 완전 실명 이후에 시작되었기 때문이다).

토리는 이미지의 지속력과 안정성이 높아지고 다루기 수월하도록 시각 표상 능력을 높이는 강도 높은 인지 훈련에 수개월을 쏟아부어야 했지만, 루세랑은 처음부터 이런 능력을 쓸 수 있었던 것으로 보인다. 어쩌면 루세랑이 시력을 잃은 것이 여덟 살이 채 되지 않은 때였기 때문에(루세랑은 스물한 살이었다), 뇌가 새로 발생한 급격한 우발 상황에 적응하는 능력이 높았을 수 있다. 그러나 적응력은 어린 나이로 끝나지 않는다. 이는 알린의 경우를 보면 명백하다. 그녀는 40대에 실명했지만, 상당히 급진적인 변화에 적응해서 눈앞에서 움직이는 손을 '보고', 읽어주는 책의 글을 '보며', 언어로 설명된 것을 시각적 이미지로 구성하는 능력을 획득했다. 토리의 적응이 주로 의식적인 동기와 의지, 목적에 의해 이루어졌다면, 루세랑의 적응은 압도적으로 생리학적 기질에 의해 이루어졌으며, 알린의 적응은 그 중간쯤에서 이루어졌다는 인상을 준다. 한편 헐의 적응은 수수께끼로 남아 있다.

이들의 차이는 실명 상황과는 별개의 근원적인 경향을 반영하는가? 시각적 표상 능력이 강한 정상 시력인이 시력을 상실한다면 그 능력이 유지될까, 아니면 더욱 향상될까? 시각적 표상 능력이 낮은 사람이 시력을 상실한다면 '심맹'이나 환각 상태에 접근하는 경향을 보일까? 정상 시력인들의 시각적 표상 능력은 어떤 범위로 분포하는가?

내가 사람에 따라 시각적 표상 능력에 큰 편차가 존재한다는 것을 처음 의식한 것은 열네 살 무렵이었다. 나의 어머니는 외과 의사이자 비교해부학자였다. 내가 학교에서 도마뱀 뼈를 가져왔을 때, 어머니는 이 뼈를 손 위에 놓고 이리저리 돌리면서 1분가량 들여다보고는 다시 손도 대지 않고 머릿속으로 30도씩 회전해가면서 연속해서 스케치했는데, 맨 끝 그림이 맨 처음 그림과 정확히 일치했다. 도대체 어머니가 어떻게 해낸 것인지 나로서는 상상할 수 없었다. 어머니가 그 뼈를 직접 보는 것만큼 마음속으로도 생생하고 선명하게 볼 수 있다, 간단하게 한 번에 원의 12등분씩 회전하면서 이미지를 보면 된다, 이런 야기를 하는데 나는 어리둥절해서 멍청이가 된 기분이 들었다. 내 마음의 눈에는 기껏해야 희미하며 덧없는, 내가 제어할 길 없는 이미지뿐이고 그 무엇도 보이지 않았으니 말이다.[5]

어머니는 내가 어머니의 뒤를 이어서 외과의가 되기를 바랐지만, 나의 시각 능력이 얼마나 형편없는지 (그리고 장치 다루는 솜씨가 얼마나 엉성한지) 깨닫고는 그 바람을 접고 다른 전공을 택하겠다는 내 생각을 받아들였다.

몇 해 전 보스턴에서 열린 의학 세미나에서 나는 토리와 헐의 실명 경

---

5. 나에게는 자발적 표상이 일어나는 일은 거의 없지만, 불수의적 표상은 수시로 일어난다. 불수의적 표상은 잠들 때나 편두통 전조 증상이 나타날 때, 혹은 일부 약물을 복용했을 때나 고열이 있을 때 보이곤 했다. 하지만 시각이 손상된 지금은 늘 나타난다.
　나는 1960년대에 다량의 암페타민으로 실험하던 시기에 이제껏 본 적 없는 특이한 심상을 생생하게 경험한 적이 있다. 암페타민은 (《아내를 모자로 착각한 남자》의 '내 안의 개' 장에서 기술한 바 있듯이) 지각에 강렬한 변화를 야기하며, 시각적 표상과 기억 능력을 급격히 향상시키는 효능이 있다. 나는 해부도나 표본을 보면 그 이미지가 몇 시간 동안 흔들림 없이 선명하게 지속되는 현상을 2주가량 경험했다. 그 이미지를 마음으로 종이 위에 투사하면 (카메라루시다로 투영한 것처럼 뚜렷하고 선명해서) 그 윤곽을 연필로 따라 그릴 수 있었다. 내가 그린 그림은 우아하지는 않았지만 제법 세밀하고 정확하다는 데 모두가 동의했다. 하지만 암페타민이 유발한 효과가 약해지면서 시각화도, 이미지 투사도, 그림도 그릴 수 없었다(그 뒤로도 몇십 년 동안 그 능력은 살아난 적이 없다). 그것은 자발적 시각 표상과는 달랐다(마음속에 이미지를 불러들이거나 조각조각 이어 붙인 것이 아니었다). 그보다는 수의적이고 자동적인 표상 작용으로 이미지들이 줄기차게 잔존하는, 직관적 혹은 '사진적' 기억 혹은 반복시와 유사한 현상이었다.

험에 대해 발표하며 시각화 능력을 키운 토리가 얼마나 많은 활동을 할 수 있었는지, 헐은 시각 표상과 기억 능력을 (최소한 어떤 면에서는) 상실함으로써 얼마나 큰 장애를 겪었는지 이야기했다. 강연이 끝나자 청중 가운데 한 남자가 나를 찾아와서, 정상 시력자에게 시각적 표상이 없다면 어떻게 기능을 다할 수 있다고 보는지 물었다. 그는 이어서 자신에게는 어떠한 종류의 시각적 표상도 없다, 적어도 의도적으로 불러들일 수 있는 것은 없다, 가족 중에도 이런 능력을 가진 사람은 없다고 말했다. 사실 그는 누구라도 그럴 것이라고 생각해왔는데, 하버드 시절에 몇 가지 심리 테스트에 참여했다가 각기 차이는 있어도 다른 학생들에게는 모두 있는 정신적 능력이 자신에게는 없다는 것을 알게 되었다.

"그런데 무슨 일을 하십니까?" 이 가련한 사람이 무슨 일을 할 수 있을까 싶어서 물었다.

"저는 외과의입니다. 혈관외과의죠. 해부학자이기도 하고요. 그리고 태양전지판을 설계합니다." 하지만 앞에 보이는 것을 어떻게 인식하는가, 내가 물었다.

"그건 문제없습니다. 뇌에 제가 보고 행하는 것과 짝을 맞추는 표상이나 모형이 있을 거라고 생각해요. 하지만 이런 표상이며 모형이 의식에는 없습니다. 불러오려고 하면 떠오르지 않거든요."

그의 이야기는 어머니의 경우와는 정반대 같았다. 어머니에게는 극도로 생생하고 언제든 뜻하는 대로 조작할 수 있는 시각적 표상이 있었다. 그런데 (지금 와서 보니) 이 능력이 어머니의 외과의 활동에 전제조건이기는커녕 하나의 보너스요 사치품이었을지도 모른다는 생각이 든다.

토리의 경우도 마찬가지였을까? 그가 고강도의 훈련을 통해 키웠던 시각 표상 능력이 분명 즐거움의 원천이기는 했지만, 그가 생각한 것만큼 필수불가결의 요소는 아니었던 것일까? 지붕을 수리하는 목공 일에서 정신 모델을 구축하는 작업까지, 그가 한 모든 일을 의식 속의 이미지 없이도 할 수 있었을까? 토리도 궁금해하는 부분이다.

사고에서 심상의 역할은 프랜시스 골턴이 1883년의 저서 《인간의 능력과 그 발달에 관한 탐구Inquiries into Human Faculty and Its Development》에서 다룬 바 있다(다윈의 사촌인 원기 왕성한 골턴은 방대한 분야에 관심을 기울였는데, 이 저서에서도 지문에서 우생학, 개 호각, 범죄학, 쌍둥이, 공감각, 심리 측정 기준, 유전하는 천재 등 다양한 주제를 섭렵했다). 골턴이 자발적 시각 표상 기능을 탐문하는 방법은 질문지였는데, "가까운 친척들과 다른 사람들의 외모적 특징을 기억할 수 있습니까? 심상을 당신이 뜻하는 대로… 앉히거나 세우거나 천천히 돌게 만들 수 있습니까? (그리기 능력이 되는 사람이라면) 심상을 여유롭게 스케치할 수 있을 만큼 확실하게 볼 수 있습니까?" 그 혈관외과의가 이런 질문지를 받았다면 난감했을 것이다. (아닌 게 아니라, 이런 부류의 질문이 그가 하버드대학교 학생 시절에 쩔쩔맸던 테스트 항목이었다.) 하지만 결국 그게 무슨 상관이 있었겠는가?

그러한 표상이 얼마나 중요한가에 대한 골턴의 태도는 모호하면서도 방어적이었다. 그는 단박에 "과학자를 하나의 집단으로 볼 때, 그들의 시각적 표상 능력은 빈약하다"고 말했고, 또 "선명한 시각화 능력은 사고의 일반화라는 고차원의 과정과 관련해서 매우 중요하다"고도 말했다. 그는 "기계공, 기술자, 건축가가 심상을 대단히 뚜렷하고 정확하게 보는 능력이 있다는 것은 의심의 여지가 없는 사실"이라면서도 "하지만 내게는 없는 능력은 너무나도 편리하게 다른 상상력의 양식으로 대체되어… 자신은 심상을 보는 능력이 전무하다고 단언하는 사람이라도 자신이 본 것을 실제처럼 묘사할 수 있으며, 생생한 시각적 상상력을 타고난 사람인 양 자신을 표현할 수 있다고 말하지 않을 수 없는 노릇이다. 그들 또한 왕립 미술원 수준의 화가가 될 수 있다고 말이다."

골턴에게 심상이란 잘 아는 사람의 얼굴이나 장소를 마음속으로 그릴 수 있는 능력이다. 이는 어떤 경험을 재생산 혹은 재구성하는 능력이다. 그러나 이보다 훨씬 추상적이며 표상적인 심상, 눈으로 직접 본 적은 없지만 창조적인 상상력으로 그려볼 수 있는 이미지가 있다. 이 이미지는 실제를 탐구하기 위한 모델이 될 수 있다.[6]

앨런 로크는 저서《이미지와 실제: 케쿨레, 코프 그리고 과학적 상상력 Image and Reality: Kekulé, Kopp, and the Scientific Imagination》에서 과학자들, 특히 19세기 화학자들의 창조적인 삶에서 그런 이미지 혹은 모델이 어떤 중대한 역할을 수행하는지 설명하면서 아우구스트 케쿨레의 유명한 몽상을 언급한다. 케쿨레는 런던에서 버스를 타고 가다가 몽상에 빠져서 벤젠의 분자 구조 이미지를 떠올렸는데, 이것이 화학에 혁명을 가져오는 개념이 된다. 화학 결합이 육안으로는 보이지 않지만, 케쿨레에게는 시각적으로 상상할 수 있는, 실재하는 현상이었다. 자석 주위의 자기력선이 패러데이에게 그러했던 것처럼. 케쿨레는 스스로를 "뭐든 시각화하지 않으면 못 배기는 사람"이라고 말했다.

---

6. 물리학자 존 틴들은 골턴의《인간의 능력과 그 발달에 관한 탐구》가 나오기 몇 해 전인 1870년의 강의에서 이 이미지를 언급했다. "과학적 현상을 설명할 때 우리는 습관적으로 초감각적 심상을 가정한다. … 이 능력을 훈련하지 않는 한, 자연에 대한 우리의 지식은 온갖 공존과 서열 현상에 대한 공상에 그치고 말 것이다."

사실 화학에 관해 이야기하자면 그런 이미지나 모델 없이는 대화가 이어지지 않는다. 철학자 콜린 맥긴은 《마음의 눈 Mindsight》에서 "이미지는 학문적으로 무시해도 좋은, 그저 인식과 사고의 단조 변주곡이 아니다. 이는 별도의 연구를 필요로 하는 하나의 확고한 정신 범주다. … 정신적 이미지는… 인식과 인지의 한 쌍의 기둥에… 제3의 범주로 추가되어야 마땅하다"고 주장한다.

케쿨레 같은 사람은 추상적 의미에서 대단히 강력한 시각화 능력을 지녔던 사람이지만, 대다수의 사람은 경험을 토대로 한 이미지(가령 사는 집의 이미지)와 추상적 이미지(원자 구조의 이미지)를 결합한다. 하지만 템플 그랜딘은 자신이 아주 다른 종류의 시각 표상을 사용한다고 느낀다.[7] 그녀는 말을 듣거나 글을 읽을 때면 이미지로 생각하는데, 예전에 본 익숙한 사진이나 영화가 머릿속에서 돌아가는 것처럼 번역되는 것이다. 예를 들어 '천국'이라는 개념을 상상할 때면 즉각적으로 영화 〈천국의 계단〉이 연상되면서 마음속에는 구름으로 올라가는 층계의 이미지가 떠오르는 것이다. 누군가 비가 온다고 말하면 그랜딘의 마음의 눈에는 비를 의미하는 그녀만의 표상인 비 '사진'이 보인다. 그녀는 토리와 마찬가지로 시각 표상 능력이 막강한 사람이다. 시각적 기억력이 얼마나 예리한지, 건축이 끝나지도 않은 공장 건물을 생각으로 돌아다니면서 건축물의 구석구석을 살펴볼 수 있을 정도다. 어려서는 사람들이 모두 이런 방식으로

---

7. 나는 《화성의 인류학자》에서 템플에 대해 자세하게 기술했고, 템플의 책 《나는 그림으로 생각한다 Thinking in Picture》[한국어판, 양철북, 2005]에서는 그녀가 직접 자신의 시각적 사고에 대해 이야기한다.

사고한다고 여겼고, 지금은 시각적 이미지를 마음대로 불러오지 못하는 사람이 있다는 소리를 들으면 고개를 갸웃거린다. 나도 그렇게 하지 못한다고 말하자 묻는다. "그러면 생각을 어떻게 하세요?"

　나는 맹인이 되었든 정상 시력자가 되었든, 사람들하고 이야기할 때나 나 자신의 심적 표상에 대해 생각할 때면 말과 상징, 각종 유형의 이미지가 생각의 기본 도구인지, 아니면 이 모든 것에 선행하는, 본질적으로 무형인 생각의 형식이 있는 것인지 아리송해진다. 심리학에서는 뇌 고유의 언어라는 발상으로 '내면어'나 '정신어'를 이야기하는 학자들이 있는데, 러시아의 위대한 심리학자 레프 비고츠키는 "순수한 의미로 사고하는 것"에 대해 말하곤 했다. 나로서는 이 말이 허튼소리인지 심오한 진리인지 판단이 서지 않는다(내가 '사고'에 대해 생각할 때마다 부딪치는 일종의 암초다).

　골턴도 시각적 표상에 대해 알아내고 싶어 했다. 범위는 어마어마하지만 사고에서 본질적인 부분으로 여겨질 때도 있고 무관해 보일 때도 있어서 풀리지 않는 문제였던 것이다. 이런 애매함은 심상을 놓고 벌어진 논쟁의 특징이기도 했다. 골턴의 동시대인으로 실험심리학의 개척자인 빌헬름 분트는 내성법(자신의 심리 상태나 변화를 내면적으로 고찰하거나 다른 사람들의 자기 관찰 보고를 근거로 연구하는 심리학의 주요 방법─옮긴이)을 통해 표상이 사고의 필수 요소라고 확신했다. 그런가 하면 사고는 이미지 없이 오로지 전적으로 분석적 혹은 기술적 명제로 이루어져 있다고 주장한 심리학자도 있고, 행동주의 심리학자들은 아예 사고는 존재하지 않으며 오로지 '행동'이 있을 뿐이라고 믿었다. 내관內觀 하나만을 과학적 관찰 방법으로 신뢰할 수 있을까? 이 방법으로 일관성 있고 반복적이며 측정 가능한 데이터를 산출할 수 있을까? 이런 의문이 제기된 것은 새 세대 심리학자들이 등장한 1970년대 초였다. 로저 셰퍼드와 재클린 메츨러는 기하학적 도형의 이미지를 생각 속에서 회전시키는 심상 회전 실험을 진행했다. (어머니가 도마뱀 뼈를 기억에 의존해서 그릴 때의 이미지 회전도 같은 방법이었다.) 그들은 처음 실행한 이 정량적 실험으로 하나의 이미지를 회전하는 데 일정한 시간(회전 각도에 비례하는 시간)이 소모된다는 것을 증명할 수 있었다. 예를 들어 60도 회전은 30도 회전에 비해 두 배의 시간이 걸렸고, 90도까지 회전하는 데는 세 배 더 걸렸다. 심상 회전에는 일정한 비율이 있었고, 지속적이고 규칙적이었으며, 모든 자발적 행위가 그렇듯 노력이 들었다.

스티븐 코슬린은 시각적 표상이라는 주제를 다른 각도에서 접근하여 1973년에 획기적인 논문을 발표했는데, 여러 장의 그림을 보여주고 기억하라고 했을 때 '이미지형'과 '언어형' 사람들에게서 대조적인 결과가 나온다는 내용이었다. 코슬린은 심상이 공간 속에 그림처럼 배열돼 있다면, '이미지형' 사람들은 이미지 부분에 선택적으로 초점을 맞출 수 있어야 하며, 그 초점이 한 부분에서 다른 부분으로 옮겨 갈 때는 일정한 시간이 소요되리라는 가설을 세웠다. 그는 여기에 드는 시간은 마음의 눈이 이동하는 거리에 비례할 것이라고 생각했다.

코슬린은 시각적 표상이 본질적으로는 공간적이어서 공간 속에 그림처럼 배열된다고 시사함으로써 이 모든 가설이 타당함을 증명할 수 있었다. 그의 연구는 대단히 유효한 것으로 입증되었지만 시각적 표상의 역할에 관한 논쟁은 계속되고 있어서, 제논 필리신을 비롯한 일부 학자들은 이미지의 심상 회전과 '훑어보기'는 순수하게 추상적인, 정신/뇌의 비

시지각적 작용의 결과로도 해석할 수 있다고 주장한다.[8]

1990년에 이르면서 코슬린 연구진은 PET 스캔과 fMRI를 결합하여 심상 활동이 요구되는 과제에 참여하는 사람들의 뇌에서 관련 영역의 지도를 구성할 수 있었다. 이 실험으로 심상 활동이 시각피질에서 지각 활동을 담당하는 영역과 동일한 많은 부분을 활성화시킨다는 사실을 밝혀냈다. 이는 곧 시각적 표상이 심리적 현상은 물론 생리학적 실재라는 점, 그리고 이 시각 표상 활동이 시지각 활동과 같은 신경 경로의 일부를 이용한다는 것을 의미한다.[9]

뇌에서 지각 기능과 표상 기능을 담당하는 시각 영역의 신경 기반이 같다는 것은 임상 연구에서도 나타난다. 1978년에 이탈리아의 에두아르도 비작과 클라우디오 루차티가 뇌졸중이 발병하고 나서 왼쪽이 보이지 않는 반맹이 생긴 두 환자의 사례를 보고했다. 그 환자들은 익숙한 거리를 걷는 모습을 상상하면서 무엇이 보이는지 말해보라고 하자, 거리 오른쪽에 있는 상점들만 언급했다. 하지만 돌아서서 오던 길을 되돌아가는 상상을 하자 앞에서는 '보지' 못했던 상점들, 그러니까 이번에는 오른쪽이 된 상점들을 언급했다. 이 멋진 사례는 반맹이 시야를 2등분할 수 있다는

---

8. 코슬린은 이 주제를 다루는 최근의 저서 《심상을 논한다The Case for Mental Imagery》에서 이 논쟁의 역사를 상세히 기술했다.

9. fMRI는 뇌의 좌우반구가 표상에 관련해서 각기 다른 행동을 보인다는 것을 증명했다. 좌반구가 일반적이고 범주적 이미지(예를 들면 나무)와 관련 있다면, 우반구는 특정 이미지(예를 들면 '우리 집 마당의 단풍나무')와 관련이 있다. 시각에도 이러한 역할 분담이 존재한다. 따라서 개개인의 얼굴을 알아보지 못하는 증상인 얼굴 실인증은 우반구의 시각 기능 손상 혹은 결함과 관련이 있다. 하지만 얼굴 실인증이 있는 사람들은 일반 범주의 얼굴을 인식하는 데는 아무 어려움을 겪지 않는데, 이것이 좌반구의 기능이기 때문이다.

것만이 아니라 시각적 표상도 2등분할 수 있음을 보여주었다.

임상에서 시지각과 시각적 표상의 유사점을 관찰한 사례는 최소한 한 세기 전으로 거슬러 올라간다. 1911년, 영국의 신경과 의사 헨리 헤드와 고든 홈스는 후두엽에 미미한 손상을 입은 (이로 인해 완전 실명은 아니지만 시야에 맹점이 생긴) 환자 다수를 진료했다. 그들은 환자들에게 상세한 질문을 던져서 맹점이 나타난 지점이 심상이 나타난 지점과 정확히 일치한다는 것을 알아냈다. 1992년에는 마사 패라가 이끄는 연구진이 후두엽 절제술로 인해 한쪽 눈의 시각을 부분적으로 상실한 한 환자의 사례를 보고했다. 그 환자는 마음의 눈의 시야각도 축소되었는데, 시각을 상실한 부위와 완벽하게 일치했다.

시각적 표상 기능과 시지각 기능에서 최소한 일부 요소는 분리되지 않을 수도 있음을 가장 설득력 있게 보여주는 사례는 1986년에 머리에 부상을 입은 뒤 완전색맹이 되어 나와 상담했던 화가 I씨의 경우였다.[10] I씨는 갑자기 색 지각 능력을 상실하고 비탄에 빠졌지만, 색을 기억할 수도 마음속에 그려볼 수도 없다는 사실을 더더욱 고통스러워했다. 심지어 이따금씩 나타나는 시각편두통 증상에서도 색이 빠져 있었다. I씨 같은 환자들의 사례는 지각 기능과 표상 기능이 시각피질의 위쪽에서 아주 밀접하게 쌍을 이루고 있음을 시사한다.[11]

---

10. I씨의 사례는 《화성의 인류학자》에서 기술했다.

시지각 기능과 시각 표상 기능이 공통된 속성을 띠며 심지어 같은 신경 영역 혹은 기전을 공유한다는 가설이 타당할 수도 있다. 하지만 코슬린 등의 학자들은 한발 더 나아가 시지각이 시각적 표상에 의존한다고 주장한다. 눈에 보이는 것, 즉 망막에서 보내는 정보를 뇌 안의 기억된 표상에서 찾아 맞추는 것이라는 뜻이다. 그들은 시지각이 그런 식의 맞춤 없이는 이루어질 수 없다고 본다. 코슬린은 더군다나 심상이 사고 기능(문제 해결, 계획, 설계, 이론화)에 결정적일 수 있다고 주장하기도 한다. 그 근거를 구하기 위해 실험 참가자들에게 ("냉동 콩과 소나무 중에서 어느 쪽이 더 짙은 초록색인가?" "미키마우스의 귀는 어떤 모양인가?" "자유의 여신상에서 횃불을 들고 있는 것은 어느 쪽 손인가?" 등) 심상이 요구

---

11. 지각 기능과 표상 기능이 높은 수준의 신경 기전을 공유하고 있다는 것이 분명해 보이기는 하지만, 1차 시각피질에서는 이러한 공유가 그만큼 분명하게 나타나지는 않는다. 그래서 안톤증후군에서 발생하는 분리 현상이 나타날 가능성이 있다. 안톤증후군 환자들은 후두엽 손상으로 피질맹 상태이지만, 스스로는 시각이 살아 있다고 믿는다. 그들은 제약 없이 무심하게 돌아다닐 것이며, 가구에 몸을 부딪친다면 가구가 '제자리에 있지 않아서' 그렇다고 여길 것이다.

안톤증후군이 나타나는 원인으로, 후두엽에 손상을 입었지만 시각적 표상이 어느 정도 남아 있어서 환자들이 이 표상을 시각으로 착각하는 경우도 있다. 하지만 그것이 아닌, 더 기이한 기전이 작용하는 것일 수도 있다. 안톤증후군 환자들이 실명 상태를 부정하는 것(더 정확하게 말하자면, 자신이 시각을 상실했다는 사실 자체를 인식하지 못하는 것)은 질병 실인증으로 알려진 또다른 '분리증후군'과 아주 흡사하다. 뇌의 오른쪽 측두엽 손상으로 발생하는 질병 실인증은 좌반신의 감각이 마비되고, 신체 왼쪽의 공간을 자각하지 못하며, 무엇인가 잘못됐다는 사실조차 인식하지 못한다. 누가 그들의 왼손을 가리키면 그들은 다른 사람의 팔이라고 말할 것이다('의사의 팔'이라거나 '내 동생의 팔'이라고 하거나, 심지어는 '누군가 놓고 간 팔'이라고 말하는 사람도 있다). 이런 작화증은 어떤 면에서는 환자 자신도 설명되지 않는 이상한 상황을 설명하려 드는, 안톤증후군의 증상과도 닮았다.

되는 질문을 하거나, 과제를 제시하고 심상을 이용하거나, 아니면 더 추상적인 비시지각적 사고를 이용해서 해결할 문제를 제시했다. 코슬린은 이 실험에서 사람들의 사고가 '묘사적' 표상을 이용하는 방식과 '설명적' 표상을 이용하는 방식으로 이루어진다고 말하는데, 전자는 매개를 거치지 않는 직접적 표상이며, 후자는 분석적이며 말이나 여타 기호의 매개를 거치는 표상 방식이다. 그는 사람에 따라서, 그리고 해결해야 할 문제의 성격에 따라 둘 중 한 방식이 더 선호되는 경우도 있다고 주장한다. (대체로 묘사가 기술보다 빠르게 이루어지지만) 두 방식이 함께 작동하는 경우가 있는가 하면, 묘사(이미지)로 시작해서 순수하게 언어적 혹은 수학적 표상으로 발전하는 경우도 있다.[12]

그렇다면 나 같은 사람이나 어떤 시각적 이미지도 불러오지 못하는 보스턴의 혈관외과의 같은 사람은 어떤가? 그의 생각처럼, 우리 같은 사람들의 뇌 안에도 시각적 이미지와 모델, 표상, 그러니까 시지각과 시각적

---

12. 아인슈타인은 자신의 사고에 대해 논하면서 이 문제를 기술했다.

[나의 사고 과정에서 말과 글 자체는 아무런 역할을 하는 것 같지 않다.] 생각의 요소로 작용하는 심리적 객체는 일련의 기호와 '자발적'으로 생성되기도 하고 결합되기도 하는 대개는 명확한 이미지들이다. … 이들 요소가 내 경우에는 시각적으로 나타나며, 개중에는 구체적인 것도 있다. 전통적인 글이나 기호를 찾기 위해 공을 들이는 것은 [앞에서 말한 요소들의 결합 작용이 충분히 일어나서 뜻대로 재생산될 수 있는] 부차적 단계다.

반면에 다윈이 기술하는 사고 과정은 아주 추상적이어서 연산 처리 과정에 가깝게 느껴진다. 그는 자서전에서 이렇게 말한다. "나의 정신은 수많은 사실들의 집합에서 일반 법칙을 뽑아내는 일종의 기계가 된 것 같다"(여기에서 다윈이 생략한 것은 그에게 남들은 보지 못하는 패턴과 소소한 요소들을 포착하는 굉장한 눈, 엄청난 관찰력과 묘사력이 있다는 사실인데, '사실들'을 채워주는 것이 바로 이 요소들이다).

인식을 가능하게 하나 의식의 경계 아래에 존재하는 이미지가 있다고 추정해야 마땅하다.[13]

＊　＊　＊

시각 표상의 핵심 역할이 시지각과 시각 인식을 가능하게 하는 것이라면, 실명한 사람에게는 이것이 무슨 필요가 있을까? 그 신경 기질에는 무슨 일이 생기는가? 전체 시각피질 중에 거의 절반을 차지하고 있는 이 시각 영역에? 시력을 잃은 성인에게는 망막에서 시각피질로 이어지는 경로와 중계소에 어느 정도 위축이 발생할 수도 있다. 하지만 시각피질 자체는 거의 퇴행하지 않는다. 이런 상황에 처한 사람의 fMRI를 보면 시각피질의 활동은 전혀 축소되지 않는다. 오히려 반대 현상이 벌어진다. 활동과 민감도가 상승한 것으로 나타난 것이다. 시각피질은 시각 정보는 상실했어도 여전히 새 기능이 가능할 뿐만 아니라 어서 정보를 달라고 아우성치는 훌륭한 신경적 터전이다. 토리 같은 사람에게는 이 능력이 시각 피질에 시각적 표상을 위한 공간을 더 확보해줄 수 있으며, 헐 같은 사람에게는 (청각을 통한 주의 집중이나 어쩌면 촉각을 통한 주의 집중 등) 다른 감각 기능이 상대적으로 더 많이 쓰일 수 있다.[14]

데니스 슐만 같은 맹인들이 점자를 손가락으로 읽으면서 [마음의 눈으

---

13. 시각 의식을 (지각은 물론 심상과 환각까지) 연구한 도미니크 피치는 시각 의식이 하나의 역치 현상이라고 본다. 그는 fMRI로 환시를 겪는 환자들을 연구한 결과 (방추상 얼굴 영역 같은) 시각기관의 특정 지점에서 이상 활동의 증거가 나타날 수는 있지만, 이 활동이 일정한 강도에 도달했을 때에만 의식에 돌입하여 환자가 실제로 얼굴을 '볼' 수 있게 된다는 것을 밝혀냈다.

로] '볼' 때 일어나는 것이 이러한 두 감각의 통합 활동일 수도 있다. 이는 그저 착각이나 멋들어진 은유가 아니라 그의 뇌에서 실제로 일어나는 일을 반영한 것일 수도 있다. 사다토, 파스쿠알 레오네 등의 보고로 점자 읽기가 피질의 시각 영역에 활발한 활동을 일으킨다는 증거가 드러났기 때문이다. 그런 활동은 망막의 정보가 전혀 없는 상태에서도 마음의 눈의 신경 기반에서 결정적인 역할을 맡을 수 있다.

데니스는 다른 감각 기능이 강화되면서 사람들이 자신을 표현하는 말의 미묘한 뉘앙스를 감지하는 능력이 향상되었음을 이야기한다. 그는 많은 환자를 냄새로 알아볼 수 있으며, 사람들 스스로도 자각하지 못하는 긴장감이나 불안 상태를 간파하는 경우도 적지 않다고 말한다. 그는 시력을 상실하여 사람들의 겉모습이나 태도를 보지 못하게 된 뒤로 오히려 다른 사람들의 감정 상태에 훨씬 민감해졌다고 느낀다. 사람들은 대부분

14. 시각피질에 정상적 지각 정보가 차단되었을 때 강화된 (때로는 병적인) 민감도는 걸핏하면 침입 심상을 야기하는 원인이 될 수도 있다. 실명한 사람 가운데 (추정치로 볼 때) 10~20퍼센트가 강렬하며 때로는 기이한 불수의적 이미지를 보거나 완전한 환시를 일으키는 경향을 보인다. 이러한 환시 증상을 처음 기술한 것은 1760년대 스위스의 생물학자 샤를 보네였으며, 현재 우리가 말하는 시각 손상에 동반되는 환시를 샤를보네증후군이라고 한다.
헐은 이와 비슷한 현상으로, 남아 있던 시력을 마지막으로 잃은 뒤 나타났던 상황을 기술했다.

맹인으로 등록한 지 1년 뒤, 사람들의 얼굴이 환시로 느껴질 만큼 기이하게 보이는 강력한 이미지가 나타나기 시작했다. … 나는 다른 사람과 앉아 있으면 그 사람의 말을 듣느라 얼굴이 그 사람한테 바짝 다가간다. 그러다가 갑자기 텔레비전 화면을 보는 것 같은 선명한 그림이 마음속에 번쩍하고 떠오른다. 그러면 나는 '아, 저게 그 사람이구나, 안경을 꼈고 턱수염을 조금 기르고 곱슬머리이고 청색 핀스트라이프 양복에 하얀 목깃을 내고 청색 넥타이를 맸구나…' 하고 생각한다. 그러면 이 이미지는 사라지고 그 자리에 다른 이미지가 떠오른다. 이제 내 말벗은 뚱뚱하고 벗겨진 머리 때문에 고민이 많은 사람이다. 그는 빨간 넥타이에 양복용 조끼를 입었고, 치아가 두어 개 빠진 사람이다.

겉으로는 자신의 모습을 숨기기 때문이다. 반면에 목소리와 냄새는 사람의 깊은 속을 보여줄 수 있다는 것이 그의 생각이다.

실명과 함께 다른 감각 기능이 강화되면 많은 부분에서 매우 놀랍게 적응하게 되는데, 청각이나 촉각 단서를 이용하여 공간과 사람 혹은 그 안에 있는 물체의 모양이나 크기를 지각하는 능력인 '안면시'도 이에 포함된다.

두 살 때 (악성 종양으로 인해) 두 눈을 제거했던 철학자 마틴 밀리건은 자신의 경험을 들려준다.

청각이 정상인 선천적 맹인은 그냥 소리를 듣는 것이 아니다. 그들은 아주 가까이에 있는 물체의 위치가 너무 낮지 않은 한 그 소리를 들을 수 있다(말하자면 주로 귀를 통해 그곳에 물건이 존재한다는 것을 감지한다). 또한 그들은 같은 방식으로 그 물체를 에워싼 형태 같은 것을 '들을' 수 있다. 가로등 기둥이나 시동이 꺼진 주차된 차처럼 소리 없는 물건도 가까이 지나가면 공간을 차지한 공기가 두터워져 거의 확실하게 소리를 들을 수 있다. 내 발소리와 다른 작은 소리를 흡수하고 (혹은) 튕겨내는 것을 느낄 수 있기 때문이다. …이런 것을 감지하기 위해 반드시 소리가 있어야 하는 것은 아니지만 도움은 된다. 머리 높이에 있는 사물은 십중팔구 내 얼굴에 스치는 공기의 흐름에 약간 영향을 미치는데, 이것이 그 사물의 존재를 감지하는 데 도움이 된다. 맹인들이 이런 종류의 감각 자각을 '안면' 감각이라고 부르는 이유다.

안면시는 선천적 맹인이나 어려서 실명한 사람일수록 높게 발달하는 경향을 보인다. 네 살 때 맹인이 된 작가 베드 메타는 지팡이 없이도 자신감 있게 빨리 걸을 수 있을 정도의 안면시를 지녀 다른 사람들은 그가 맹인이라는 사실을 느끼기 어렵다.

발소리나 지팡이 소리면 충분한 사람도 있지만, 다른 형태의 음파 탐지 능력도 보고된 바 있다. 벤 언더우드는 돌고래 같은 놀라운 전략으로, 입으로 혀 차는 소리를 내서 가까이에 있는 사물이 내보내는 음파를 정확하게 읽어내는 방법을 개발했다. 그는 이 방법으로 돌아다니는 능력이 대단히 숙달되어서 야외 스포츠를 즐길 정도이며, 이 방법으로 체스도 둘 수 있다.[15]

맹인들은 지팡이가 주변을 '보게' 해준다고 말하는데, 촉감과 움직임, 소리가 주변을 즉각적으로 하나의 '시각적' 그림으로 변환해주기 때문이다. 하지만 더 현대적인 기술을 사용한다면 맹인이 세계를 더 세밀하게 볼 수 있을까? 폴 바크 이 리타는 이 분야의 선구자로 수십 년에 걸쳐 각종 감각 기능의 대체제를 실험해왔는데, 그의 주요 관심사는 촉각 이미지를 활용하여 맹인을 도울 수 있는 장비를 개발하는 일이다(그는 1972년에 감각 기능을 대체할 수 있는 가능한 한 모든 뇌의 메커니즘을 다룬 책을 출판하여 선견지명을 보여주었다. 그는 그런 대체 기술은 뇌의 가소성에 달려 있음을 강조했는데, 뇌에 가소성이 있다는 주장 자체가 당시로서는 혁명적인 발상이었다).

바크 이 리타는 비디오카메라의 출력 단자를 피부에 촘촘히 연결하면 맹인 피실험자가 자신의 환경을 '촉각 그림'으로 그려낼 수 있지 않을까 생각했다. 이것이 통할 수 있다고 생각한 근거는 촉각 정보가 뇌에서 지

---

15. 벤은 망막아세포종을 앓아서 세 살에 양쪽 눈을 제거했으나, 비통하게도 열여섯 살에 암이 재발하여 사망했다. 벤과 그의 음파탐지술을 담은 동영상을 웹사이트 www.benunderwood.com에서 볼 수 있다.

형학적으로 조직되며, 지형적 정확도가 의사 시각 그림을 구성하는 데 필수요소라는 점이었다. 그는 마침내 약 100개의 전극을 신체에서 가장 민감한 부위인 혀에 연결하는 작은 배전판을 이용했다(혀는 신체에서 감각 수용기의 밀도가 가장 높으며, 감각피질에서도 공간의 비중이 가장 높은 부위다). 이 실험의 참가자들은 우표 한 장 크기인 이 장치로 거칠지만 유의미한 혀의 '그림'을 구성할 수 있었다.

이 장비는 수년 동안 크게 개선되어 해상도가 바크 이 리타의 초기 모델보다 네 배에서 여섯 배 정도 높아졌다. 부피가 거추장스러웠던 카메라 케이블도 미니카메라가 장착된 안경으로 바뀌어서 머리를 자연스럽게 움직여 카메라를 조작할 수 있게 되었다. 이 장치를 사용하는 피실험자들은 아주 어지럽지 않은 방이면 걸어서 움직일 수 있었으며 앞으로 굴러오는 공을 잡을 수 있었다.

이것이 그들이 '볼' 수 있다는 뜻인가? 확실한 것은 그들이 행동주의자들이 '시각 행동'이라고 부르는 행동을 한다는 점이다. 바크 이 리타는 그의 환자들이 "원근법, 운동 시차, 축소와 확대, 깊이 측정 같은 시각적 해석 수단을 이용하여 지각적인 판단의 요령을 터득하는" 과정을 이야기한다. 이 실험에 참여한 맹인 다수가 다시 눈이 보이는 것처럼 느꼈고, fMRI는 이들이 카메라를 '보는' 동안 뇌의 시각 영역이 활발하게 활동하는 것을 보여주었다('보는' 행위가 일어난 것은 특히 피실험자가 자발적으로 움직이면서 여기저기를 가리키고 그곳을 바라볼 때였다).

수술을 통해서든, 감각 기능 대체 장치를 이용해서든, 시각을 잃었던 사람이 시각을 회복하는 것은 가능할 수도 있다. 그런 사람에게는 타고난 시각피질과 평생에 걸쳐 지속될 시각적 기억이 있기 때문이다. 그러나 우리에게 알려져 있듯, 뇌의 결정적 시기나 시각피질의 발달을 자극하기 위해서는 적어도 생후 2년 동안 시각 경험이 있어야 한다는 사실에 비추어 볼 때 시각이 아예 없었던 사람, 즉 빛이나 시력을 경험해본 적 없는 사람에게 시각을 되돌려준다는 것은 불가능한 일로 느껴진다(하지만 파완 싱하 등의 최근 연구는 이 결정적 시기가 기존에 받아들여졌던 것만큼 결정적이지 않을 수도 있음을 시사한다).[16] 선천적 맹인들에게도 혀를 이용한 시각을 시도하여 일부는 성공을 거두었다. 선천적 맹인인 한 젊은 음악가는 평생 처음으로 지휘자의 몸짓을 "보았다"고 말했다.[17] 선천적 맹인의 시각피질은 부피가 일반인보다 25퍼센트 이상 작지만 그럼에도 대체 감각 기능에 의해 활성화될 수 있다는 것이 fMRI로 확인된 사례가 여러 건 있다.[18]

뇌의 감각 영역들이 엄청나게 광범위하게 상호 연결되어 왕성하게 상

---

16. 예를 들어 오스트로프스키 공저의 논문을 보라.
17. 선천적 맹인에게는 시각적 경험 자체가 없었으므로 시각적 표상이 전혀 없을 것이라고 생각하기 쉽다. 하지만 그들이 꿈에서 인식 가능할 만큼 선명하게 시각적 요소를 본다는 보고가 때때로 나온다. 리스본의 엘데르 베르톨로와 그의 동료들은 2003년에 흥미로운 보고서를 발표하는데, 선천적 맹인들과 정상 시력인들의 알파 뇌파 파랑 감쇠 그래프를 분석하여 두 그룹이 꿈꾸는 동안에는 "동일한 시각 활동"을 보인다는 것을 밝혀냈다. 맹인 피실험자들은 꿈을 기억하는 비율은 낮았지만 잠에서 깰 때 꿈에서 본 시각적 요소를 그릴 수 있었다. 그리하여 베르톨로 연구진은 "선천적 맹인의 꿈에도 시각적 내용이 있다"고 결론 내렸다.
18. 한 번도 앞을 보지 못한 사람이 '시각'을 얻는다면 혼란스러울까, 아니면 풍부해졌다고 느낄까? 내 환자 버질은 평생을 맹인으로 살다가 수술을 통해 시각을 얻은 뒤 처음에는 도무지 뭐가 뭔지 이해할 수 없었는데, 그 이야기는 《화성의 인류학자》에서 기술했다. 이렇듯 감각 대체 기술이 맹인들에게 새로운 자유를 약속하는 흥분되는 소식이기는 하지만, 그러한 기술이 시각 없이 구성된 삶에 미칠 영향도 함께 고려해야 할 것이다.

호작용한다는 증거가 많이 드러나고 있어서 순수하게 시각적이거나 순수하게 청각적인 것 혹은 순수한 어떤 것이 있다고 하기 어렵다. 맹인들은 우리로서는 공통어가 없는 접경적(감각 간, 감각 양식 간) 상태가 풍부한 세계에서 살아가는 것일 수도 있다.[19]

맹인 철학자 마틴 밀리건과 정상 시력인 철학자 브라이언 마기는 실명에 대해 편지를 주고받는다. 밀리건은 자신의 비시각적 세계가 조리 있고 완전하게 보인다고 느끼지만 정상 시력인들이 자신에게는 차단된 감각, 지식의 양식을 획득할 수 있다는 사실을 깨닫는다. 하지만 선천적 맹인들은 언어와 비시각적 표상을 매개로 삼아 풍부하고 다양하게 지각 경험을 할 수 있(으며 대개는 경험한)다고 주장한다. 이렇듯 이들에게는 '마음의 귀' 혹은 '마음의 코'가 있을 수 있다. 하지만 이들에게 마음의 눈이 있는가?

이에 관해 밀리건과 마기는 의견이 갈린다. 마기는 밀리건이 맹인이어

---

19. 존 헐은 최근 동료 사이먼 헤이호에게 보내는 편지에서 이 문제를 상세히 이야기한다.

예를 들어 자동차 생각이 떠오르면 맨 먼저 보이는 것은 최근에 만졌던 따스한 엔진 덮개나 손잡이를 잡을 때 느꼈던 차 모양의 이미지이지만, 책에 실렸던 자동차 그림이나 오가는 차량에 대한 기억 같은 차 전체 생김새의 흔적도 보입니다. 가끔 최신 차를 만져야 할 때면 이런 기억의 흔적이 실제와 일치하지 않아서 놀라곤 해요. 요새 차들이 25년 전과 같은 모양이 아니라고 말입니다.

또 있어요. 하나의 지식이 그것을 처음 수용했던 감각기관 혹은 여러 감각기관 속에 그토록 깊이 묻혀 있다는 사실은 내게 떠오르는 이미지가 시각 이미지인지 아닌지 확신하기 어려운 경우가 많다는 뜻입니다. 문제는, 형태에 대한 촉각 이미지와 촉감도 시각적 내용으로 느껴질 때가 적지 않다는 것, 즉 기억 속의 3차원 형상이 정신 속에서 시각 혹은 촉각 이미지로 표상되는 것인지 아닌지가 확실하지 않다는 것입니다. 그러니 이만큼의 세월이 지난 뒤에도 그 정보가 어디에서 오는 것인지 뇌가 파악하지 못하는 것이죠.

서 시각적 세계를 제대로 이해하지 못한다고 주장한다. 밀리건은 이에 동의하지 않고 언어가 사람과 사건만 기술한다고 해도 때로는 직접 경험이나 지식을 대신할 수 있다고 주장한다.

선천적인 맹인 어린이들은 기억력이 우월하며 언어적으로 조숙하다고 알려져 있다. 그들에게 얼굴과 장소를 말로 묘사하는 능력이 발달하는 것은 다른 사람들에게 (그리고 어쩌면 그들 스스로에게) 자신이 정말로 맹인인지 아닌지 확실히 알지 못하게 하기 위해서일 수도 있다. 헬렌 켈러의 글이 유명한 예가 될 텐데, 그녀의 글에 넘치는 눈부신 시각성은 읽는 이를 놀라게 한다.

나는 어렸을 때 프레스콧의 《멕시코 정복Conquest of Mexico》과 《페루 정복Conquest of Peru》을 읽기를 좋아했는데, 환각을 일으킬 것 같은 강렬한 이미지로 묘사된 풍경이 눈에 '보이는' 것만 같았다. 한참이 지나서야 프레스콧이 멕시코도 페루도 가본 적이 없을 뿐만 아니라 열여덟 살부터 사실상 맹인이었다는 사실을 알고는 몹시 놀랐다. 프레스콧도 토리처럼 엄청난 시각적 표상 능력으로 시각 장애를 상쇄한 것일까? 아니면 그에게 눈앞에 보이는 것처럼 생생하게 그릴 수 있는 언어 표현력이 있어서 눈부신 시각적 묘사력이 자극된 것일까? 말로 그리는 기법인 묘사는 실제로 보는 행위나 그림 같은 시각적 상상력을 얼마만큼 대신할 수 있을까?

40대에 시각을 상실한 알린 고든은 언어와 묘사력을 갈수록 중요하게 여겼다. 이 능력이 시각적 표상 능력을 전에 없이 자극하면서, 어떤 면에서는 볼 수 있게 해주었던 것이다. "저는 여행을 무척 좋아합니다. 베네치아에 갔을 때는 볼 수 있었어요." 그녀는 함께 여행한 사람들이 그곳의 장소들을 어떻게 묘사했는지, 그리고 자신이 그 상세한 묘사와 직접 읽은 것, 자신의 시각적 기억을 모두 합쳐 어떻게 하나의 시각적 이미지를 구성했는지 이야기했다. "정상 시력인 친구들은 저와 함께 여행하는 것을 좋아합니다. 제가 질문을 던지면 친구들은 보지 못할 뻔했던 것을 발견합니다. 눈이 보이는 사람들이 아무것도 보지 못할 때가 얼마나 많은지 아세요! 이건 일종의 호혜 관계예요. 서로의 세계를 풍부하게 만들어주거든요."

여기에 내가 풀 수 없는 (그러나 기분 좋은) 역설이 하나 있다. 경험과 기술 사이에, 세계를 직접 경험해서 얻은 지식과 무언가를 매개로 얻은 지식 사이에 근본적인 차이가 있는 것이 맞다면, 언어는 어떻게 그렇게 강력한 힘을 발휘할까? 가장 인간적인 발명품인 언어는 이론적으로는 가능하지 않은 것을 가능하게 만들어준다. 언어가 있기에 우리 모두가, 그러니까 선천적으로 눈이 보이지 않는 사람까지도, 다른 사람의 눈으로 세계를 볼 수 있지 않은가.

Abbott, Edwin A. 1884. *Flatland: A Romance of Many Dimensions*. Reprint, New York: Dover, 1992(《이상한 나라의 사각형》, 신경희 옮김, 경문사, 2003).

Aguirre, Geoffrey K., and Mark D'Esposito. 1997. Environmental knowledge is subserved by separable dorsal/ventral neural areas. *Journal of Neuroscience* 17 (7): 2512~2518.

Bach-y-Rita, Paul. 1972. *Brain Mechanisms in Sensory Substitution*. New York: Academic Press.

Bach-y-Rita, Paul, and Stephen W. Kercel. 2003. Sensory substitution and the human-machine interface. *Trends in Cognitive Sciences* 7 (12): 541~546.

Barry, Susan R. 2009. *Fixing My Gaze: A Scientist's Journey into Seeing in Three Dimensions*. New York: Basic Books(《3차원의 기적》, 김미선 옮김, 초록물고기, 2010).

Benson, D. Frank, R. Jeffrey Davis, and Bruce D. Snyder. 1988. Posterior cortical atrophy. *Archives of Neurology* 45 (7): 789~793.

Benson, D. Frank, and Norman Geschwind. 1969. The alexias. In *Handbook of Clinical Neurology*, vol. 4, ed. P. J. Vinken and G. W. Bruyn, pp. 112~140. Amsterdam: Elsevier.

Benton, Arthur L. 1964. Contributions to aphasia before Broca. *Cortex* 1: 314~327.

Berker, Ennis Ata, Ata Husnu Berker, and Aaron Smith. 1986. 브로카의 1865년 보고서

번역본: localization of speech in the third left frontal convolution. *Archives of Neurology* 43: 1065~1072.

Bértolo, H. 2005. Visual imagery without visual perception?. *Psicológica* 26: 173~188.

Bértolo, H., T. Paiva, L. Pessoa, T. Mestre, R. Marques, and R. Santos. 2003. Visual dream content, graphical representation and EEG alpha activity in congenitally blind subjects. *Brain Research/Cognitive Brain Research* 15 (3): 277~284.

Beversdorf, David Q., and Kenneth M. Heilman. 1998. Progressive ventral posterior cortical degeneration presenting as alexia for music and words. *Neurology* 50: 657~659.

Bigley, G. Kim, and Frank R. Sharp. 1983. Reversible alexia without agraphia due to migraine. *Archives of Neurology* 40: 114~115.

Bisiach, E., and C. Luzzatti. 1978. Unilateral neglect of representational space. *Cortex* 14 (1): 129~133.

Bodamer, Joachim. 1947. Die Prosop-agnosie. *Archiv für Psychiatrie und Nervenkrankheiten* 179: 6~53.

Borges, Jorge Luis. 1984. Memories of a trip to Japan. In *Twenty-four Conversations with Borges*, ed. Roberto Alifano. Housatonic, MA: Lascaux Publishers.

Brady, Frank B. 2004. *A Singular View: The Art of Seeing with One Eye*. 6th ed. Vienna, VA: Michael O. Hughes.

Brewster, David. 1856. *The Stereoscope: Its History, Theory and Construction*. London: John Murray.

Campbell, Ruth. 1992. Face to face: interpreting a case of developmental prosopagnosia. In *Mental Lives: Case Studies in Cognition*, ed. Ruth Campbell, pp. 216~236. Oxford: Blackwell.

Changizi, Mark. 2009. *The Vision Revolution*. Dallas: BenBella Books(《우리 눈은 왜 앞을 향해 있을까?》, 이은주 옮김, 뜨인돌, 2013).

Changizi, Mark A., Qiong Zhang, Hao Ye, and Shinsuke Shimojo. 2006. The structures of letters and symbols throughout human history are selected to match those found in objects in natural scenes. *American Naturalist* 167 (5): E117~139.

Charcot, J. M. 1889. *Clinical Lectures on Diseases of the Nervous System*. Vol. III, contains Lecture XI, "On a case of word-blindness,"and Lecture XIII, "On a case of sudden and isolated suppression of the mental vision of signs and objects (forms and colours)."

London: New Sydenham Society.

Chebat, Daniel-Robert, Constant Rainville, Ron Kupers, and Maurice Ptito. 2007. Tactile-"visual"acuity of the tongue in early blind individuals. *NeuroReport* 18: 1901~1904.

Cisne, John. 2009. Stereoscopic comparison as the long-lost secret to microscopically detailed illumination like the Book of Kells. *Perception* 38 (7): 1087~1103.

Cohen, Leonardo G., Pablo Celnik, Alvaro Pascual-Leone, Brian Corwell, Lala Faiz, James Dambrosia, Manabu Honda, Norihiro Sadato, Christian Gerloff, M. Dolores Catalá, and Mark Hallett. 1997. Functional relevance of cross-modal plasticity in blind humans. *Nature* 389: 180~183.

Critchley, Macdonald. 1951. Types of visual perseveration: "paliopsia"and "illusory visual spread." *Brain* 74: 267~298.

Critchley, Macdonald. 1953. *The Parietal Lobes*. New York: Hafner.

Critchley, Macdonald. 1962. Dr. Samuel Johnson's aphasia. *Medical History* 6: 27~44.

Damasio, Antonio R. 2005. A mechanism for impaired fear recognition after amygdala damage. *Nature* 433 (7021): 22~23.

Damasio, Antonio R., and Hanna Damasio. 1983. The anatomic basis of pure alexia. *Neurology* 33: 1573~1583.

Damasio, Antonio, Hanna Damasio, and Gary W. Van Hoesen. 1982. Prosopagnosia: Anatomic basis and behavioral mechanisms. *Neurology* 32: 331.

Darwin, Charles. 1887. *The Autobiography of Charles Darwin, 1809~1882*. Reprint, New York: W. W. Norton, 1993(《나의 삶은 서서히 진화해왔다》, 이한중 옮김, 갈라파고스, 2003).

Dehaene, Stanislas. 1999. *The Number Sense*. New York: Oxford University Press.

Dehaene, Stanislas. 2009. *Reading in the Brain: The Science and Evolution of a Human Invention*. New York: Viking.

Déjerine, J. 1892. Contribution àl'étude anatomo-pathologique et clinique des différentes variétés de cécitéverbale. *Mémoires de la Société de Biology* 4: 61~90.

Della Sala, Sergio, and Andrew W. Young. 2003. Quaglino's 1867 case of prosopagnosia. *Cortex* 39: 533~540.

Devinsky, Orrin. 2009. Delusional misidentifications and duplications. *Neurology* 72: 80~87.

Devinsky, Orrin, Lila Davachi, Cornelia Santchi, Brian T. Quinn, Bernhard P. Staresina, and Thomas Thesen. 2010. Hyperfamiliarity for faces. *Neurology* 74: 970~974.

Devinsky, Orrin, Martha J. Farah, and William B. Barr. 2008. Visual agnosia. In *Handbook of Clinical Neurology*, ed. Georg Goldenberg and Bruce Miller, vol. 88: 417~427.

Donald, Merlin. 1991. *Origins of the Modern Mind: Three Stages in the Evolution of Culture and Cognition.* Cambridge: Harvard University Press.

Duchaine, Bradley, Laura Germine, and Ken Nakayama. 2007. Family resemblance: Ten family members with prosopagnosia and within-class object agnosia. *Cognitive Neuropsychology* 24 (4): 419~430.

Duchaine, Bradley, and Ken Nakayama. 2005. Dissociations of face and object recognition in developmental prosopagnosia. *Journal of Cognitive Neuroscience* 172: 249~261.

Eling, Paul, ed. 1994. *Reader in the History of Aphasia: From Franz Gall to Norman Geschwind.* Philadelphia: John Benjamins.

Ellinwood, Everett H., Jr. 1969. Perception of faces: disorders in organic and psychopathological states. *Psychiatric Quarterly* 43 (4): 622~646.

Ellis, Hadyn D., and Melanie Florence. 1990. Bodamer's (1947) paper on prosopagnosia. *Cognitive Neuropsychology* 7 (2): 81~105.

Engel, Howard. 2005. Memory Book. Toronto: Penguin Canada(《메모리 북》, 박현주 옮김, 밀리언하우스, 2010).

Engel, Howard. 2007. *The Man Who Forgot How to Read.* Toronto: Harper Collins(《책, 못 읽는 남자》, 배현 옮김, 알마, 2009).

Etcoff, Nancy, Paul Ekman, John J. Magee, and Mark G. Frank. 2000. Lie detection and language comprehension. *Nature* 405: 139.

Farah, Martha. 2004. *Visual Agnosia*, 2nd ed. Cambridge: MIT Press/Bradford Books.

Farah, Martha, Michael J. Soso, and Richard M. Dasheiff. 1992. Visual angle of the mind's eye before and after unilateral occipital lobectomy. *Journal of Experimental Psychology: Human Perception and Performance* 18 (1): 241~246.

ffytche, D. H., R. J. Howard, M. J. Brammer, A. David, P. Woodruff, and S. Williams. 1998. The anatomy of conscious vision: an fMRI study of visual hallucinations. *Nature Neuroscience* 1 (8): 738~742.

ffytche, D. H., J. M. Lappin, and M. Philpot. 2004. Visual command hallucinations in a patient with pure alexia. *Journal of Neurology, Neurosurgery and Psychiatry* 75: 80~86.

Fleishman, John A., John D. Segall, and Frank P. Judge, Jr. 1983. Isolated transient alexia: A migrainous accompaniment. *Archives of Neurology* 40: 115~116.

Fraser, J. T. 1987. *Time, the Familiar Stranger.* Amherst: University of Massachusetts Press. (See also Foreword to the 1989 Braille edition, Stuart, FL: Triformation Braille Service.)

Freiwald, Winrich A., Doris Y. Tsao, and Margaret S. Livingstone. 2009. A face feature space in the macaque temporal lobe. *Nature Neuroscience* 12 (9): 1187~1196.

Galton, Francis. 1883. *Inquiries into Human Faculty and Its Development.* London: Macmillan.

Garrido, Lucia, Nicholas Furl, Bogdan Draganski, Nikolaus Weiskopf, John Stevens, Geoffrey Chern-Yee Tan, Jon Driver, Ray J. Dolan, and Bradley Duchaine. 2009. Voxel-based morphometry reveals reduced grey matter volume in the temporal cortex of developmental prosopagnosics. *Brain* 132: 3443~3455.

Gauthier, Isabel, Pawel Skudlarski, John C. Gore, and Adam W. Anderson. 2000. Expertise for cars and birds recruits brain areas involved in face recognition. *Nature Neuroscience* 3 (2): 191~197.

Gauthier, Isabel, Michael J. Tarr, and Daniel Bub, eds. 2010. *Perceptual Expertise: Bridging Brain and Behavior.* New York: Oxford University Press.

Gibson, James J. 1950. *The Perception of the Visual World.* Boston: Houghton Mifflin.

Goldberg, Elkhonon. 1989. Gradiential approach to neocortical functional organization. *Journal of Clinical and Experimental Neuropsychology* 11 (4): 489~517.

Goldberg, Elkhonon. 2009. *The New Executive Brain: Frontal Lobes in a Complex World.* New York: Oxford University Press(《내 안의 CEO, 전두엽: 인격, ADHD 그리고 치매》, 김인명 옮김, 시그마프레스, 2008).

Gould, Stephen Jay. 1980. *The Panda's Thumb.* New York: W. W. Norton(《판다의 엄지》, 김동광 옮김, 1998).

Grandin, Temple. 1996. *Thinking in Pictures: And Other Reports from My Life with Autism.* New York: Vintage(《나는 그림으로 생각한다: 자폐인의 내면 세계에 관한 모든 것》, 홍한별 옮김, 양철북, 2005).

Gregory, R. L. 1980. Perceptions as hypotheses. *Philosophical Transactions of the Royal Society*, London B 290: 181~197.

Gross, C. G. 1999. *Brain, Vision, Memory: Tales in the History of Neuroscience*. Cambridge: MIT Press/Bradford Books.

Gross, C. G. 2010. Making sense of printed symbols. *Science* 327: 524~525.

Gross, C. G., D. B. Bender, C. E. Rocha-Miranda. 1969. Visual receptive fields of neurons in inferotemporal cortex of the monkey. *Science* 166: 1303~1306.

Gross, C. G., C. E. Rocha-Miranda, and D. B. Bender. 1972. Visual properties of neurons in inferotemporal cortex of the macaque. *Journal of Neurophysiology* 35: 96~111.

Hadamard, Jacques. 1954. *The Psychology of Invention in the Mathematical Field*. New York: Dover.

Hale, Sheila. 2007. *The Man Who Lost His Language: A Case of Aphasia*. London and Philadelphia: Jessica Kingsley.

Hamblyn, Richard. 2001. *The Invention of Clouds: How an Amateur Meteorologist Forged the Language of the Skies*. New York: Farrar, Straus and Giroux(《구름을 사랑한 과학자》, 조연숙 옮김, 사이언스북스, 2004).

Harrington, Anne. 1987. *Medicine, Mind, and the Double Brain: A Study in Nineteenth-Century Thought*. Princeton: Princeton University Press.

Head, Henry. 1926. *Aphasia and Kindred Disorders of Speech*. 2 vols. Cambridge: Cambridge University Press.

Head, Henry, and Gordon Holmes. 1911. Sensory disturbances from cerebral lesions. *Brain* 34: 102~254.

Hefter, Rebecca L., Dara S. Manoach, and Jason J. S. Barton. 2005. Perception of facial expression and facial identity in subjects with social developmental disorders. *Neurology* 65: 1620~1625.

Holmes, Oliver Wendell. 1861. Sun painting and sun sculpture. *Atlantic Monthly* 8: 13~29.

Hubel, David H., and Torsten N. Wiesel. 2005. *Brain and Visual Perception: The Story of a 25-Year Collaboration*. New York: Oxford University Press.

Hull, John. 1991. *Touching the Rock: An Experience of Blindness*. New York: Pantheon(《손끝으로 느끼는 세상》, 강순원 옮김, 우리교육, 2001).

Humphreys, Glyn W., ed. 1999. *Case Studies in the Neuropsychology of Vision*. East Sussex: Psychology Press.

Judd, Tedd, Howard Gardner, and Norman Geschwind. 1983. Alexia without agraphia in a composer. *Brain* 106: 435~457.

Julesz, Bela. 1971. *Foundations of Cyclopean Perception*. Chicago: University of Chicago Press.

Kanwisher, Nancy, Josh McDermott, and Marvin M. Chun. 1997. The fusiform face area: a module in human extrastriate cortex specialized for face perception. *Journal of Neuroscience* 17 (11): 4302~4311.

Kapur, Narinder, ed. 1997. *Injured Brains of Medical Minds: Views from Within*. Oxford: Oxford University Press.

Karinthy, Frigyes. 2008. *Journey Round My Skull*. New York: NYRB Classics.

Kelly, David, Paul C. Quinn, Alan M. Slater, Kang Lee, Alan Gibson, Michael Smith, Liezhong Ge, and Olivier Pascalis. 2005. Three-month-olds, but not newborns, prefer own-race faces. *Developmental Science* 8 (6): F31~F36.

Klessinger, Nicolai, Marcin Szczerbinski, and Rosemary Varley. 2007. Algebra in a man with severe aphasia. *Neuropsychologia* 45 (8): 1642~1648.

Kosslyn, Stephen Michael. 1973. Scanning visual images: Some structural implications. *Perception & Psychophysics* 14 (1): 90~94.

Kosslyn, Stephen Michael. 1980. *Image and Mind*. Cambridge: Harvard University Press.

Kosslyn, Stephen M., William L. Thompson, and Giorgio Ganis. 2006. *The Case for Mental Imagery*. New York: Oxford University Press.

Lissauer, Heinrich. 1890. Ein Fall von Seelenblindheit nebst einem Beitrag zur Theorie derselben. *Archiv für Psychiatrie* 21: 222~270.

Livingstone, Margaret S., and Bevil R. Conway. 2004. Was Rembrandt stereoblind? *New England Journal of Medicine* 351 (12): 1264~1265.

Luria, A. R. 1972. *The Man With a Shattered World*. New York: Basic Books(《지워진 기억을 쫓는 남자》, 한미선 옮김, 도솔, 2008).

Lusseyran, Jacques. 1998. *And There Was Light*. New York: Parabola Books.

Magee, Bryan, and Martin Milligan. 1995. *On Blindness*. New York: Oxford University Press.

Mayer, Eugene, and Bruno Rossion. 2007. Prosopagnosia. In *The Behavioral and Cognitive Neurology of Stroke*, ed. O. Godefroy and J. Bogousslavsky, pp. 316~335. Cambridge: Cambridge University Press.

McDonald, Ian. 2006. Musical alexia with recovery: A personal account. *Brain* 129 (10): 2554~2561.

McGinn, Colin. 2004. *Mindsight: Image, Dream, Meaning*. Cambridge: Harvard University Press.

Merabet, L. B., R. Hamilton, G. Schlaug, J. D. Swisher, E. T. Kiriakopoulos, N. B. Pitskel, T. Kauffman, and A. Pascual-Leone. 2008. Rapid and reversible recruitment of early visual cortex for touch. *PLoS One* Aug. 27: 3 (8): e3046.

Mesulam, M.-M. 1985. *Principles of Behavioral Neurology*. Philadelphia: F. A. Davis.

Morgan, W. Pringle. 1896. A case of congenital word blindness. *British Medical Journal* 2 (1871): 1378.

Moss, C. Scott. 1972. *Recovery with Aphasia: The Aftermath of My Stroke*. Urbana: University of Illinois Press.

Nakayama, Ken. 2001. Modularity in perception, its relation to cognition and knowledge. In *Blackwell Handbook of Perception*, ed. E. Bruce Goldstein, pp. 737~759. Malden, MA: Wiley-Blackwell.

Ostrovsky, Yuri, Aaron Andalman, and Pawan Sinha. 2006. Vision following extended congenital blindness. *Psychological Science* 17 (12): 1009~1014.

Pallis, C. A. 1955. Impaired identification of faces and places with agnosia for colours. *Journal of Neurology, Neurosurgery and Psychiatry* 18: 218.

Pammer, Kristen, Peter C. Hansen, Morten L. Kringelbach, Ian Holliday, Gareth Barnes, Arjan Hillebrand, Krish D. Singh, and Piers L. Cornelissen. 2004. Visual word recognition: the first half second. *NeuroImage* 22: 1819~1825.

Pascalis, O., L. S. Scott, D. J. Kelly, R. W. Shannon, E. Nicholson, M. Coleman, and C. A. Nelson. 2005. Plasticity of face processing in infancy. *Proceedings of the National Academy of Sciences* 102 (14): 5297~5300.

Pascual-Leone, A., L. B. Merabet, D. Maguire, A. Warde, K. Alterescu, and R. Stickgold. 2004. Visual hallucinations during prolonged blindfolding in sighted subjects. *Journal of Neuroophthalmology* 24 (2): 109~113.

Petersen, S. E., P. T. Fox, M. I. Posner, M. Mintun, and M. E. Raichle. 1988. Positron emission tomographic studies of the cortical anatomy of single-word processing. *Nature* 331 (6137): 585~589.

Poe, Edgar Allan. 1846. "The Sphinx." In *Complete Stories and Poems of Edgar Allan Poe*. Reprint, New York: Doubleday, 1984.

Pomeranz, Howard D., and Simmons Lessell. 2000. Palinopsia and polyopia in the absence of drugs or cerebral disease. *Neurology* 54: 855~859.

Pons, Tim. 1996. Novel sensations in the congenitally blind. *Nature* 380: 479~480.

Prescott, William. 1843. *A History of the Conquest of Mexico: With a Preliminary View of the Ancient Mexican Civilization and the Life of Hernando Cortes*. Reprint, London: Everyman's Library, 1957.

Prescott, William. 1847. *A History of the Conquest of Peru*. Reprint, London: Everyman's Library, 1934.

Ptito, Maurice, Solvej M. Moesgaard, Albert Gjedde, and Ron Kupers. 2005. Cross-modal plasticity revealed by electrotactile stimulation of the tongue in the congenitally blind. *Brain* 128 (3): 606~614.

Purves, Dale, and R. Beau Lotto. 2003. *Why We See What We Do: An Empirical Theory of Vision*. Sunderland, MA: Sinauer Associates.

Quian Quiroga, Rodrigo, Alexander Kraskov, Christof Koch, and Itzhak Fried. 2009. Explicit encoding of multimodal percepts by single neurons in the human brain. *Current Biology* 19: 1308~1313.

Quian Quiroga, R., L. Reddy, G. Kreiman, C. Koch, and I. Fried. 2005. Invariant visual representation by single neurons in the human brain. *Nature* 435 (23): 1102~1107.

Ramachandran, V. S. 1995. Perceptual correlates of neural plasticity in the adult human brain. In *Early Vision and Beyond*, ed. Thomas V. Papathomas, pp. 227~247. Cambridge: MIT Press/ Bradford Books.

Ramachandran, V. S. 2003. Foreword. In *Filling-In: From Perceptual Completion to Cortical Reorganization*, ed. Luiz Pessoa and Peter De Weerd, pp. xi~xxii. New York: Oxford University Press.

Ramachandran, V. S., and R. L. Gregory. 1991. Perceptual filling in of artificially induced scotomas in human vision. *Nature* 350 (6320): 699~702.

Renier, Laurent, and Anne G. De Volder. 2005. Cognitive and brain mechanisms in sensory substitution of vision: a contribution to the study of human perception. *Journal of Integrative Neuroscience* 4 (4): 489~503.

Rocke, Alan J. 2010. *Image and Reality: Kekulé, Kopp, and the Scientific Imagination.* Chicago: University of Chicago Press.

Romano, Paul. 2003. A case of acute loss of binocular vision and stereoscopic depth perception. *Binocular Vision & Strabismus Quarterly* 18 (1): 51~55.

Rosenfield, Israel. 1988. *The Invention of Memory.* New York: Basic Books.

Russell, R., B. Duchaine, and K. Nakayama. 2009. Super-recognizers: People with extraordinary face recognition ability. *Psychonomic Bulletin & Review* 16: 252~257.

Sacks, Oliver. 1984. *A Leg to Stand On.* New York: Summit Books(《나는 침대에서 내 다리를 주웠다》, 김승욱 옮김, 알마, 2012).

Sacks, Oliver. 1985. *The Man Who Mistook His Wife for a Hat.* New York: Summit Books(《아내를 모자로 착각한 남자》, 조석현 옮김, 알마, 2016).

Sacks, Oliver. 1995. *An Anthropologist on Mars.* New York: Alfred A. Knopf(《화성의 인류학자》, 이은선 옮김, 바다출판사, 2005).

Sacks, Oliver. 1996. *The Island of the Colorblind.* New York: Alfred A. Knopf(《색맹의 섬》, 이민아 옮김, 알마, 2018).

Sacks, Oliver. 2006. Stereo Sue. *The New Yorker* (June 19): 64~73.

Sacks, Oliver. 2008. *Musicophilia.* Rev. ed. New York: Alfred A. Knopf(《뮤지코필리아》, 장호연 옮김, 알마, 2012).

Sacks, Oliver, and Ralph M. Siegel. 2006. Seeing is believing as brain reveals its adaptability. Letter to the Editor. *Nature* 441 (7097): 1048.

Sadato, Norihiro. 2005. How the blind "see" Braille: Lessons from functional magnetic resonance imaging. *Neuroscientist* 11 (6): 577~582.

Sadato, Norihiro, Alvaro Pascual-Leone, Jordan Grafman, Vicente Ibañez, Marie-Pierre Deiber, George Dold, and Mark Hallett. 1996. Activation of the primary visual cortex by Braille reading in blind subjects. *Nature* 380: 526~528.

Sasaki, Yuka, and Takeo Watanabe. 2004. The primary visual cortex fills in color. *Proceedings of the National Academy of Sciences of the USA* 101 (52): 18251~18256.

Scribner, Charles, Jr. 1993. *In the Web of Ideas: The Education of a Publisher.* New York:

Charles Scribner's Sons.

Sellers, Heather. 2007. Tell me again who you are. In *Best Creative Nonfiction*, ed. Lee Gutkind, pp. 281~319. New York: W. W. Norton.

Sellers, Heather. 2010. *You Don't Look Like Anyone I Know.* New York: Riverhead Books.

Shallice, Tim. 1988. Lissauer on agnosia. *Cognitive Neuropsychology* 5 (2): 153~192.

Shepard, R. N., and J. Metzler. 1971. Mental rotation of three-dimensional objects. *Science* 171: 701~703.

Shimojo, Shinsuke, and Ken Nakayama. 1990. Real world occlusion constraints and binocular rivalry. *Vision Research* 30 (1): 69~80.

Shimojo, S., M. Paradiso, and I. Fujita. 2001. What visual perception tells us about mind and brain. *Proceedings of the National Academy of Sciences of the USA* 98 (22): 12340~12341.

Shimojo, S., and Ladan Shams. 2001. Sensory modalities are not separate modalities: Plasticity and interactions. *Current Opinion in Neurobiology* 11: 505~509.

Shin, Yong-Wook, Myung Hyon Na, Tae Hyon Ha, Do-Hyung Kang, So-Young Yoo, and Jun Soo Kwon. 2008. Dysfunction in configural face processing in patients with schizophrenia. *Schizophrenia Bulletin* 34 (3): 538~543.

Sugita, Yoichi. 2008. Face perception in monkeys reared with no exposure to faces. *Proceedings of the National Academy of Sciences of the USA* 105(1): 394~398.

Tanaka, Keiji. 1996. Inferotemporal cortex and object vision. *Annual Review of Neuroscience* 19: 109~139.

Tanaka, Keiji. 2003. Columns for complex visual object features in the inferotemporal cortex: Clustering of cells with similar but slightly different stimulus selectivities. *Cerebral Cortex* 13 (1): 90~99.

Tarr, M. J., and I. Gauthier. 2000. FFA: A flexible fusiform area for subordinate-level visual processing automatized by expertise. *Nature Neuroscience* 3 (8): 764~769.

Temple, Christine. 1992. Developmental memory impairment: Faces and patterns. In *Mental Lives: Case Studies in Cognition*, ed. Ruth Campbell, pp. 199~215. Oxford: Black-well.

Tenberken, Sabriye. 2003. *My Path Leads to Tibet.* New York: Arcade Publishing(《티베

트로 가는 길》, 김혜은 옮김, 도서출판빛살무늬, 2004).

Torey, Zoltan. 1999. *The Crucible of Consciousness*. New York: Oxford University Press.

Torey, Zoltan. 2003. *Out of Darkness*. New York: Picador.

Turnbull, Colin M. 1961. *The Forest People*. New York: Simon & Schuster(《숲 사람들》, 이상원 옮김, 황소자리, 2007).

West, Thomas G. 1997. *In the Mind's Eye: Visual Thinkers, Gifted People with Dyslexia and Other Learning Difficulties, Computer Images and the Ironies of Creativity*. Amherst, NY: Prometheus Books(《글자로만 생각하는 사람 이미지로 창조하는 사람》, 김성훈 옮김, 지식갤러리, 2011).

Wheatstone, Charles. 1838. Contributions to the physiology of vision.—Part the first. On some remarkable, and hitherto unobserved phenomena of binocular vision. *Philosophical Transactions of the Royal Society of London* 128: 371~394.

Wigan, A. L. 1844. *The Duality of the Mind, Proved by the Structure, Functions and Diseases of the Brain*. London: Longman, Brown, Green and Longmans.

Wolf, Maryanne. 2007. *Proust and the Squid: The Story and Science of the Reading Brain*. New York: HarperCollins(《책 읽는 뇌》, 이희수 옮김, 2009).

Yardley, Lucy, Lisa McDermott, Stephanie Pisarski, Brad Duchaine, and Ken Nakayama. 2008. Psychosocial consequences of developmental prosopagnosia: A problem of recognition. *Journal of Psychosomatic Research* 65: 445~451.

Zur, Dror, and Shimon Ullmann. 2003. Filling-in of retinal scotomas. *Vision Research* 43: 971~982.

지은이 **올리버 색스**Oliver Sacks

1933년 영국 런던에서 태어났다. 옥스퍼드 대학 퀸스칼리지에서 의학 학위를 받았고, 미국으로 건너가 샌프란 시스코와 UCLA에서 레지던트 생활을 했다. 1965년 뉴욕으로 옮겨 가 이듬해부터 베스에이브러햄 병원에서 신 경과 전문의로 일하기 시작했다. 그후 알베르트 아인슈타인 의과대학과 뉴욕 대학을 거쳐 2007년부터 2012년 까지 컬럼비아 대학에서 신경정신과 임상 교수로 일했다. 2012년 록펠러 대학이 탁월한 과학 저술가에게 수여 하는 '루이스 토머스상'을 수상했고, 모교인 옥스퍼드 대학을 비롯한 여러 대학에서 명예박사 학위를 받았다. 2015년 안암이 간으로 전이되면서 향년 82세로 타계했다.

올리버 색스는 신경과 전문의로 활동하면서 여러 환자들의 사연을 책으로 펴냈다. 인간의 뇌와 정신 활동에 대 한 흥미로운 이야기들을 쉽고 재미있게 그리고 감동적으로 들려주어 수많은 독자들에게 큰 사랑을 받았다. 〈뉴 욕타임스〉는 이처럼 문학적인 글쓰기로 대중과 소통하는 올리버 색스를 '의학계의 계관시인'이라 부르기도 했 다.

지은 책으로 베스트셀러《아내를 모자로 착각한 남자》를 비롯해《깨어남》《색맹의 섬》《뮤지코필리아》《환각》《마 음의 눈》《목소리를 보았네》《나는 침대에서 내 다리를 주웠다》《편두통》등 10여 권이 있다. 생을 마감하기 전에 자신의 삶과 연구, 저술 등을 감동적으로 서술한 자서전《온 더 무브》와 삶과 죽음을 담담한 어조로 통찰한 칼 럼집《고맙습니다》, 인간과 과학에 대한 무한한 애정이 담긴 과학에세이《의식의 강》을 남겨 잔잔한 감동을 불 러일으켰다.

올리버 색스 홈페이지 www.oliversacks.com

옮긴이 **이민아**

이화여자대학교 중어중문학과를 졸업하고 책을 번역한다. 옮긴 책으로 올리버 색스의《깨어남》《색맹의 섬》《온 더 무브》와 빌 헤이스의《인섬니악 시티》를 비롯해《해석에 반대한다》《맹신자들》《얼굴의 심리학》《채링크로스 84번지》《시간의 지도》등 다수가 있다.

이메일 주소 mnlulee@gmail.com

마음의 눈

1판 1쇄 펴냄 2013년 6월 3일
1판 3쇄 펴냄 2019년 2월 25일

지은이 올리버 색스
옮긴이 이민아
펴낸이 안지미
디자인 이은주
제작처 공간

펴낸곳 (주)알마
출판등록 2006년 6월 22일 제2013-000266호
주소 03990 서울시 마포구 연남로 1길 8, 4~5층
전화 02.324.3800 판매 02.324.2845 편집
전송 02.324.1144

전자우편 alma@almabook.com
페이스북 /almabooks
트위터 @alma_books
인스타그램 @alma_books

ISBN 978-89-94963-84-6 03400

종이 자켓_두성 아라벨 151g/㎡   커버_한솔 매직패브릭 120g/㎡   본문_한솔 미색백상지 100g/㎡